校企合作双元开发创新型规划教材

高等职业教育机械设计制造类“十四五”新形态活页式教材

数控机床
加工工艺与编程

（智媒体版）

主　编　魏　梅　程智勇

副主编　安惠玲　刘　星

西南交通大学出版社

·成　都·

图书在版编目（CIP）数据

数控机床加工工艺与编程：智媒体版 / 魏梅，程智勇主编. —成都：西南交通大学出版社，2023.7

校企合作双元开发创新型规划教材　高等职业教育机械设计制造类“十四五”新形态活页式教材

ISBN 978-7-5643-9376-2

Ⅰ. ①数… Ⅱ. ①魏… ②程… Ⅲ. ①数控机床 - 加工 - 高等职业教育 - 教材②数控机床 - 程序设计 - 高等职业教育 - 教材 Ⅳ. ①TG659

中国国家版本馆 CIP 数据核字（2023）第 123560 号

校企合作双元开发创新型规划教材
高等职业教育机械设计制造类“十四五”新形态活页式教材

Shukong Jichuang Jiagong Gongyi yu Biancheng（Zhimeiti Ban）

数控机床加工工艺与编程（智媒体版）

主编　魏　梅　程智勇

责任编辑　李　伟
封面设计　何东琳设计工作室

出版发行　西南交通大学出版社
（四川省成都市金牛区二环路北一段 111 号
西南交通大学创新大厦 21 楼）
邮政编码　610031
发行部电话　028-87600564　028-87600533
网址　http://www.xnjdcbs.com
印刷　四川玖艺呈现印刷有限公司

成品尺寸　185 mm × 260 mm
印张　15.25
字数　381 千
版次　2023 年 7 月第 1 版
印次　2023 年 7 月第 1 次
定价　48.00 元
书号　ISBN 978-7-5643-9376-2

课件咨询电话：028-81435775
图书如有印装质量问题　本社负责退换

前言

PREFACE

2019年1月，国务院印发《国家职业教育改革实施方案》，文件对职业教育提出了全方位的改革设想，对高校开展职业化教育提供了大量指导性建议，鼓励高校培养具有“工匠精神”的应用型技能人才。“职业技术大学”是在“职业技术学院/职业学院”基础上建立起来的培养高素质、高技能、高水平人才的职业技能型本科院校。

2019年3月，教育部、财政部又就中国特色高水平高职学校和专业建设计划（教职成〔2019〕5号，简称双高计划）提出了意见。同年6月，教育部公布了首批更名的15所职业本科院校，为新时期高等职业教育注入了新的动力。

“数控机床”或“数控技术”课程早在20世纪80年代就被列入高等学校机械类专业的教学计划，但其教材和教学内容均侧重于数控机床或数控技术的研究，面向数控机床应用的内容则被忽视。随着高等教育大众化时代的到来，以及我国制造业的迅速崛起，社会对数控机床应用型人才的需求更加迫切，更多的高等院校机械大类专业毕业生将主要从事数控机床的应用与管理。资料显示，我国近几年数控应用专业人才的缺口高达几十万人，而且随着制造业信息化的不断向前推进，需求数量还将进一步扩大。针对这种社会需求的变化，有必要进一步加强数控机床应用型人才的培养，在有关数控机床的课程中强调实用性知识的讲授，并在数控机床教材中加强实用性知识的介绍，让学生具备较强的动手加工能力。

党的二十大报告指出，坚持把发展经济的着力点放在实体经济上，推进新型工业化，加快建设制造强国、质量强国、航天强国、交通强国、网络强国、数字中国。实施产业基础再造工程和重大技术装备攻关工程，支持专精特新企业发展，推动制造业高端化、智能化、绿色化发展。

本书就是基于上述需要编写而成的。本书共分6个项目。项目一介绍数控车床基本操作与数控编程的基本概念、工艺等；项目二介绍数控车床加工指令及其应用；项目三介绍数控铣床及加工中心的基本操作和指令等；项目四介绍数控铣床及加工中心的编程方法；项目五介绍数控车铣综合实例；项目六介绍“1＋X”技能综合练习和数控铣中级工考核练习。

本书每个项目均有对应的加工仿真视频或车间加工录像，同时还有在线课程教学视频，其中对应零件的三维模型库以及配套课件、习题库等，以便于教学。

本书由重庆机电职业技术大学魏梅、广州铁路职业技术学院程智勇担任主编，重庆机电职业技术大学安惠玲、刘星担任副主编。其中，魏梅负责编写项目一、项目二，程智勇负责编写项目五、项目六，安惠玲负责编写项目三，刘星负责编写项目四。本书在编写过程中得到了重庆机电职业技术大学、广州铁路职业技术学院相关领导与同事的大力支持，在此表示衷心的感谢。

由于编者水平有限，时间仓促，书中可能存在不妥之处，敬请广大读者批评指正。

编　者

2022 年 12 月

目 录

CONTENTS

项目一　数控车床基本操作与编程基础

车削加工机床是工业企业最为常用的加工设备，具有适用面广、结构简单、操作方便、维修容易等特点，可用于轴套、盘盖类回转体零件的外圆、端面、中心孔、螺纹等的车削加工。从结构和功能上看，工业企业常用的数控车削加工机床有卧式数控车床、立式数控车床和车削中心三大类，以卧式数控车床的用量为最大。本项目主要以广州数控 GSK980TD 车床数控系统为例对数控车削加工机床的结构特点、编程基础进行介绍，让同学们熟悉其功能、用途及基本操作。

任务一　机床结构、控制面板及基本操作

知识目标

（1）了解数控车床的分类、规格、主要部件的名称和作用；

（2）熟悉广州数控车床的操作面板；

（3）熟悉 GSK980TD 车床数控系统的基本操作。

能力目标

（1）熟悉机床的主要结构和部件；

（2）掌握规范的操作动作和操作基本要求。

相关知识

数控机床是由机床数控系统、机械、电气控制、液压、气动、润滑、冷却等子系统构成的机电一体化产品，机床数控系统是数控机床的控制核心。机床数控系统由控制装置（CNC）、伺服（或步进）电机驱动单元、伺服（或步进）电机等构成。

一、数控车床的工艺能力及技术参数

（一）数控车床的分类

数控车床有多种分类方法，最常用的有以下三种：

1. 按主轴布局方位分类

按主轴布局方位不同，数控车床可分为卧式数控车床和立式数控车床两大类。卧式数控车床的主轴水平放置，主要用来车削轴类、套类零件。立式数控车床的主轴垂直放置，主要用来车削盘盖类零件。立式数控车床多数是工作台直径大于 1 000 mm 的大机床。

2. 按加工功能分类

按加工功能不同，数控车床可分为普通数控车床和车削中心两大类。车削中心是在数控车床功能的基础上增加了数控回转刀架或刀具回转主轴，配有换刀机械手，工件经一次装夹后，能完成车、铣、钻、铰、车螺纹等多种工序。

3. 按数控系统的功能分类

按数控系统的功能不同，数控车床可分为全功能型数控车床和经济型数控车床。

（1）全功能型数控车床是配有如 FANUC、华中 HNC 等数控系统的数控车床。这类车床功能全、精度高、售价高。

（2）经济型数控车床是在普通车床的基础上改造而来的，一般是采用步进电动机驱动的开环控制系统。这类车床功能少、精度低、比较经济。

（二）数控车床的基本结构

1. 数控车床的组成

如图 1-1-1 所示，数控车床与普通车床相比，其基本结构仍然由主轴卡盘、主轴箱、刀架、操纵箱、尾座和底座等部分组成。数控车床刀架可实现纵向（*Z* 向）和横向（*X* 向）进给运动。

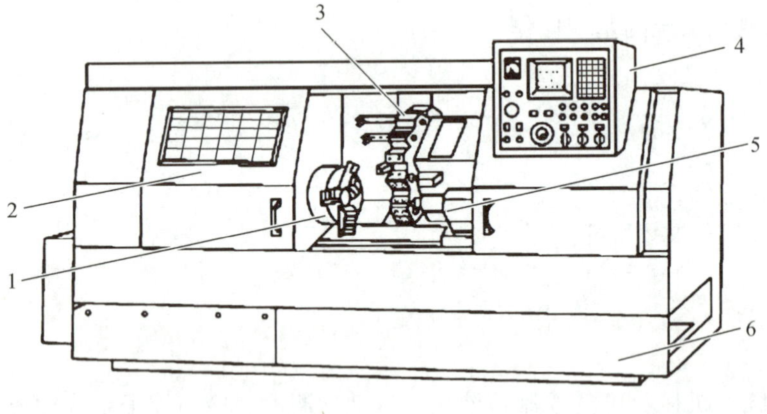

1—主轴卡盘；2—主轴箱；3—刀架；4—操纵箱；5—尾座；6—底座。

图 1-1-1　数控车床的基本结构

机床介绍

以广州数控普及型车床 CNC GSK980TDa 为例。该车床采用了 32 位高性能 CPU（中央处理器）和超大规模可编程器件（FPGA），运用实时多任务控制技术和硬件插补技术，实现微米级精度运动控制和 PLC（可编程逻辑控制器）控制。GSK980TDa 车床同时具备运动控制和逻辑控制功能，可完成数控车床的二轴运动控制，同时还具有内置式 PLC 功能。

2. 数控车床的刀架布局

根据刀架回转中心线相对于主轴的方位不同，刀架在机床上有两种布局形式：一种是其回转中心线与主轴平行，常称之为卧式刀架；另一种是其回转中心线与主轴垂直，常称之为立式刀架。根据回转刀架相对于主轴的方位不同，刀架在机床上也有两种布局形式：一种是刀架在主轴前，即前置刀架，如图 1-1-2（a）所示；另一种是刀架在主轴后，即后置刀架，如图 1-1-2（b）所示。不管是前置刀架还是后置刀架，装在刀架上的车刀都应能过工件中心，以便退刀，否则可能造成无法车孔的严重缺陷。

（a）前置刀架　　（b）后置刀架

图 1-1-2　卧式数控车床刀架布局

（三）数控车床的用途

数控车床能轻松地加工普通车床所能加工的内容，但简单的零件用数控车床加工未必经济。数控车床的主要加工对象：

1. 表面形状复杂的回转体类零件

由于数控车床具有直线和圆弧插补功能，只要不发生干涉，可以车削由任意直线和曲线组成的形状复杂的零件，如图 1-1-3 所示。

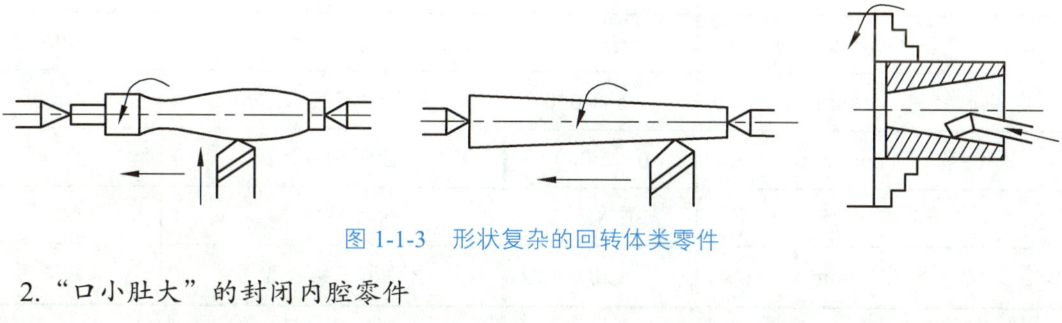

图 1-1-3　形状复杂的回转体类零件

2.“口小肚大”的封闭内腔零件

图 1-1-4 所示的零件在普通车床上是难以加工的，而在数控车床上则可以较容易地实现。

3. 带有特殊螺纹的零件

数控车床由于主轴转速和刀具进给具有同步功能，所以能加工恒导程和变导程的圆柱螺纹、圆锥螺纹和端面螺纹，还能加工多线螺纹。螺纹加工是数控车床的一大优点，车制的螺纹表面光滑、精度高。

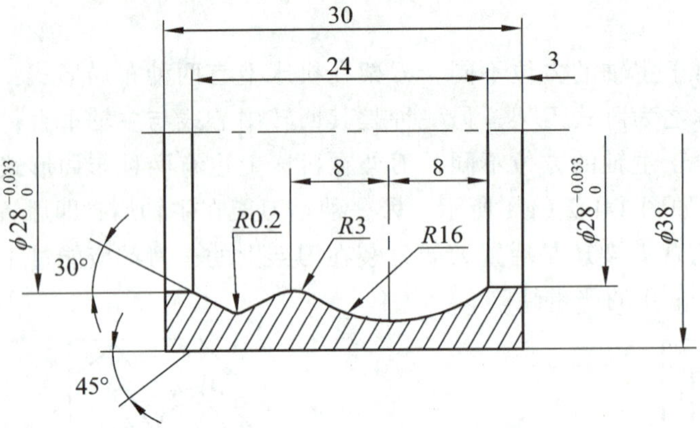

图 1-1-4 “口小肚大”的封闭内腔零件

数控车加工

4. 精度要求高的零件

由于数控车床刚性好，制作和对刀精度高，能方便和精确地进行人工补偿和自动补偿，所以可用于加工尺寸精度要求较高的零件，在有些场合可以车代磨。数控车削的刀具运动是通过高精度插补运算和进给驱动来实现的，所以数控车床可用于加工对母线直线度、圆度、圆柱度等形状精度要求较高的零件；工件一次装夹可完成多道工序的加工，提高了零件的位置精度；数控车床具有恒线速切削功能，加工出的零件表面粗糙度值小而均匀。

（四）数控车床的技术参数

数控车床的主参数是最大车削直径。GSK980TDa 型数控车床的主要技术参数如表 1-1-1 所示。

表 1-1-1 GSK980TDa 型数控车床的主要技术参数

名 称	参 数	名 称	参 数
机床型号	XCK360	系统型号	GSK980TDa
工件夹持最大回转直径/mm	360	刀架最大 *X* 向行程/mm	300
主轴转速/（r/min）	12.5~1 000	刀架最大 *Z* 向行程/mm	1 000
进给速度/（mm/min）	0 ~ 6 000	控制轴数/轴	2
刀架型号	前置 4 工位	联动轴数/轴	2
刀台中心高/mm	20	手动尾座锥孔型号	莫氏 4 号

二、数控车床基本操作

以广州斯沃数控仿真软件中与实训车间同步的 GSK980TD 系统为例，讲解程序编制和仿真运行中常用的功能和操作方法。

运行软件选择进入系统界面后，如图 1-1-5 所示。按下运行按钮，界面如图 1-1-6 所示。

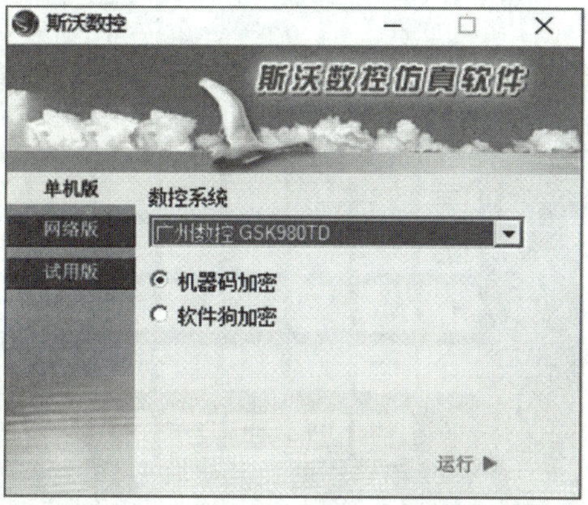

图 1-1-5　软件运行系统选择窗口

开机和回零操作

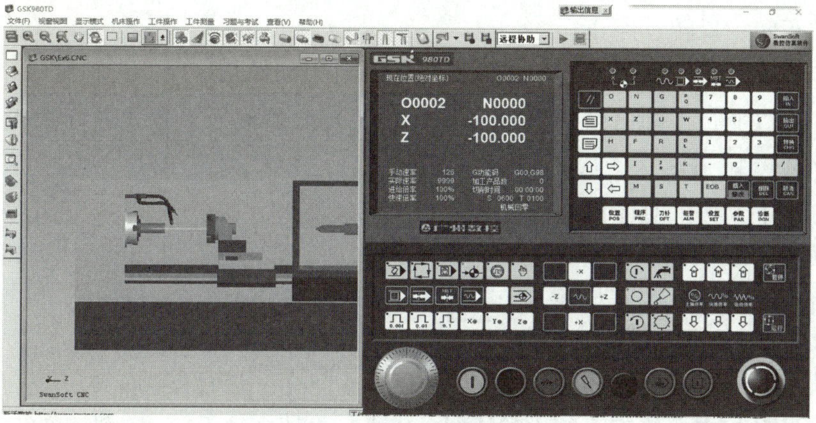

图 1-1-6　仿真软件开机界面

下面介绍各个按钮及常规操作。

1. 开、关机

开机按钮；关机按钮；回零按钮。

2. 机械回零操作

机床坐标系是 CNC 进行坐标计算的基准坐标系，是机床固有的坐标系。机床坐标系的原点称为机械零点，机械零点（导轨尾部位置）由安装在机床上的零点开关或回零开关决定，通常安装在 X、Z 轴正方向的最大行程处。按“机械零点”→“+X”和“+Z”使床鞍（X, Z）回到机床零点位置。开机后先回零，长按“+X”和“+Z”按钮，显示器上显示 X、Z 两坐标回零即可，如图 1-1-7 所示。

3. 手动操作方式

在手动方式下，可以实现进给运动、主轴控制、倍率修调、换刀等操作。

（1）手动进给。

在手动方式下，通过控制手动方向键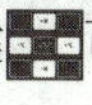可实现 X、Z 坐标的移动。移动速度，可通过中间的进给倍率键进行修调。

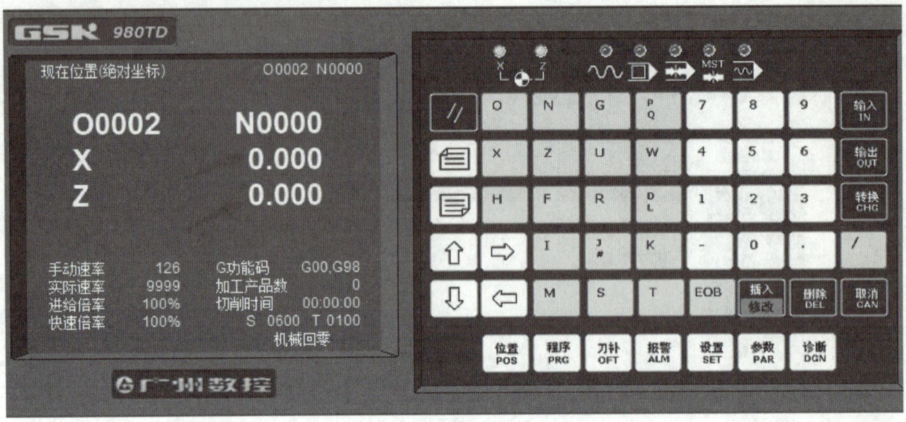

图 1-1-7　机械回零操作显示

（2）主轴正转、反转、停止。

在手动方式下，可按下对应的“主轴正转、主轴停止、主轴反转”键进行控制。主轴转速可以通过主轴倍率键和 MDI（手动数据输入）方式进行修调。

（3）冷却液控制。

在手动方式下，按下对应键进行控制。

（4）手动换刀。

在手动方式下，按下对应“换刀”键，依次转换到下一个刀位。

4. 手轮/单步操作方式

在此方式中，机床按选定的增量值进行移动。

选择坐标轴和相应的倍率手轮进给。X 轴有效时 Z 轴无效，Z 轴有效时 X 轴无效。

5. MDI 录入操作方式

依次按“录入”→“程序”→“翻页”键进入程序目录页面，查看系统已有程序状态等（见图 1-1-8）。

图 1-1-8　MDI 录入按钮操作显示界面

6. 程序的编辑与管理

（1）新建程序。

按“编辑”→“程序”→“O77”→“EOB 换行”键建立新程序 O77（如系统已存在 O77 程序，则打开现有程序，只需重新输入新程序名再按“EOB 换行”键即可），如图 1-1-9 所示。

图 1-1-9　编辑模式下新建程序

（2）程序内容的检查与修改。

在编辑方式下，按“程序”键进入程序内容页面，通过光标移动和翻页键并应用取消、删除、修改、EOB 换行等进行检查与修改。

（3）程序的删除。

程序删除：依次键入“程序名”，按“删除”键。

（4）程序的选择。

在编辑方式下，进入程序内容页面，按“地址键 O＋程序号”→按或打开程序。

（5）程序的导入。

先用 TEXT 文档把程序编辑好，再直接用打开文件的方式导入，如图 1-1-10 所示。该方法更为方便。

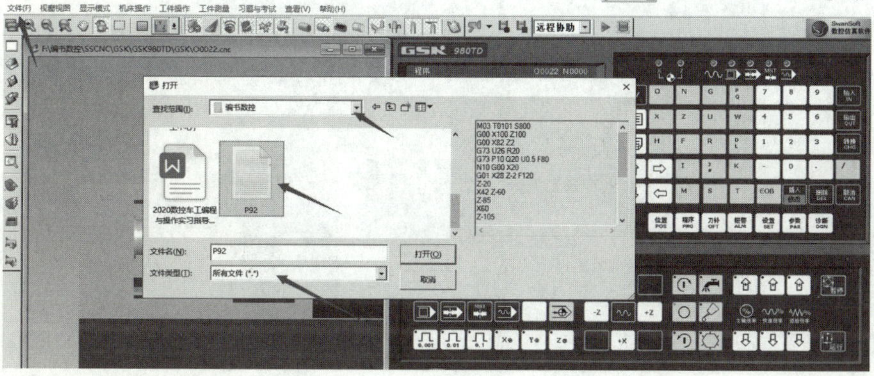

图 1-1-10　编制好的程序直接导入

程序的导入

7. 机床参数设定

把机床参数设定到常用状态。按“机床操作”→“参数设置”→“机床参数”选择四方刀台。选择软件“速度控制”→加工图形显示加速“无”→显示精度“高”，如图 1-1-11 所示。

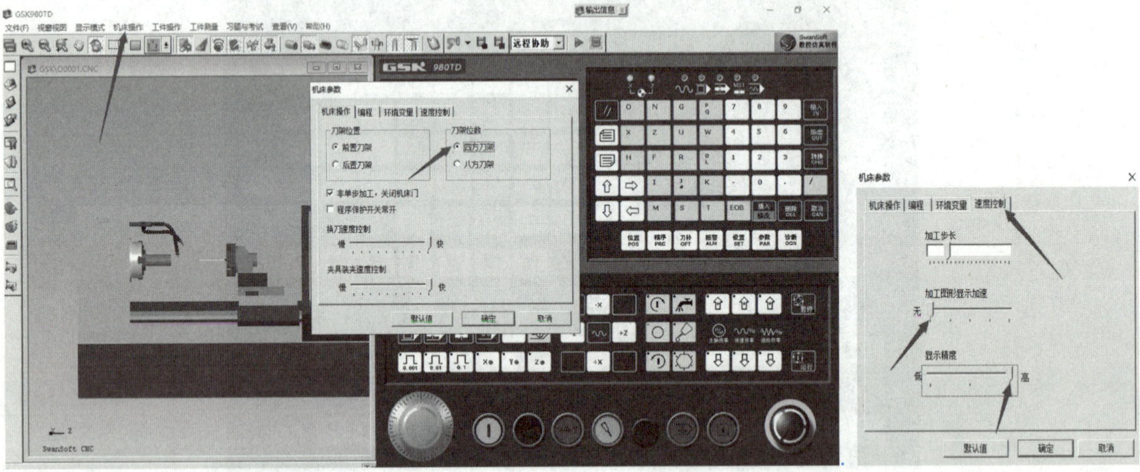

图 1-1-11　机床参数设置界面

还可以选择“不显示车床”，更便于观察零件的加工过程，如图 1-1-12 所示。或者选择“二维显示”，便于直观观察加工路线，如图 1-1-13 所示。

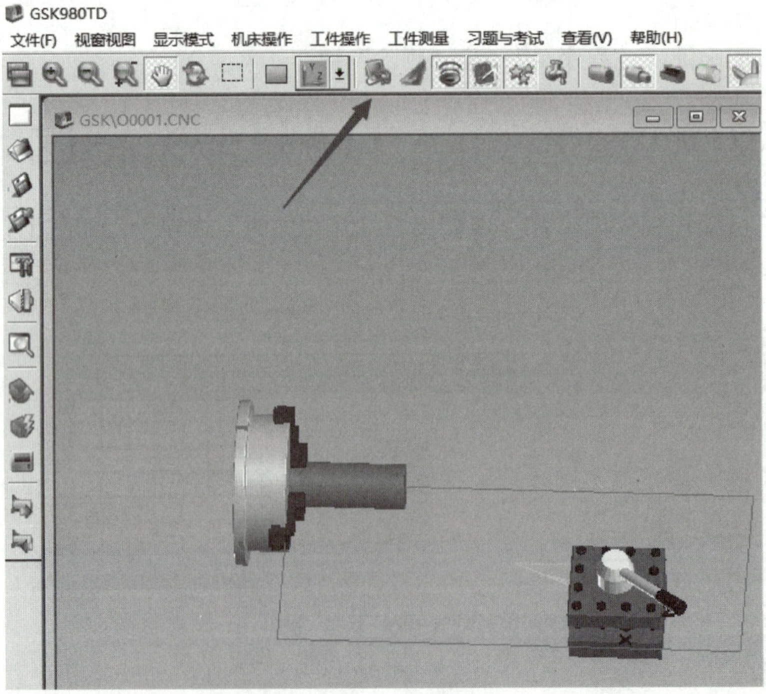

图 1-1-12　不显示车床

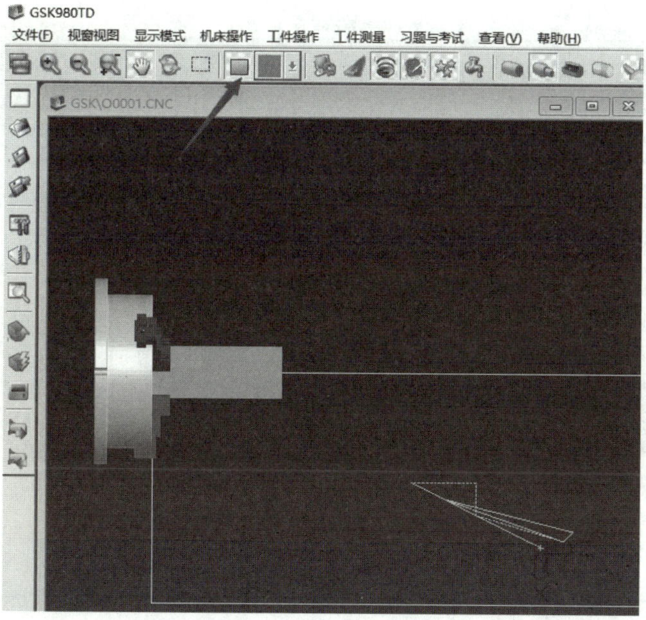

图 1-1-13　二维显示

机床基本设置操作

8. 毛坯的设置

按“工件操作”→“设置毛坯”，可对毛坯的长、直径以及类型进行设定，如图 1-1-14 所示。

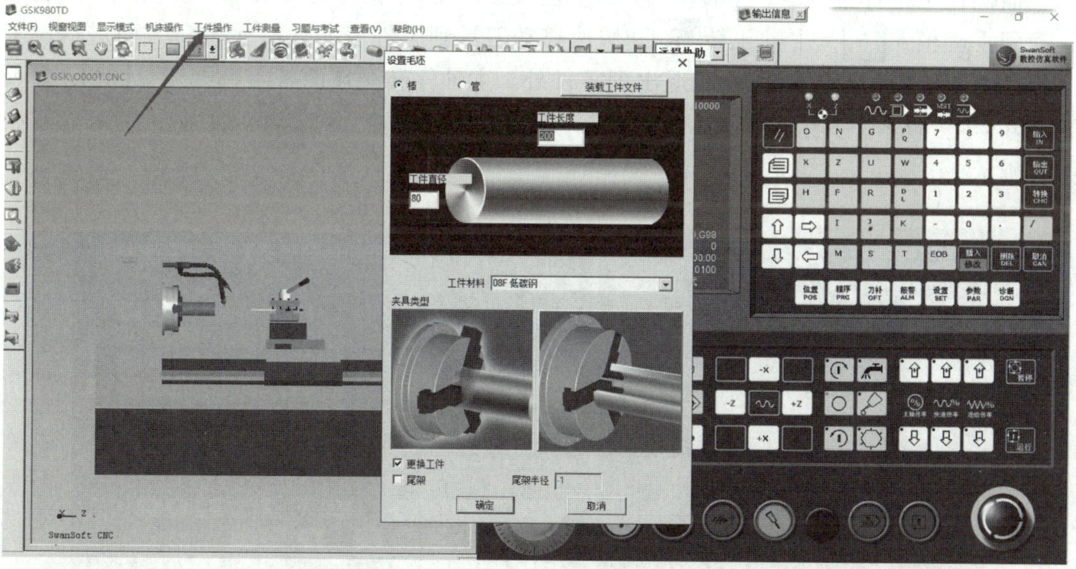

图 1-1-14　毛坯设定界面

9. 刀具的设置

按“机床操作”→“刀具管理”，选择会用到的刀具添加到相应的刀位上即可。可以在刀具库管理中添加不同角度或宽度的刀具，如图 1-1-15 所示。

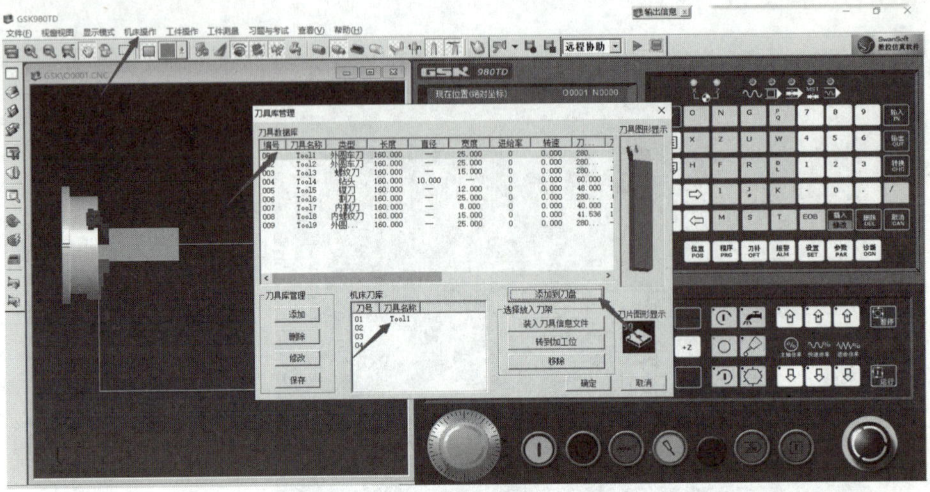

图 1-1-15　刀具设定界面

通过前期调试，常用设置工作完成。留待对刀，导入程序即可运行加工。

> 注意事项：实际车间机床操作会有一些区别，但基本原理和步骤相同；软件在课堂演示，学生课下实时实践更方便、直观；其余对刀和按钮操作在后续学习中陆续介绍。

三、手动对刀

下面操作中选择常规 90°外圆车刀，以毛坯长 200 mm、直径为 80 mm 的实心轴为例讲解。

换到手动模式，主轴正转，快速移动刀具到工件表面，沿 X 轴负方向进给，车端面。超过中心位置，沿 X 轴正方向退出到零件外，主轴停转。在面板上选择刀补 刀补 OFT，翻页到 101 刀位（6.2 版本，其余版本为 01 刀位），输入 Z 0，按输入键 输入 IN，完成 Z 轴对刀，如图 1-1-16 所示。

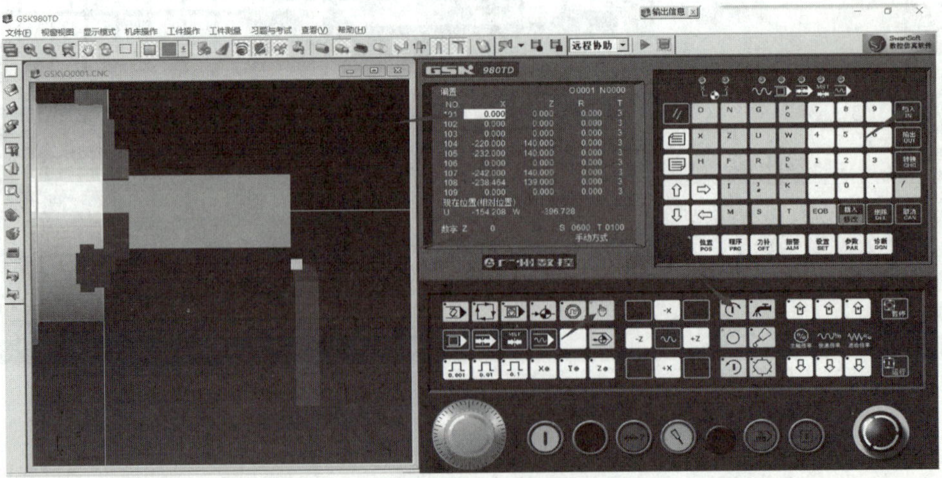

图 1-1-16　Z 轴对刀

零件外 X 方向确定一点背吃刀量，主轴正转，手动控制刀具沿 Z 轴负方向进给，切削一段外圆柱面即可。主轴停转，刀具沿 Z 轴正方向退出零件表面后进行测量。按“工件测量”→“特征点”，测量刚加工外圆柱面的直径，在“刀补”中 101 刀位继续输入所测得的 X 值（直径量）。X 方向的对刀完毕，如图 1-1-17 所示。按“工件测量”→“测量退出”。

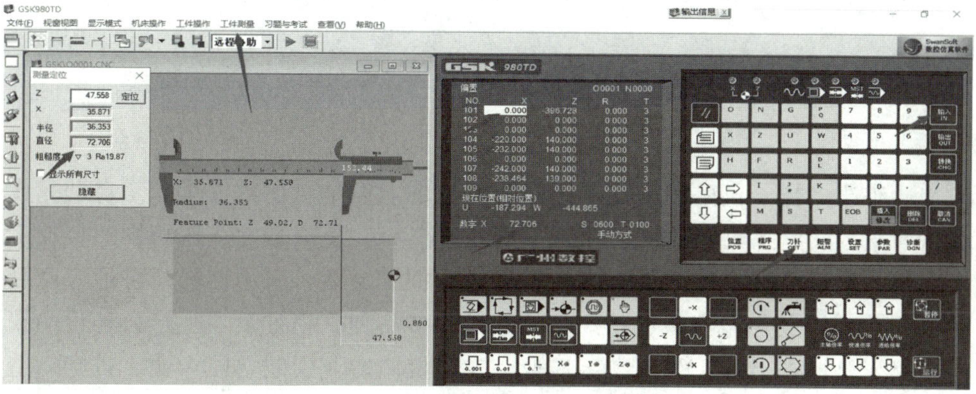

图 1-1-17　X 轴对刀

外圆车刀对刀

任务二　数控加工工艺知识

知识目标

（1）了解数控加工工艺和普通加工工艺的主要异同点；
（2）了解常用刀具材料的主要类型及特点；
（3）认识切削用量对切削加工的影响规律；
（4）了解数控机床的工具系统；
（5）了解数控加工工艺文件的主要内容和编制要求。

能力目标

（1）掌握数控加工工艺设计的主要内容和应遵循的基本原则；
（2）能根据加工要求正确选择常用刀具材料；
（3）会正确选择切削用量；
（4）能正确制定常规车削零件的加工工艺并填写卡片。

相关知识

合理确定数控加工工艺对实现优质、高效和经济的数控加工具有极为重要的作用。其内容包括选择合适的机床、刀具、夹具、走刀路线及切削用量等，只有选择合适的工艺参数及切削策略，才能获得较理想的加工效果。从加工的角度看，数控加工技术主要是围绕加工方法与工艺参数的合理确定及有关其实现的理论与技术。数控加工通过计算机控制刀具做精确的切削加工运动，是完全建立在复杂的数值运算之上的，能实现传统的机加工无法实现的合理、完整的工艺规划。

一、数控车床加工工艺与刀具

（一）数控车床加工的主要特点

数控车床与普通车床一样，也是用来加工回转体零件的。但是由于数控车床是自动完成内外圆柱面、圆弧面、端面、螺纹等的切削加工（见图 1-2-1），所以数控车床特别适合加工形状复杂、精度要求高的轴类或盘类零件。数控车床具有加工灵活，通用性强，可适应产品的品种和规格频繁变化的特点，能够满足新产品的开发和多品种、小批量、生产自动化的要求，因此被广泛应用于机械制造业，如汽车制造业、发动机制造业、航空航天业、机床制造业等。目前，我国使用最多的数控机床是数控车床，约占整个数控机床的 25%。

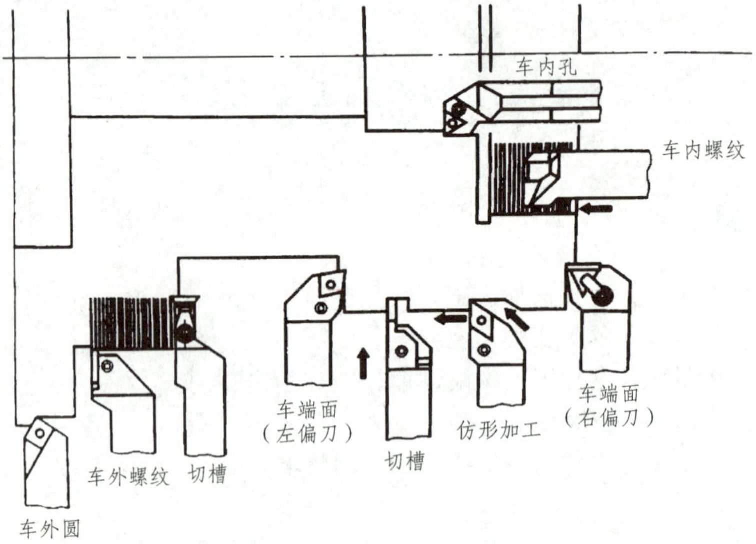

图 1-2-1　数控车床上各种加工

（二）车削刀具及其主要特点

1. 数控车刀的特点

数控车床刚性好，精度高，可一次装夹完成工件的粗加工、半精加工和精加工。为使粗加工能采用大切深、大走刀，要求粗车刀具强度高、刀具寿命长。精车时保证加工精度及其稳定性是关键，刀具应满足安装调整方便、刚性好、精度高、刀具寿命长的要求。数控车床一般选用硬质合金可转位车刀。这种车刀就是使用可转位刀片的机夹车刀，把经过研磨的可转位多边形刀片用夹紧组件夹在刀杆上，如图 1-2-2 所示。

图 1-2-2　可转位车刀

车刀在使用过程中，一旦切削刃磨钝后，通过刀片的转位即可用新的切削刃继续切削，只有当多边形刀片所有的刀刃都磨钝后，才需要更换刀片。数控车床与普通车床用的可转位车刀一般无本质的区别，其基本结构、功能特点是相同的。但数控车床工序是自动化的，因此对用于其上的可转位车刀的要求侧重点又有别于普通车床的刀具，具体要求和特点如表 1-2-1 所示。

表 1-2-1　数控车床可转位车刀的要求和特点

要　求	特　点	目　的
精度高	刀片采用 M 级或更高精度等级；刀杆多采用精密级；用带微调装置的刀杆在机外预调好	保证刀片重复定位精度，方便坐标设定，保证刀尖位置精度
可靠性高	采用断屑可靠性高的断屑槽型或有断屑台和断屑器的车刀；采用结构可靠的车刀；采用复合式夹紧结构和夹紧可靠的其他结构	断屑稳定，不能有紊乱和带状切屑；适应刀架快速移动和换位以及整个自动切削过程中夹紧不得有松动的要求
换刀迅速	采用车削工具系统；采用快换小刀夹	迅速更换不同形式的切削部件，完成多种切削加工，提高了生产效率
刀片材料	较多采用涂层刀片	满足生产节拍要求，提高了加工效率
刀杆截面形状	较多采用正方形刀杆，但因刀架系统结构差异大，有的需采用专用刀杆	刀杆与刀架系统匹配

2. 可转位车刀的选用

由于可转位刀片的形式多种多样，并采用多种刀具结构和几何参数，因此可转位车刀的品种越来越多，使用范围很广，下面就与刀片的选择有关的几个主要问题作简要说明。

（1）刀片的夹紧方式。

在国家标准中，一般夹紧方式有销孔夹紧（代码 P）、上压与销孔夹紧（代码 M）、上压式夹紧（代码 C）和螺钉夹紧（代码 S）四种，如图 1-2-3 所示。每种类型又可包含不同的夹紧方式。例如，代号 P 是用刀片的中心圆柱形销夹紧，而夹紧方式有杠杆式、偏心式等，而且各刀具商所提供的产品并不一定包括所有的夹紧方式，因此选用时要查阅产品样本。如图 1-2-4 所示为瑞典山特维克公司可转位车刀的几种典型夹紧方式。可转位刀片紧固方式的主要特点如表 1-2-2 所示。

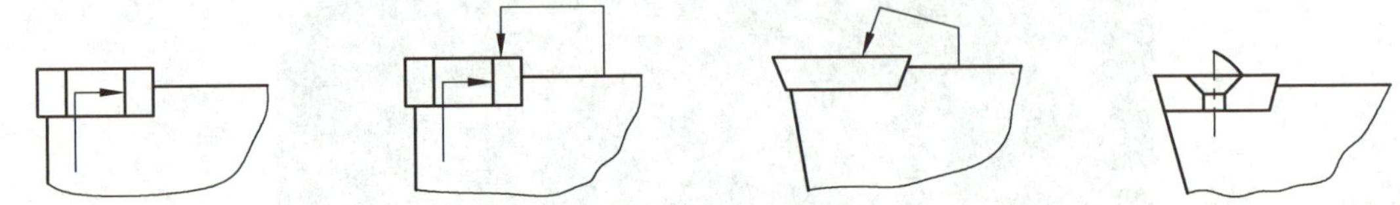

（a）销孔夹紧（P）　（b）上压与销孔夹紧（M）　（c）上压式夹紧（C）　（d）螺钉夹紧（S）

图 1-2-3　可转位刀片的夹紧方式

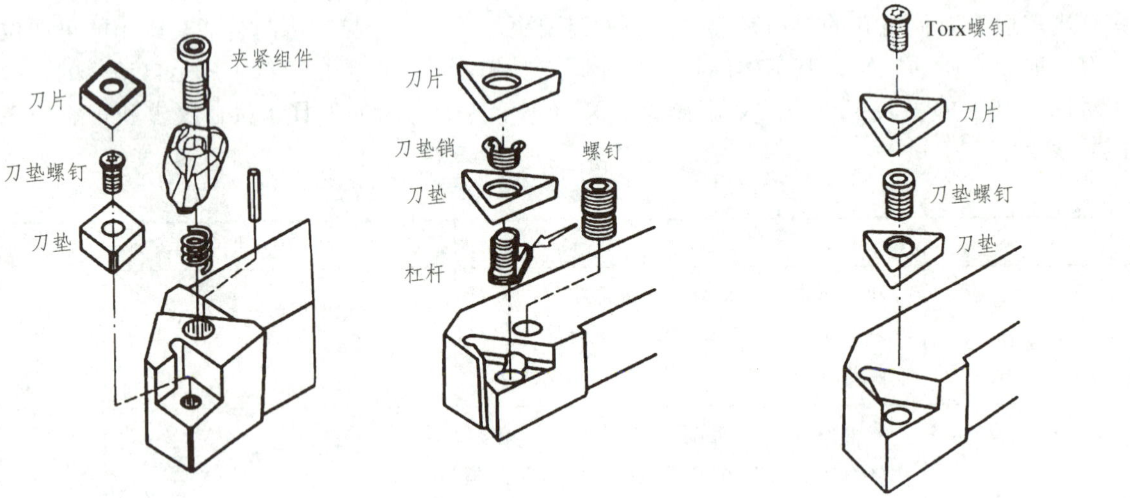

（a）刚性压紧　（b）杠杆式压紧　（c）螺钉压紧

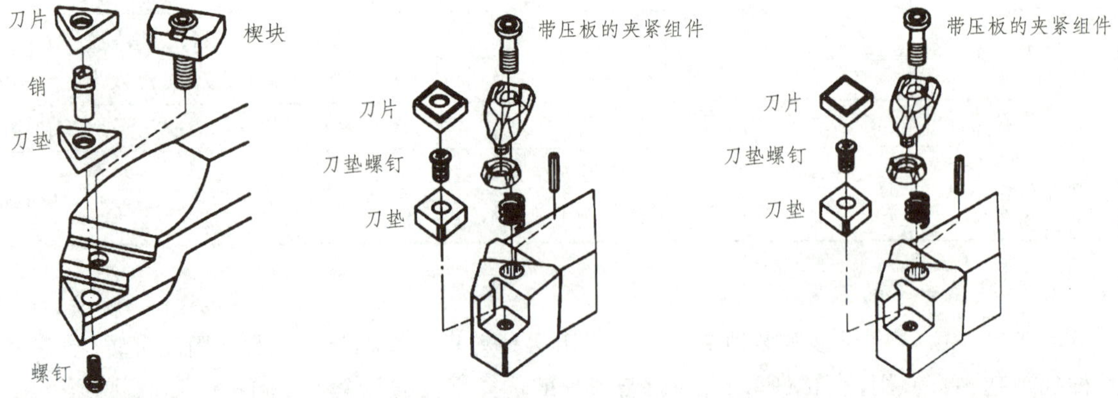

（d）楔块上压式　（e）有孔陶瓷刀片的夹紧　（f）无孔陶瓷刀片的夹紧

图 1-2-4　可转位刀片的夹紧系统

表 1-2-2　可转位刀片紧固方式的主要特点

形　式	使用刀片	特　点
销孔夹紧（P）	使用有孔的负前角平刀片或带断屑槽的刀片，上下两侧均可使用	夹紧力大，稳定性好，刀片可重复性好，排屑流畅，刀片更换简便，应用广泛，一般适用于中、轻切削
上压与销孔夹紧（M）	使用有孔的正、负前角平刀片或带断屑槽的刀片，上下两侧均可使用	制造方便，使用可靠，适用于切削力较大的场合，如加工条件恶劣、钢的粗加工、铸铁等的加工
上压式夹紧（C）	使用有孔或无孔的正、负前角平刀片或带断屑槽的刀片，上下两侧均可使用	制造方便，夹紧力大，稳定可靠；陶瓷立方氮化硼等刀片常用此夹紧方式
螺钉夹紧（S）	有孔的负前角平刀片或带断屑槽的刀片，单侧使用	结构简单、紧凑，制造容易；刀片可重复性好，一般用于中小型车刀，如小孔车刀或外圆精车刀

（2）刀片外形的选择。

刀片外形与加工的对象、刀具的主偏角、刀尖角和有效刃数等有关。不同的刀片形状有不同的刀尖强度，一般刀尖角越大，刀尖强度越大，反之亦然。圆刀片（R 型）刀尖角最大，35°菱形刀片（V 型）刀尖角最小，如图 1-2-5 所示。

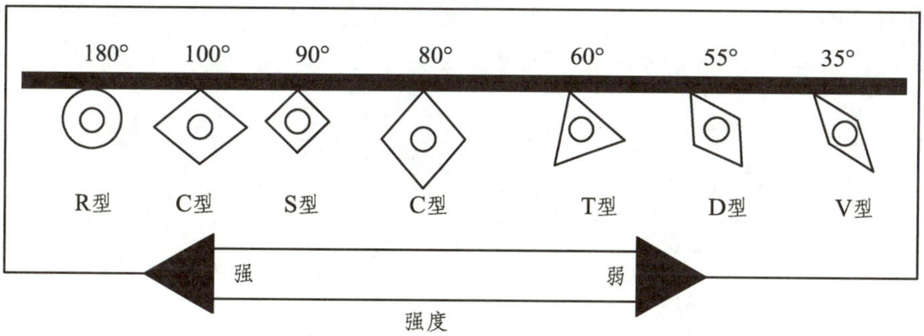

图 1-2-5　刀片形状与刀尖强度的关系

在选用时，应根据加工条件恶劣与否，按重、中、轻切削有针对性地选择。在机床刚性、功率允许的条件下，大余量、粗加工时应选用刀尖角较大的刀片，反之，机床刚性和功率小、小余量、精加工时宜选用刀尖角较小的刀片。一般外圆车削常用四方形刀片（S 型）和 80°菱形刀片（C 型）；仿形加工常用 55°（D 型）菱形刀片、35°菱形（V 型）刀片和圆形刀片（R 型），90°主偏角车刀常用三角形刀片（T 型）。数控车床刀片，最应推荐的是 80°菱形刀片（C 型），这类刀片不仅通用性好，适用于外圆和端面的车削加工等大多数工序，而且它与 T 型刀片相比，更换刀刃时只需将刀片对称反转安装，故重复定位精度要高得多。

（3）刀杆头部形式的选择。

刀杆头部形式按主偏角和直头、弯头分有 15 ~ 18 种，各形式规定了相应的代码，在国家标准和刀具样本中都一一列出，可以根据实际情况选择。有直角台阶的工件，可选主偏角不小于 90°的刀杆。一般粗车可选主偏角为 45° ~ 90°的刀杆；精车可选主偏角为 45° ~ 75°的刀杆；中间切入、仿形车则可选主偏角为 45° ~ 107.5°的刀杆；工艺系统刚性好时可选较小值，工艺系统刚性差时可选较大值。当刀杆为弯头结构时，则既可加工外圆，又可加工端面，图 1-2-6 所示为几种不同主偏角车刀车削加工的示意图，图中箭头指向表示车削时车刀的进给方向。

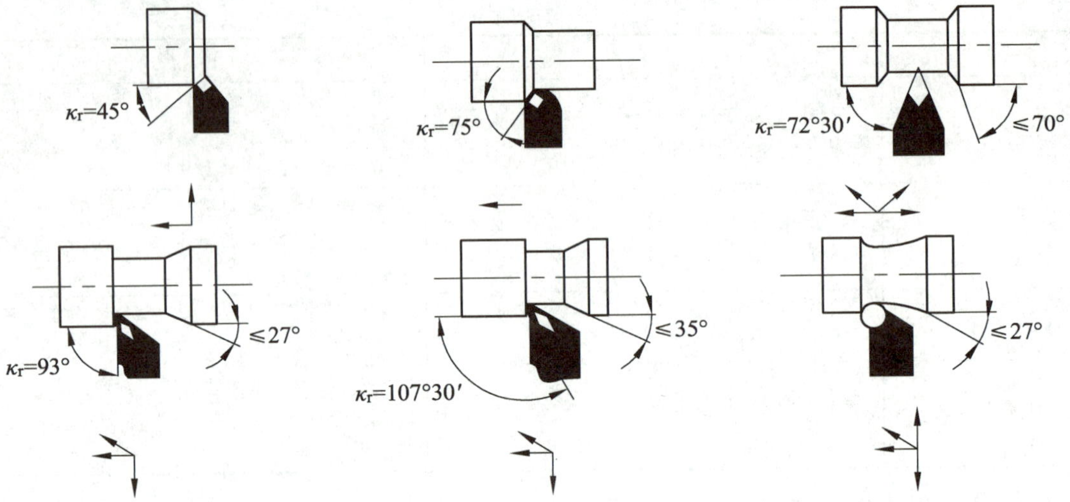

图 1-2-6　不同主偏角车刀车削加工示意图

（4）刀具切削方向的选择。

刀具切削方向有 R（右手）、N（左右手）和 L（左手）三种形式，如图 1-2-7 所示。要注意区分车刀刀柄的方向。选择时要考虑机床刀架是前置式还是后置式、前刀面是向上还是向下、主轴的旋转方向以及需要的进给方向等。

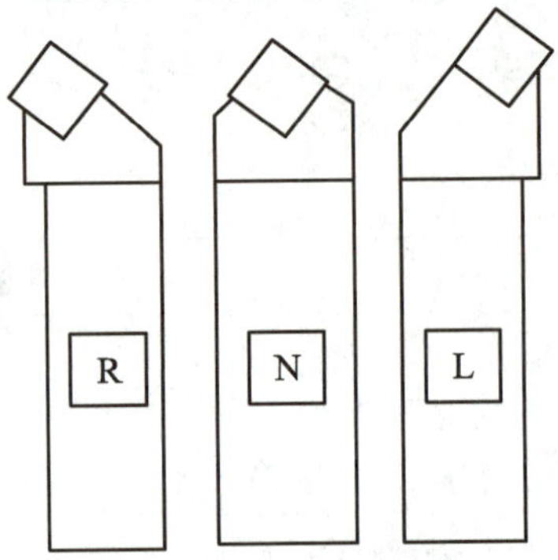

图 1-2-7　右手、左右手和左手车刀

（5）刀尖圆弧半径的选择。

刀尖圆弧半径不仅影响切削效率，而且关系到被加工表面粗糙度及加工精度。从刀尖圆弧半径与最大进给量关系来看，最大进给量不应超过刀尖圆弧半径尺寸的 80%，否则将恶化切削条件，甚至出现螺纹状表面和打刀等问题。刀尖圆弧半径还与断屑可靠性有关，为保证断屑，切削余量和进给量有一个最小值，当刀尖圆弧半径减小，所得到的这两个最小值也相应减小，因此，从断屑可靠性出发，通常对于小余量、小进给车削加工应采用小的刀尖圆弧半径，反之宜采用较大的刀尖圆弧半径。

粗加工时，注意以下几点：

① 提高刀刃强度，应尽可能选取大刀尖半径的刀片，大刀尖半径可允许大进给。

② 在有振动倾向时选择较小的刀尖半径。

③ 常用刀尖半径为 1.2 ~ 1.6 mm。

④ 粗车时进给量不能超过表 1-2-3 中给出的最大进给量。作为经验法则，一般进给量可取为刀尖圆弧半径的一半。

表 1-2-3　刀尖圆弧半径和进给量选择

刀尖半径/mm	0.4	0.8	1.2	1.6	2.4
最大推荐进给量/（mm/r）	0.25 ~ 0.35	0.4 ~ 0.7	0.5 ~ 1.0	0.7 ~ 1.3	1 ~ 1.8

精加工时注意以下几点：

① 精加工的表面质量不仅受刀尖圆弧半径和进给量的影响，而且受工件装夹稳定性、夹具和机床的整体条件等因素的影响。

② 在有振动倾向时选较小的刀尖半径。

③ 非涂层刀片比涂层刀片加工的表面质量高。

（6）断屑槽型的选择。

断屑槽的参数直接影响切屑的卷曲和折断，目前刀片的断屑槽形式较多（见表 1-2-4），各种断屑槽刀片使用情况不尽相同。选用时一般参照具体的产品样本。

表 1-2-4　车削钢件时产生的切屑形态

类　别	A 型	B 型	C 型	D 型	E 型
切深小 d<7 mm			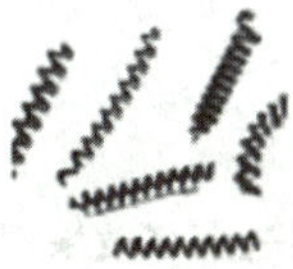		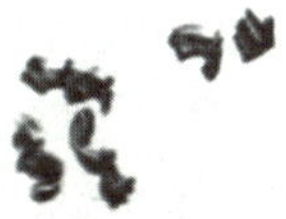
切深大 d = 7 ~ 15 mm		—	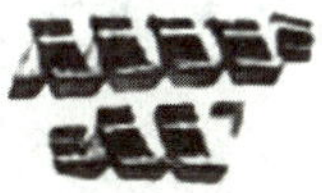		
成卷长度	不成卷	$l \geqslant 50$ mm	$l \leqslant 50$ mm 1 ~ 5 卷	1 卷左右	1 卷以下
备注	不规则连续形状，缠绕在工件和刀具上	规则的连续形状，长切屑	良好	良好	切屑飞散，发生振动，表面质量差，达到刀具负荷极限

数控车削加工时断屑的目标是：在不影响刀具寿命的情况下，把切屑断成容易控制的尺寸。

槽型根据加工类型和加工对象的材料特性来确定，各供应商表示方法不一样，但思路基本一样；基本槽型按加工类型有精加工槽型（代码 F）、普通加工槽型（代码 M）和粗加工槽型（代码 R）；按加工材料，国际标准有加工钢的 P 类槽型，加工不锈钢、合金钢的 M 类槽型和加工铸铁的 K 类槽型。这两种情况一组合就有了相应的槽型，比如 PF 就指用于钢的精加工槽型，KM 是用于铸铁普通加工的槽型等。如果加工向两方向扩展，如超精加工和重型粗加工，并且材料也扩展，如耐热合金、铝合金等，就有了超精加工、重型粗加工和加工耐热合金、铝合金等的补充槽型，选择时可查阅具体的产品样本。图 1-2-8 是不同断屑槽型车刀刀片及其背吃刀量和进给量选择范围图。从图中可知，一定的断屑槽型和参数，在加工某种具体的工件材料时，其断屑范围是一定的。一般可根据工件材料和加工的条件选择合适的断屑槽型和参数，当断屑槽型和参数确定后，主要靠背吃刀量和进给量的改变控制断屑，背吃刀量和进给量必须在选取范围内才能获得断屑效果。

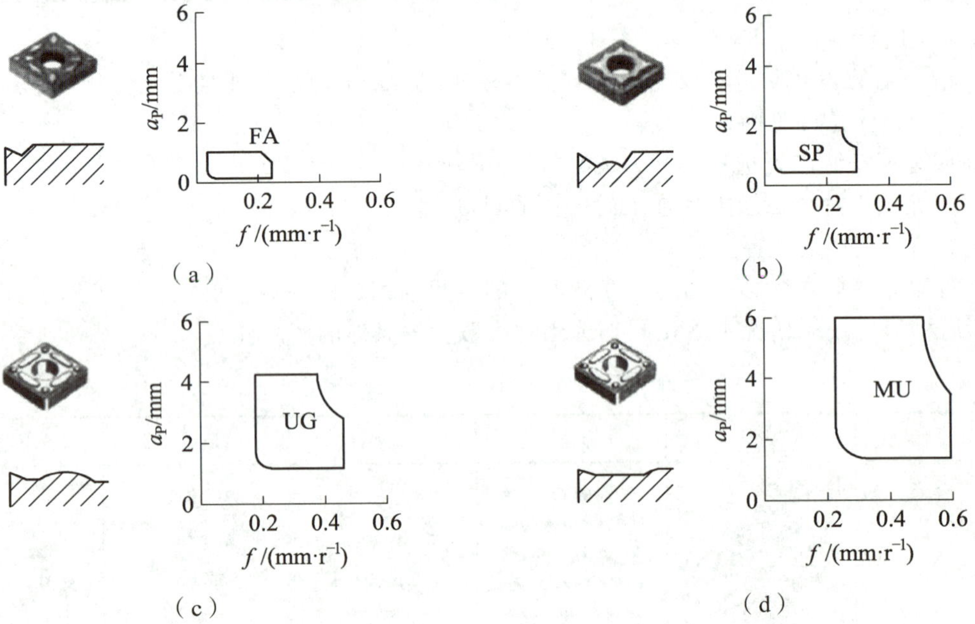

图 1-2-8　断屑槽型与切深和进给量的选择

使用断屑槽刀片车削加工时，若断屑效果不佳，可通过以下途径进行改善：

① 选窄一些的断屑槽刀片。

② 选深一些的断屑槽刀片。

③ 刃口宽度选窄一些。

④ 增大进给量。

⑤ 使主偏角接近 90°（使切屑厚度尽量厚）。

⑥ 减小刀尖圆角半径。

⑦ 降低切削速度。

⑧ 减小切削深度。

⑨ 降低切削温度（使用切削液）。

⑩ 选择切屑流向更合理的刃倾面。

3. 刀　夹

数控车刀一般通过刀夹（座）装在刀架上。刀夹的结构主要取决于刀体的形状、刀架的外形和刀架对主轴的配置 3 个因素。刀架对主轴的配置形式只有几种，而刀架与刀夹连接部分的结构形式太多，致使刀夹的结构形式很多，用户在选择时，除满足精度要求外，应尽量减少种类、形式，以利于管理。

（三）数控车削加工工艺路线制订

在数控车床加工过程中，由于加工对象复杂多样，特别是轮廓曲线的形状及位置千变万化，加上材料、批量不同等多方面因素的影响，具体在确定加工方案时，可按先粗后精、先近后远、刀具集中、程序段最少、走刀路线最短等原则综合考虑。下面就其中几点作一简要介绍。

1. 先粗后精

如图 1-2-9 所示，粗加工完成后，接着进行半精加工和精加工。其中，安排半精加工的目的是：当粗加工后所留余量的均匀性满足不了精加工要求时，则可安排半精加工作为过渡性工序，以便使精加工余量小而均匀。

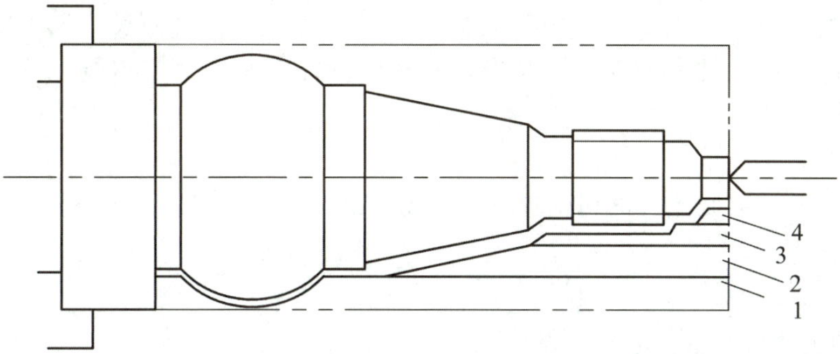

图 1-2-9 先粗后精

精加工时，零件的轮廓应由最后一刀连续加工而成。这时，加工刀具的进、退刀位置要考虑妥当，尽量沿轮廓的切线方向切入和切出，以免因切削力突然变化而造成弹性变形，致使光滑连接轮廓上产生表面划伤、形状突变或滞留刀痕等疵病。

对既有内孔又有外圆的回转体零件，在安排其加工顺序时，应先进行内外表面粗加工，后进行内外表面精加工。切不可将内表面或外表面加工完后，再加工其他表面。

2. 先近后远

这里所说的远与近，是按加工部位相对于对刀点的距离大小而言的。通常在粗加工时，离对刀点近的部位先加工，离对刀点远的部位后加工，以便缩短刀具的移动距离，减少空行程时间。对于车削加工，先近后远还有利于保持毛坯件或半成品件的刚性，改善其切削条件。

例如，当加工图 1-2-10 所示的零件时，如果按 ϕ38 mm→ϕ36 mm→ϕ34 mm 的次序安排车削，不仅会增加刀具返回对刀点所需的空行程时间，而且还可能使台阶的外直角处产生毛刺。

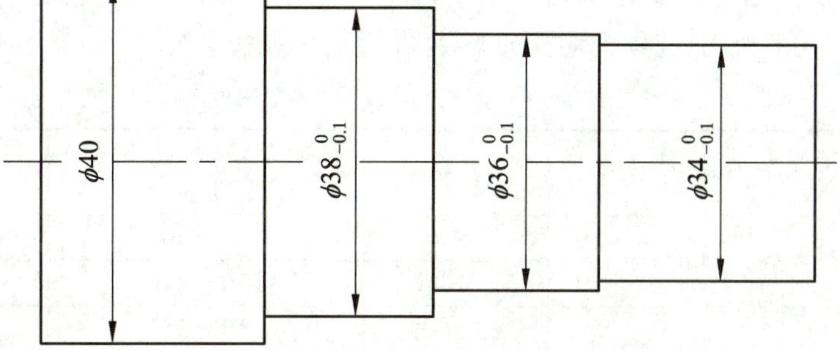

图 1-2-10 先近后远

对于这类直径相差不大的台阶轴，当第一刀的切削深度（图中最大背吃刀量可为 3 mm 左右）未超限时，宜按 ϕ34 mm→ϕ36 mm→ϕ38 mm 的顺序先近后远地安排加工。

3. 刀具集中

即用一把刀加工完相应各部位，再换另一把刀加工相应的其他部位，以减少空行程和换刀时间。

影响数控车削加工路线的因素较多，必须根据具体情况制订合理的工艺方案，才能达到预期的效果。

4. 切削用量的选择

数控车削加工时，最希望达到的目的是加工时间短，刀具寿命长，加工精度高。为此应很好地考虑工件材料的硬度、形状、状态及机床的性能。由此选定刀具，选择高效率的切削条件。

（1）主轴转速 n（r/min）。

主轴转速 n 主要根据允许的切削速度 v_c（m/min）来选取。计算公式为

$$n=\frac{1\,000v_c}{\pi D}$$

式中　v_c——切削速度，m/min；

D——工件或刀具的直径，mm。

在确定主轴转速时，首先需要根据零件和刀具材料以及加工性质（如粗、精加工）等条件来确定其允许的切削速度。

切削速度为切削用量中对切削加工影响最大的因素，它对加工效率、刀具寿命、切削力、表面粗糙度、振动、安全等会产生很大的影响。增大切削速度，可提高切削效率，减小表面粗糙度值，但却使刀具寿命降低。因此，要综合考虑切削条件和要求，选择适当的切削速度。通常以经济切削速度切削工件，经济切削速度是指刀具寿命确定为 60 ~ 100 min 的切削速度。

切削速度可根据刀具产品目录或切削手册，并结合实际经验加以修正确定。需要注意的是，一般刀具目录中提供的切削速度推荐值是按刀具寿命为 30 min 给出的。假如加工中要使刀具寿命延长到 60 min，则切削速度应取推荐值的 70% ~ 80%；反之，如果采用高速切削，刀具寿命选 15 min，则切削速度可取推荐值的 1.2 ~ 1.3 倍。另外，切削速度与加工材料也有很大关系，例如用立铣刀铣削合金钢 30CrNi2MoVA 时，v_c 可选 8 m/min 左右；而用同样的铣刀铣削铝合金时，可选 200 m/min 以上。表 1-2-5 列出了车削常用金属材料的切削速度，可供参考。

主轴转速 n 要根据计算值在编程中给予规定。数控机床的控制面板上一般备有“主轴转速调整率”旋钮，可在加工过程中对主轴转速进行倍率调整。

表 1-2-5　车削加工时的切削速度

工件材料	抗拉强度或硬度	刀具材料	粗加工时的切削速度/（m/min）	精加工时的切削速度/（m/min）
钢	350 ~ 400 HB	A	40 ~ 50	60 ~ 75
		B	130 ~ 240	200 ~ 300
	430 ~ 500 HB	A	30 ~ 35	50 ~ 70
		B	100 ~ 200	220 ~ 300

续表

工件材料	抗拉强度或硬度	刀具材料	粗加工时的切削速度/（m/min）	精加工时的切削速度/（m/min）
钢	600 ~ 700 HB	A	22 ~ 28	30 ~ 40
		B	100 ~ 150	150 ~ 220
	700 ~ 850 HB	A	18 ~ 24	35 ~ 40
		B	70 ~ 90	100 ~ 130
铸铁	140 ~ 190 HB	A	18 ~ 25	30 ~ 35
		B	60 ~ 90	90 ~ 130
锡青铜	65~95 HB	A	40 ~ 50	60 ~ 75
		B	250 ~ 300	300 ~ 400
	95 ~ 125 HB	A	30 ~ 35	40 ~ 50
		B	150 ~ 200	220 ~ 300
铝		A	150 ~ 200	200 ~ 250
		B	600 ~ 800	800 ~ 1 000

注：A 为高速钢；B 为硬质合金。

（2）进给量 f（mm/r 或 mm/min）或进给速度 v_f（m/min）。

如果通过提高切削速度来提高切削效率，将会使刀具寿命降低，从而增加因刀具更换所需的辅助时间。由于受数控机床输出转矩的限制，用增大进给量的方法来提高切削效率更为有效。在刀具许可的范围内，增加进给量将使刀具寿命降低的情况减至最小，但增加进给量会对表面粗糙度或切屑处理产生影响。粗加工时，影响进给量选择的主要因素是工艺系统的刚性和高生产率的要求；精加工时，影响进给量选择的主要因素是加工精度和表面粗糙度的要求。因此，粗加工时应选较大的进给量，精加工时应选较小的进给量。在加工过程中 f 也可通过机床控制面板上的“切削进给率”旋钮进行调整，但是最大进给速度要受到设备刚性和进给系统性能等的限制。

（3）背吃刀量的影响。

背吃刀量 a_p 主要根据机床、夹具、刀具和工件所组成的加工工艺系统的刚性来确定。粗加工时，在系统刚性允许的情况下，应以最少的进给次数切除余量，最好一次切除全部加工余量，以提高生产效率。对于表面粗糙度和精度要求较高的零件，要留有足够的精加工余量，数控加工的精加工余量可比普通机床加工的余量小一些。一般车削和镗削的精加工余量为 0.1 ~ 0.5 mm，铣削的精加工余量为 0.2 ~ 0.8 mm。

切削用量的合理选择将直接影响加工精度、表面质量、生产率和经济性，其确定原则与普通加工相似。合理选择切削用量的原则是：粗加工时，一般以提高生产率为主，但也应考虑经济性和生产成本，因此，在工艺系统刚度允许的情况下，充分利用机床功率，发挥刀具切削性能选取较大的背吃刀量 a_p 和进给量 f，再选择一个合适的切削速度 v_c；半精加工和精加工时，应在保证加工质量（即加工精度和表面粗糙度）的前提下，兼顾切削效率、经济性和生产成本，一般应选取较小的背吃刀量 a_p 和进给量 f，尽可能选择较高的切削速度 v_c。具体数据应根据机床使用说明书、切削用量手册，并结合实际经验加以修正确定。

5. 数控机床的工具系统

工具系统是针对数控机床要求与之配套的刀具必须可快速更换和高效切削而发展起来的，是刀具与机床的接口。它除了刀具本身外，还包括实现刀具快速更换所需的定位、夹紧、抓夹及刀具保护等机构。20 世纪 70 年代，工具系统以整体结构为主；20 世纪 80 年代初，开发出口模块式结构的工具系统（分车削、镗铣两大类）；20 世纪 80 年代末，开发出了通用模块式结构的工具系统（车、铣、钻等万能接口）。模块式工具系统将工具的柄部和工作部分分割开来，制成各种系统化的模块，然后经过不同规格的中间模块组成一套套不同规格的工具。目前，世界上模块式工具系统有几十种结构，其区别主要在于模块之间的定位方式和锁紧方式不同。

目前，不少国家或公司都已制定出自己的标准化工具系统，如德国的 DIN69880 工具系统、瑞典山特维克公司的 BTS 模块式车削工具系统、适合高速加工的 HSK 工具系统等。为满足工业发展的需要，我国制定了“镗铣类整体数控工具系统”标准（简称为 TSG 工具系统）和“镗铣类模块式数控工具系统”标准（简称为 TMG 工具系统），它们都采用 GB/T 10944.1 ~ 2—2006（JT 系列刀柄）为标准刀柄。

数控车削加工用工具系统的构成和结构与机床刀架的形式、刀具类型及刀具是否需要动力驱动等因素有关。数控车床常采用立式或卧式转塔刀架作为刀库，刀库容量一般为 4~8 把刀具，常按加工工艺顺序布置，由程序控制实现自动换刀。其特点是结构简单，换刀快速，每次换刀仅需 1 ~ 2 s。图 1-2-11 为数控车削加工用工具系统的一般结构体系。

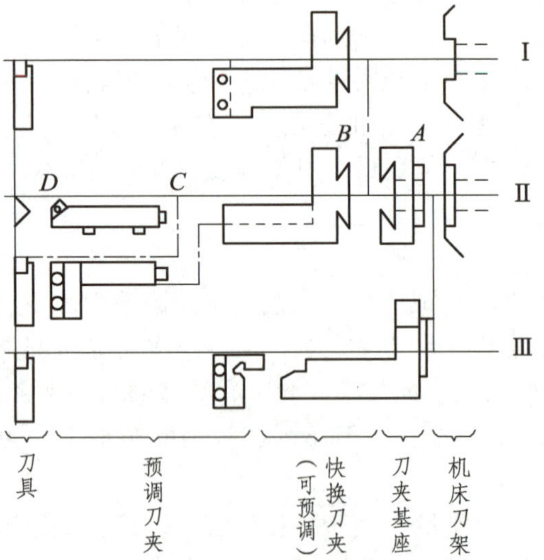

（a）车外圆刀夹的结构

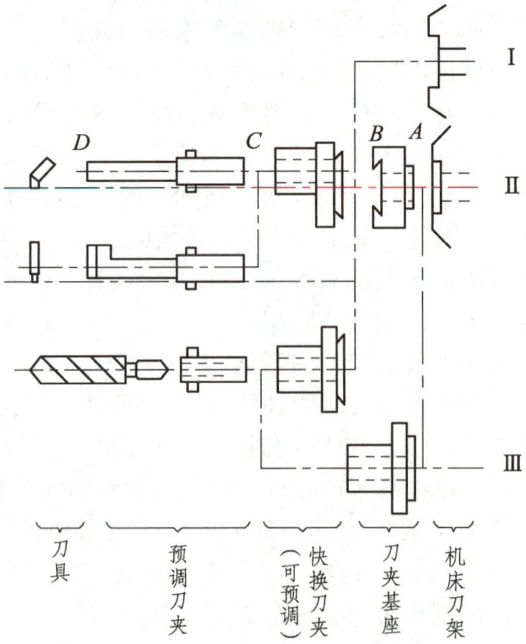

（b）车内孔刀夹的结构

图 1-2-11 数控车削加工用工具系统的一般结构体系

二、数控加工工艺文件的编制

填写数控加工工艺文件是数控加工工艺设计的内容之一。这些技术文件既是数控加工和产品验收的依据，也是操作者必须遵守和执行的规程。技术文件是对数控加工的具体说明，目的是让操作者更明确加工的内容、装夹方式、各个加工部位所选用的刀具及其他技术问题。数控加工工艺文件主要有编程任务书、数控加工工件安装和原点设定卡片、数控加工工序卡片、数控加工走刀路线图和数控刀具卡片等。不同的数控机床和加工要求，工艺文件的内容和格式有所不同，因目前尚无统一的国家标准，各企业可根据自身特点制订出相应的工艺文件。下面介绍企业中应用的几种主要工艺文件。

（一）数控加工工序卡

数控加工工序卡与普通机械加工工序卡有较大区别。数控加工一般工序集中，每一加工工序可划分为多个工步，工序卡不仅应包含每一工步的加工内容，还应包含所用刀具类型、材料、刀具号、刀具补偿号及切削用量等内容。它不仅是编程人员编制程序时必须遵循的基本工艺文件，同时也是指导操作人员进行数控机床操作和加工的主要资料。不同的数控机床，数控加工工序卡可采用不同的格式和内容。表 1-2-6 是数控加工工序卡的一种格式。

表 1-2-6　数控加工工序卡片

<table>
<tr><td>单　位</td><td>数控加工工序卡片</td><td colspan="4">产品名称或代号</td><td colspan="2">零件名称</td><td>零件图号</td></tr>
<tr><td colspan="2" rowspan="7">工序简图</td><td colspan="4"></td><td colspan="2"></td><td></td></tr>
<tr><td colspan="4">车间</td><td colspan="3">使用设备</td></tr>
<tr><td colspan="4"></td><td colspan="3"></td></tr>
<tr><td colspan="4">工艺序号</td><td colspan="3">程序编号</td></tr>
<tr><td colspan="4"></td><td colspan="3"></td></tr>
<tr><td colspan="4">夹具名称</td><td colspan="3">夹具编号</td></tr>
<tr><td colspan="4"></td><td colspan="3"></td></tr>
<tr><td rowspan="2">工步号</td><td rowspan="2">工步内容</td><td rowspan="2">加工面</td><td colspan="2">使用的刀具</td><td colspan="3">切削用量</td><td rowspan="2">备注</td></tr>
<tr><td>刀具号</td><td>刀补量</td><td>主轴转速</td><td>进给速度</td><td>切削深度</td></tr>
<tr><td></td><td></td><td></td><td></td><td></td><td></td><td></td><td></td><td></td></tr>
<tr><td></td><td></td><td></td><td></td><td></td><td></td><td></td><td></td><td></td></tr>
<tr><td></td><td></td><td></td><td></td><td></td><td></td><td></td><td></td><td></td></tr>
<tr><td></td><td></td><td></td><td></td><td></td><td></td><td></td><td></td><td></td></tr>
<tr><td></td><td></td><td></td><td></td><td></td><td></td><td></td><td></td><td></td></tr>
<tr><td>编　制</td><td>　　审核　　批准</td><td colspan="2"></td><td colspan="2">年　月　日</td><td colspan="2">共　页</td><td>第　页</td></tr>
</table>

（二）数控加工走刀路线图

数控加工走刀路线图反映刀具进给路线，该图应准确描述刀具从起刀点开始，直到加工结束返回终点的轨迹。它不仅是程序编制的基本依据，同时也便于操作者了解刀具的运动路线（如从哪里下刀、在哪里抬刀、哪里是斜下刀等），注意防止刀具在运动过程中与夹具或工件发生意外碰撞。为简化走刀路线图，一般可采用统一约定的符号来表示，不同的机床可采用不同的图例与格式，表 1-2-7 为数控加工走刀的一种常用格式。

表 1-2-7　数控加工走刀路线图

数控加工走刀路线图	零件图号	LWZ-1	工序号	1	工步号	2	程序号	O0001
机床型号	CK6132S	程序段号	N1~N8	加工内容	粗车右端轮廓		共 9 页	第 1 页
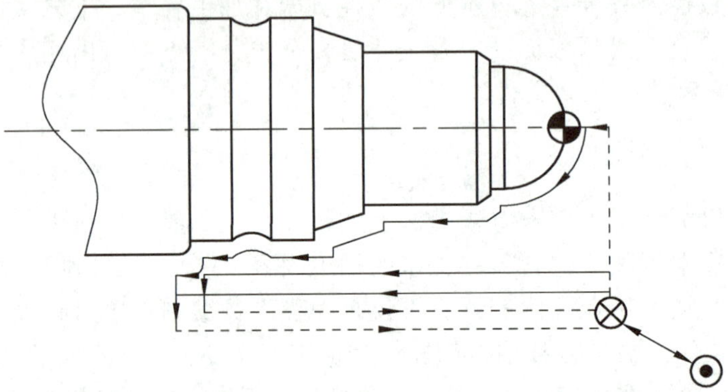							编程	
							校对	
							审批	
符号	⊗	◐	⊙	- - - →	——→			
含义	循环点	编程原点	换刀点	快速走刀	进给走刀			

（三）数控加工刀具卡

数控加工刀具卡主要反映使用刀具的名称、编号、规格、长度和半径补偿值以及所用刀柄的型号等内容，它是调刀人员准备和调整刀具、机床操作人员输入刀补参数的主要依据。表 1-2-8 是数控加工刀具卡的一种格式。

表 1-2-8　数控加工刀具卡

零件号		零件名称	编制		审核	
程序号			日期		日期	
工步号	刀具号	刀具型号	刀柄型号	刀长及半径补偿量		备注
	T			$H=$ $D=$		
	T			$H=$ $D=$		
	T			$H=$ $D=$		
	T			$H=$ $D=$		
	T			$H=$ $D=$		
	T			$H=$ $D=$		

（四）数控加工程序单

数控加工程序单是编程员根据工艺分析情况，经过数值计算，按照数控机床的程序格式和指令代码编制的。它是记录数控加工工艺过程、工艺参数、位移数据的清单，同时可帮助操作员正确理解加工程序内容。表 1-2-9 是常用的数控车削加工程序单的一种格式。

有关工艺文件具体的编写要求和内容请参考本书后续项目的介绍。

表 1-2-9　数控加工程序单

零件号		零件名称		编制		审核	
程序号				日期		日期	
序号	程序内容			程序说明			

任务三　数控编程基础

知识目标

（1）熟悉数控编程程序的格式；

（2）了解数控程序的主要指令代码。

能力目标

（1）掌握数控机床坐标系统的相关国家标准内容，并能正确判断出典型数控机床的标准坐标系统；

（2）掌握机床坐标系和工件坐标系的相关概念；

（3）掌握数控编程中常用的数学处理方法。

相关知识

数控机床是一种按照输入的数字程序信息进行自动加工的机床。从数控系统外部输入的直接用于加工的程序称为数控加工程序，简称为数控程序。因此，零件加工程序的编制是实现数控加工的重要环节。数控系统的种类繁多，它们使用的数控程序语言规则和格式也不尽相同，国际上广泛采用两种标准代码：一种是 ISO（国际标准化组织）标准代码；一种是 EIA

（美国电子工业协会）标准代码。本书以 ISO 国际标准为主来介绍加工程序的编制方法。当针对某一台数控机床编制加工程序时，应该严格按机床编程手册中的规定进行程序编制。

一、程序的格式

数控加工程序是由一系列机床数控装置能辨识的指令有序结合而构成的，可分为程序号、程序主体和程序结束等几个部分。下面通过一编程实例来分析程序的构成。如图 1-3-1 所示，在数控车床上车削外圆，编制程序使刀具沿 $P_1 \to P_2 \to P_3 \to P_4 \to P_5 \to P_6$ 的轨迹运动加工。

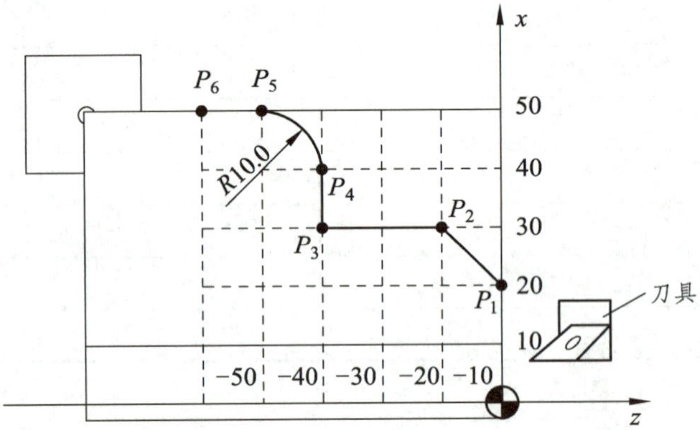

图 1-3-1　数控加工走刀路线

程序	说明	结构
O0001;		程序号
N10 G01 X40 Z0 F0.2;	（刀具运动到 P_1 点）	程序主体
N20 X60 Z-10;	（刀具运动到 P_2 点）	
N30 Z-30;	（刀具运动到 P_3 点）	
N40 X80;	（刀具运动到 P_4 点）	
N50 G03 X100 Z-40 R10;	（刀具运动到 P_5 点）	
N60 G01 Z-50;	（刀具运动到 P_6 点）	
N80 G00 X120;	（沿 X 轴方向快速退刀）	
N110 M30;		程序结束

1. 程序号

程序号（程序名）为程序的开始部分，单列一行，在数控装置中，调用某个程序、编辑程序都是通过程序号来调出的。程序号是一个程序所必需的标识符。程序号由地址符后带若干数字组成。地址符常见的有“%”“O”“P”等，视具体数控系统而定。例如，国产华中 I 型系统程序号使用“%”，日本 FANUC 系统程序使用“O”，而 AB8400 系统用“P”，后面的数字一般为 1 ~ 4 位。程序名具体采用何种形式由数控系统决定。

2. 程序主体

程序主体由多个程序段组成，每个程序段单列一行，用于控制机床完成某一个动作。每个程序段又由若干个程序字组成，每个程序字表示一个功能指令，因此又称为功能字，它由地址字和数字组成（G01 X40），每一程序段后面加一结束符号“;”以表示一个程序段结束。

3. 程序结束

以程序结束指令 M02 或 M30 作为整个程序结束，单列一行。

（二）程序段的格式和组成

程序段的格式可分为地址格式、分隔顺序格式、固定程序段格式和可变程序段格式等。最常用的是可变程序段格式。

所谓可变程序段格式，就是程序段的长短随字数和字长（位数）都是可变的。《数控机床轮廓和点位切削加工可变程序段格式》（JB 3832—1985）中推荐用可变程序段格式。程序段由程序段号（字）、地址、数字、符号等组成。下面以 N10 程序段为例介绍程序段的格式：

N10　G01　X40　Z0　F0.2；

其中：N——程序段地址码（字），用于指令程序段号；

G——指令动作方式的准备功能地址（G01 为直线插补指令）；

X, Z——坐标轴地址，其后面的数字表示刀具在该坐标移动的目标点坐标；

F——进给量指令地址，其后面的数字表示进给量，F0.2 表示进给量为 0.2 mm/r；

；——段结束符号（EOB）。

程序段也可以认为由程序字组成。程序字的组成如图 1-3-2 所示。

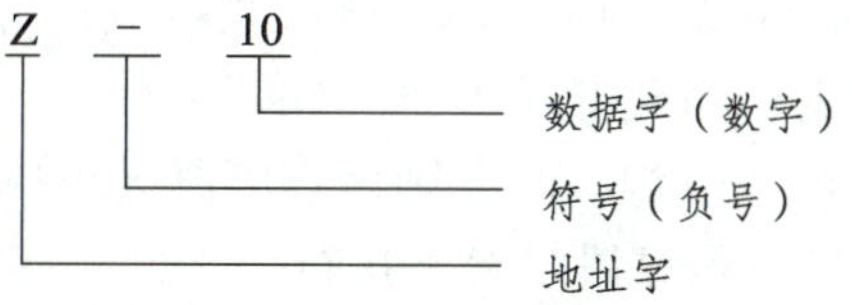

图 1-3-2　程序字的组成

在程序段中表示地址的英文字母可分为尺寸字地址和非尺寸字地址两种。表示尺寸字地址的英文字母有 X、Y、Z、U、V、W、P、Q、I、J、K、A、B、C、D、E、R、H 共 18 个字母；表示非尺寸字地址的英文字母有 N、G、F、S、T、M、L、O 共 8 个字母。各字母的含义如表 1-3-1 所示。

表 1-3-1　表示地址符的英文字母含义

功能	地址	意义	功能	地址	意义
程序号	O、P	程序编号	进给功能	F	进给速度的指令
程序段号	N	程序段顺序号	主轴功能	S	主轴转速指令
准备功能	G	指令动作的方式	刀具功能	T	刀具编号指令
尺寸字	X、Y、Z	坐标轴的移动指令	补偿功能	H、D	补偿号指令
	A、B、C；U、V、W	附加轴的移动指令	辅助功能	M、B	主轴、冷却液开关、工作台高度等
	I、J、K	圆弧圆心坐标	暂停功能	P、X	暂停时间指定
	R	圆弧半径	循环次数	L	子程序及固定循环的重复次数

程序中除了出现以上字母和数字外，还会用到一些符号，如前面提到的“；”“.”和“-”，

还有如“+”（正号）、“/”（选择性程序段删除）等。

1. 顺序号

数控程序的每一程序段之前可以加一顺序号，用地址 N 后面加上 1 ~ 99 999 中任意数字表示。顺序号与数控程序的加工顺序无关，它只是程序段的代号，故可任意编号。但最好以由小到大的顺序编号，这样较符合人们的思维习惯。

为了节省内存空间，一般数控程序不必在每一个程序段前面使用顺序号。但在复合循环指令中，如 G70 ~ G73，必须在加工范围的程序段上加上特定的顺序号。另外，在某些特定的加工程序段即作为一种标示，如常用顺序号标示加工种类，以便人们阅读理解程序。例如：

N10；　（粗车）

⋮

N20；　（精车）

⋮

N30；　（切槽）

⋮

2. 选择性程序段删除“/”

在程序段的最前端加一斜线“/”时，该程序段是否被执行由操作面板上的选择性程序段删除开关（跳步开关）来决定。当此开关处于“ON”（灯亮）时，则该程序段会被忽略而不被执行；当此开关处于“OFF”（灯熄）时，则该程序段会被执行。所以程序中有“/”指令的程序段可由操作者视情况选择该程序段是否被执行。

“/”指令常置于程序段的最前端，若是置于程序段中的任何其他位置，则从“/”至“；”（程序段结束）间的所有指令可被忽略不执行。

（二）程序数据输入格式

数控程序中的每一指令皆有一定的固定格式，使用不同的数控装置，其格式也不同，故必须依据该数控装置的指令格式书写指令，若其格式有错误，则程序将不被执行而出现报警提示。其中尤以数据输入时应特别注意。一般数控机床都可选择用米制单位（mm）或英制单位（in）为数值的单位，米制可精确到 0.001 mm，英制可精确到 0.000 1 in，这也是一般数控机床的最小移动量。若输入 X1.23456 时，实际输入值是 X1.234 mm 或 X1.2345 in，多余的数值即被忽略不计。数据字数也不能太多，一般以 7 个字为限，如输入 X1.2345678，因超过 7 个字，会出现报警提示。表 1-3-2 是 FANUC 0i 系统的地址和指令数值范围。

表 1-3-2　地址与指令范围（FANUC 0i）

功　能	位　址	米制单位	英制单位
程序号码	O	1 ~ 9 999	1 ~ 9 999
顺序号码	N	1 ~ 99 999	1 ~ 99 999
准备功能	G	0 ~ 99	0 ~ 99
坐标字	X、Y、Z、Q、I、J、K	±99 999.999 mm	±99 999.999 in
	A、B、C	±99 999.999 mm	±99 999.999 in

续表

功能	位址	米制单位	英制单位
进给功能	F	1 ~ 100 000 mm/min	0.001 ~ 400 in/min
主轴功能	S	0 ~ 20 000 r/min	0 ~ 20 000 r/min
刀具功能	T	0 ~ 99 999 999	0 ~ 99 999 999
辅助功能	M	0 ~ 99 999 999	0 ~ 99 999 999
暂停	X、P	0 ~ 99 999.999 s	0 ~ 99 999.999 s
子程序号	P	1 ~ 9 999	1 ~ 9 999
补偿号码	D、H	0 ~ 400	0 ~ 400

表 1-3-2 中所列的是数控装置能接受的指令范围，由于受机床本身的限制，实际指令范围应参考数控机床的操作手册而定。例如，表 1-3-2 中 *X* 轴可移动±99 999.99 mm，但实际上数控机床 *X* 轴的行程可能只有 650 mm；进给量 F 最大可输入 100 000 mm/min，但实际上数控机床进给速度可能限制在 3 000 mm/min 以下。故在程序编制时，一定要参考机床说明书。

（三）小数点编程

程序中数值可以有小数点输入，坐标、时间或速度均可使用小数点。FANUC 0i 有两种小数点表示法：计算器型和标准型。当使用计算器型小数点表示时，没有小数点的数字单位被认为是毫米、英寸或度；当使用标准型小数点表示时，没有小数点的数值单位被认为是最小输入增量单位。使用参数 No.3401#0（DPI）选择计算器型或标准型小数点。在一个程序中，数值可以使用小数点指令，也可以不用小数点指令。小数点编程及含义如表 1-3-3 所示。

表 1-3-3　小数点编程及含义

程序指令	计算器型小数点编程含义	标准型小数点编程含义
X1000 指令没有小数点	1 000 mm 单位：mm	1 mm 单位：最小输入增量单位 （0.001 mm）
X1000.0 或 X1000.	1 000 mm 单位：mm	1000 mm 单位：mm

一般以下地址可以指定小数点：X、Y、Z、U、V、W、A、B、C、I、J、K、O、R 和 F。但也有一些地址不允许使用小数点表示法，如用 P 指令暂停 3 s，必须如下书写：

G04　P3000；

本书如没有特别说明，程序中的数值均采用计算器型小数点编程。

二、数控程序的指令代码

数控程序所用的代码主要有准备功能 G 代码、辅助功能 M 代码、进给功能 F 代码、主轴转速功能 S 代码和刀具功能 T 代码。在数控编程中，用各种 G 指令和 M 指令来描述工艺过程的各种操作和运动特征。在实际工作中，指令代码要遵照机床数控系统说明书来使用。

（一）准备功能

准备功能 G 指令是使数控机床建立起某种加工方式的指令，如插补、刀具补偿、固定循环等。常用的 G 指令由地址符 G 和其后的两位数字组成，从 G00 ~ G99 共 100 种。

表 1-3-4 是 GSK928TD 数控系统常用的 G 功能代码。

表 1-3-4　G 功能

组别	代码名	功能	组别	代码名	功能
01	★ G00	快速定位	00	G50	设置工件坐标系
	G01	直线插补		G70	精加工循环
	G02	顺时针圆弧插补		G71	轴向粗车循环
	G03	逆时针圆弧插补		G72	径向粗车循环
00	G04	暂停、准停		G73	封闭切削循环
01	G10	数据输入方式有效		G74	轴向切槽循环
	G11	取消数据输入方式		G75	径向切槽循环
06	G20	英制单位选择		G76	多重螺纹切削循环
	★ G21	公制单位选择	01	G90	轴向切削循环
00	G27	返回参考点检查		G92	螺纹切削循环
	G28	自动返回机械零点		G94	径向切削循环
	G29	自动从参考点定位	02	G96	恒线速控制
01	G32	等螺距螺纹切削		★ G97	取消恒线速控制
	G34	变螺距螺纹切削	05	G98	每分进给
07	★ G40	取消刀尖半径补偿		★ G99	每转进给
	G41	刀尖半径左补偿			
	G42	刀尖半径右补偿			

关于 G 代码，有以下几点需要说明：

（1）G 功能以组别可区分为两大类。属于“00”组别者，为非续效指令，意即该指令的功能只在该程序段执行时发生效用，其功能不会延续到下面的程序段。属于“非 00”组别者，为续效指令，意即该指令的功能除在该程序段执行时发生效用外，若下一程序段仍要使用相同功能，则不需再指令一次，其功能会延续到下一程序段，直到被同一组别的指令取代为止。

（2）不同组别的 G 功能可以在同一程序段中使用。但若是同一组别的 G 功能，在同一程序段中出现两个及其以上时，则以最后面的 G 功能有效。例如，指令“G01 G00 X20”，则此程序段将以快速定位（G00）方式移动至 X20 位置，G01 指令将被忽略。

（3）上述 G 功能表中有“★”记号的 G 代码，是表示数控机床一经开机后或按 RESET 键后，即处于此功能状态。这些预设的功能状态，是由数控系统内部的参数设定的，一般都设定成如表 1-3-4 所示的状态。

（二）辅助功能

辅助功能 M 指令是用于指定主轴的启动、停止及旋转方向，冷却液的开关，工件或刀具的夹紧和松开，刀具的更换等功能。常用辅助功能指令由地址符 M 和其后的两位数字组成。

常用的 M 功能简介如下：

（1）M00 程序停止。

完成程序段其他指令后，停止主轴，关冷却液，指向下一程序段，停止做进一步的处理，等待按 RUN<运行 RUN>键，才继续运行该程序段。

（2）M01 选择停止。

M01 指令必须与操作面板上的选择性停止功能键“OPT STOP”一起配合使用，若此键“灯亮”，表示“ON”，则执行至 M01 时，功能与 M00 相同。若此键“灯熄”，表示“OFF”，则执行至 M01 时，程序不会停止，继续往下执行。

（3）M02 程序结束。

M02 指令应置于程序最后，表示程序执行到此结束。此指令会自动将主轴停止（M05）并关闭切削液（M09），但程序执行指针不会自动回到程序的开头。

（4）M03 主轴正转。

程序执行至 M03 时，主轴即正方向旋转（由主轴向尾座看，顺时针方向旋转），如图 1-3-3 所示。一般转塔式刀座，大多采用刀顶面朝下装置车刀，故应使用 M03 指令。

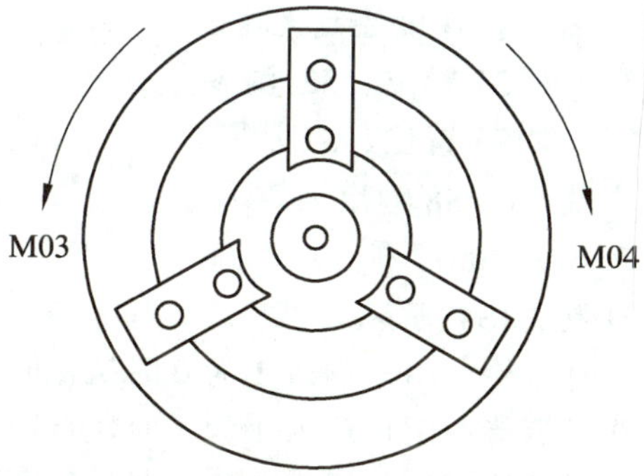

从尾座向主轴看

图 1-3-3　主轴正、反转

（5）M04 主轴反转。

程序执行至 M04 时，主轴即反方向旋转（由主轴向尾座看，逆时针方向旋转），如图 1-3-3 所示。

（6）M05 停止主轴。

程序执行至 M05 时，主轴即瞬间停止，此指令可用于下列情况：

① 程序结束前（但一般常可省略，因为 M02、M30 指令皆包含 M05 指令的功能）。

② 若数控车床有主轴高速挡（M42）、主轴低速挡（M41）指令时，在换挡之前，必须使用 M05 使主轴停止，再换挡，以免损坏换挡机构。

③ 主轴正、反转之间的转换也需加入此指令，使主轴停止后，再变换转向指令，以免伺服电机受损。

（7）M08 开冷却泵。

（8）M09 关冷却泵。

（9）M12 暂停。

等待按“<运行 RUN>”键才继续运行（按急停键则停止）。

（10）M20 用户 1 输出置 1。

（11）M21 用户 1 输出清零。

（12）M22 用户 2 输出置 1。

（13）M23 用户 2 输出清零。

（14）M24 用户 3 输出置 1。

（15）M25 用户 3 输出清零。

（16）M27 将系统坐标清零并清除机械零点标志（即表示未回过机械零点）。

（17）M28 将 Y 轴坐标清零。

（18）M30 程序结束。

消除 G93 偏置和刀具偏置返回起始程序段并运行（重复执行）。

（19）M31 程序结束。

消除 G93 偏置和刀具偏置返回起始程序段（不运行）。

（20）M32 润滑开。

（21）M33 润滑关。

（22）M40 S1、S2 清零（主轴两挡速度控制无输出）。

（23）M41 选择第一挡速度，即 S1 置位、S2 清零。

（24）M42 选择第二挡速度，即 S2 置位、S1 清零。

（25）M50S4、S8 清零（主轴 S4、S8 输出无效）。

（26）M51S4 置位（输出有效）、S8 清零。

（27）M52S8 置位（输出有效）、S4 清零。

（28）M60 用户输入 1 为 1 时等待，用户输入 1 为 0 时执行同段其他指令、下一段指令。

（29）M61 用户输入 1 为 0 时等待，用户输入 1 为 1 时执行同段其他指令、下一段指令。

（30）M62 用户输入 2 为 1 时等待，用户输入 2 为 0 时执行同段其他指令、下一段指令。

（31）M63 用户输入 2 为 0 时等待，用户输入 2 为 1 时执行同段其他指令、下一段指令。

（32）M90 1 号用户输入为 0 则跳转，程序段格式为：N_ D_ M90；其中，D 为跳转的程序段号（若用户输入为 1，则顺序到下一段）。

（33）M91 1 号用户输入为 1 则跳转，程序段格式为：N_ D_ M91；其中，D 为跳转的程序段号（若用户输入为 0，则顺序到下一段）。

（34）M92 无条件跳转，跳转到 D 定义的程序段，格式为：N_ D_ M92；其中，D 为跳转的程序段号。

（35）M93 2 号用户输入为 0 则跳转，程序段格式为：N_ D_ M93；其中，D 为跳转的程序段号（若用户输入为 1，则顺序到下一段）。

（36）M94 2 号用户输入为 1 则跳转，程序段格式为：N_ D_ M94；其中，D 为跳转的程序段号（若用户输入为 0，则顺序到下一段）。

（37）M98 调用子程序。

程序执行 M98 指令时，控制器即调用 M98 所指定的子程序并执行。该指令格式为

M98 P □□□□ □□□□

调用次数，若省略则调用一次　子程序号

（38）M99 子程序结束并返回主程序。

此指令用于子程序的最后程序段，表示子程序结束，且程序执行指针跳回主程序中 M98 指令的下一程序段继续执行。

注意：M00、M02、M30、M31、M99 在 G 功能执行之后才执行；M90、M91、M92、M93、M94、M98 为单独格式（即不能同时有 G10、G11、G98、G99 以外的 G 功能）；其他 M 功能在一个程序段内都是在 S 和 T 功能之后、G 功能之前执行的。

一般情况下，在一个程序段中仅能指定一个 M 代码。但是参数 No.3407#7 = 1 时，在一个程序段最多可以指定三个 M 代码。注意由于机床操作的限制，某些 M 代码不能同时指定，有关机床操作对一个程序段中指定多个 M 代码的限制见有关机床说明书。

（三）进给功能

指定各运动坐标轴及其任意组合的进给量或螺纹导程。F 代码指令值如果超过制造厂商设定的范围时，则以厂商所设定的最高或最低进给速度为实际进给速度。该指令是续效代码。

进给功能（F 功能）用于指定进给速度，它有每转进给和每分钟进给两种指令模式。

指令格式：F □□□□；

（1）每转进给模式（G99）（mm/r）。

指令格式：G99 F_；

该指令在 F 后面直接指定主轴每转一转刀具的进给量，如图 1-3-4（a）所示。G99 为模态指令，在程序中指定后，直到 G98 被指定前一直有效。机床通电后，该指令为系统默认状态。在数控车床上这种进给量指令方式应用较多。

（2）每分钟进给模式（G98）（mm/min）。

指令格式：G98 F_；

该指令在 F 后面直接指定刀具每分钟的进给量，如图 1-3-4（b）所示。G99 为模态指令，在程序中指定后，直到 G99 被指定前一直有效。

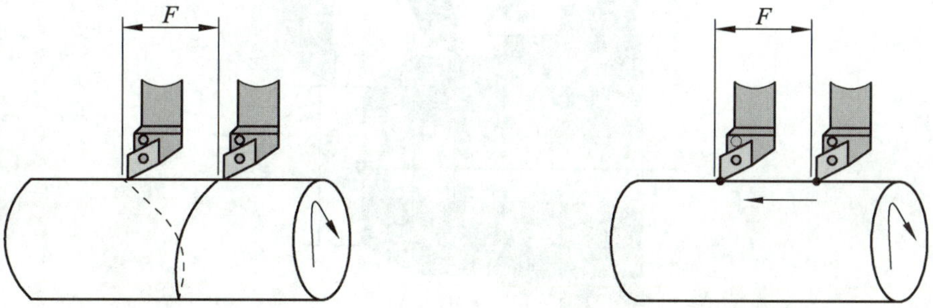

（a）　（b）

图 1-3-4　F 功能

（四）主轴转速功能

主轴转速功能又称为 S 功能，用来指定主轴转速，用字母 S 和其后的 1 ~ 4 位数字表示。主轴转速功能有恒转速（单位 r/min）和恒线速度（单位 m/min）两种指令方式。S 代码只是设定主轴转速的大小，并不会使主轴回转，必须有 M03（主轴正转）或 M04（主轴反转）指令时，主轴才开始旋转，并可限制主轴最高转速。

指令格式：S □□□□；

选用时，根据机床的功能及加工对象的特性进行相对合理地选用。

（1）主轴最高转速限制（G50）。

指令格式：G50 S0000；

例如，G50 S2000；指令表示设定主轴最高转速为 2 000 r/min。

该指令可防止因主轴转速过高、离心力太大而产生危险及影响机床寿命。

（2）恒线速度控制（G96）。

指令格式：G96 S__；

例如，G96 S180 M03；指令表示主轴正转，使切削点的线速度为 180 m/min。该指令在车削端面或工件直径变化较大时使用。转速与线速度的转换关系为

$$n = 1\,000 v_c / (\pi d)$$

式中　v_c——线速度，m/min；

d——切削点的直径，mm；

n——主轴转速，r/min。

车削如图 1-3-5 所示的工件时，为保持车刀在 A、B、C 各点的线速度恒定（180 m/min），则切削到各点时主轴转速分别为

$$n_A = 1\,000 \times 180/(\pi \times 40) = 1\,432 \text{（r/min）}$$

$$n_B = 1\,000 \times 180/(\pi \times 60) = 955 \text{（r/min）}$$

$$n_C = 1\,000 \times 180/(\pi \times 70) = 819 \text{（r/min）}$$

车削加工时，由数控装置自动控制主轴的转速变化以保持恒定的线速度。

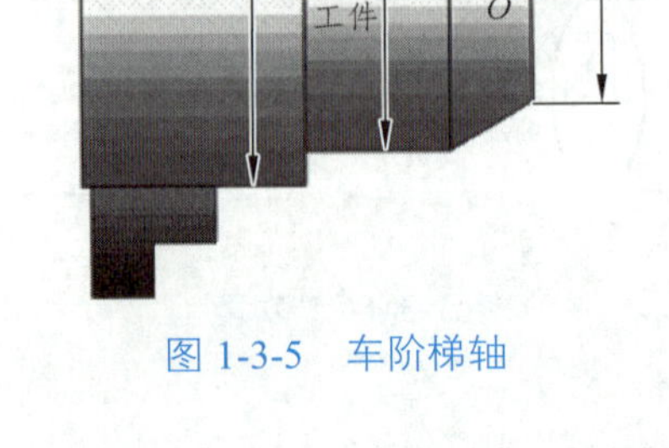

图 1-3-5　车阶梯轴

（3）恒转速控制（G97）。

指令格式：G97 S□□□□；

例如，G97 S1500 M03；指令表示主轴以 1 500 r/min 的转速正转。

但转速控制一般在车螺纹或车削工件直径变化不大时使用，该指令可设定主轴转速并取消恒线速度控制。

（五）刀具功能

刀具功能又称为 T 功能，“T”功能指令用于选择加工所用刀具的编号及刀具补偿值的编号。加工中所需的每一把刀具分配一个刀位号，通过程序中指令所选刀具号码来选择相应刀具和刀补。

T 功能的指令格式：T □□□□；

其中，前两位数字表示刀具号，后两位数字为刀具补偿号。

例如，T0403；指令表示选择 4 号刀，用 3 号刀具补偿。T0202；指令表示选择 2 号刀，用 2 号刀具补偿。

刀具补偿包括刀具长度补偿和刀尖圆弧半径补偿。刀具补偿的含义如图 1-3-6 所示。

刀具补偿相关的机床界面

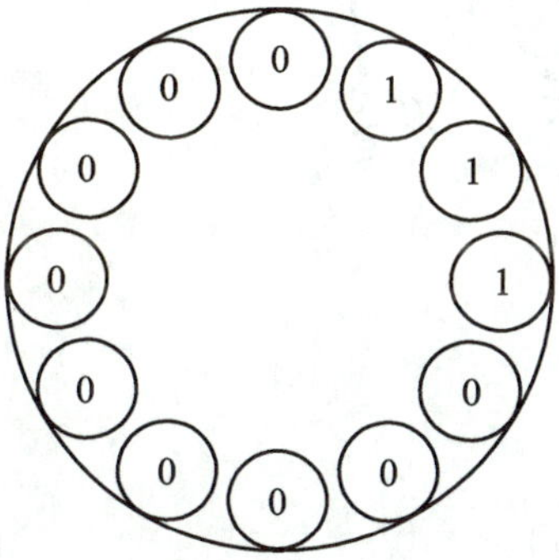

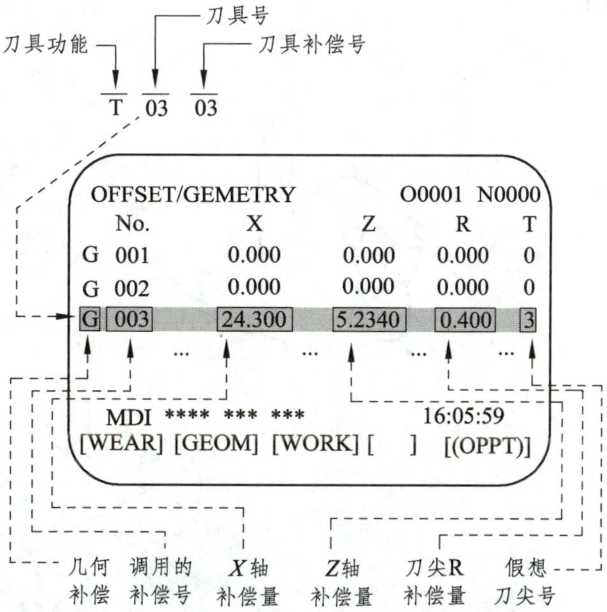

图 1-3-6　刀具补偿参数设定

三、数控机床的坐标系统

（一）坐标轴及其运动方向

数控机床坐标系统是用来确定其刀具运动路径的依据，因此坐标系统对数控程序设计极为重要。为了简化数控程序编制，并使编制的程序对同类型机床有互换性，ISO 标准和我国的 JB/T 3051—1999 机械行业标准统一规定数控机床坐标系各轴的名称及其正负方向。

1. 标准坐标系及运动方向

（1）机床相对运动的规定。

无论机床在实际加工中是工件运动还是刀具运动，在确定编程坐标时，均看作工件静止，刀具相对工件运动。这样编程人员在编程时可以不用考虑机床加工零件时，是工件相对刀具移动，还是刀具相对工件移动的情况下，就可以依据零件图样编程。

（2）机床坐标系的规定。

为了确定机床的运动方向和移动距离，需要在机床上建立一个坐标系，这个坐标系就是机床坐标系。数控机床的标准坐标系采用右手直角笛卡儿坐标系。如图 1-3-7 所示。坐标系三坐标轴 x、y、z 的相互关系用右手直角笛卡儿坐标系决定：

① 伸出右手的大拇指、食指、中指，并互为 90°，则大拇指代表 x 坐标，食指代表 y 坐标，中指代表 z 坐标。

② 大拇指的指向为 x 坐标的正方向，食指的指向为 y 坐标的正方向，中指的指向为 z 坐标的正方向。

③ 围绕 x、y、z 坐标旋转的旋转坐标分别用 A、B、C 表示，根据右手螺旋定则判断，大拇指的指向为 x、y、z 坐标中任意轴的正向，则其余四指的旋转方向即为旋转坐标 A、B、C 的正向。

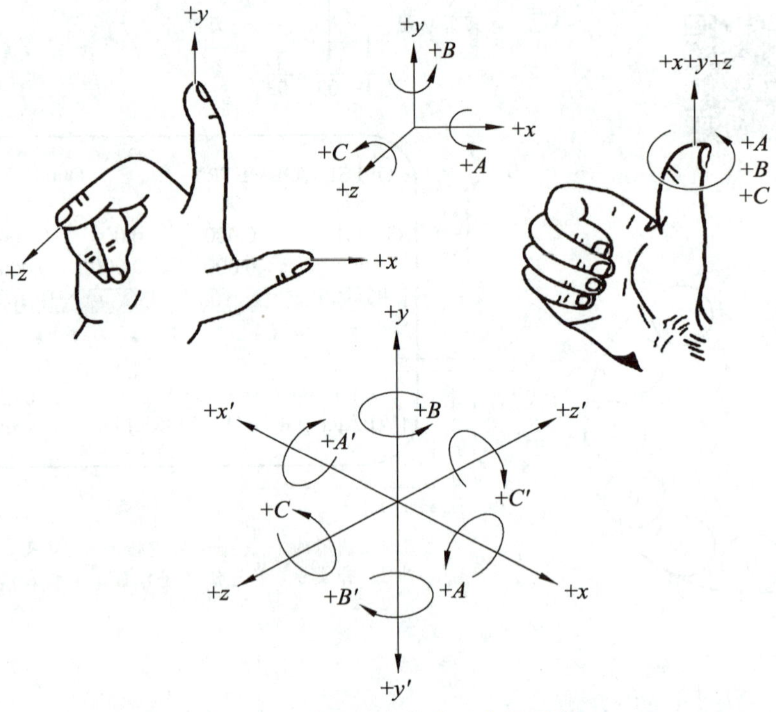

图 1-3-7　右手直角笛卡儿坐标系统

如果数控机床的运动多于 x、y、z 三个坐标，则用附加坐标轴 U、V、W 分别表示平行于 x、y、z 三个坐标轴的第二组直线运动；如还有平行于 x、y、z 轴的第三组直线运动，则附加坐标轴可分别指定为 P、Q 及 R 轴。如果在 x、y、z 三个坐标轴主要直线运动之外存在不平行或可以平行 x、y、z 轴的直线运动，也可相应地指定附加坐标轴 U、V、W 或 P、Q 及 R。如果在第一组回转运动 A、B、C 之外还有平行或可以不平行 A、B、C 的第二组回转运动，可分

别指定 D、E 及 F。然而，就大部分数控机床加工的动作而言，只需三个直线坐标轴及一个旋转轴便可完成大部分零件的数控加工。一些数控机床的坐标系如图 1-3-8 所示。

（3）运动方向的规定。

标准规定增大刀具与工件之间距离的方向即为各坐标轴的正方向。

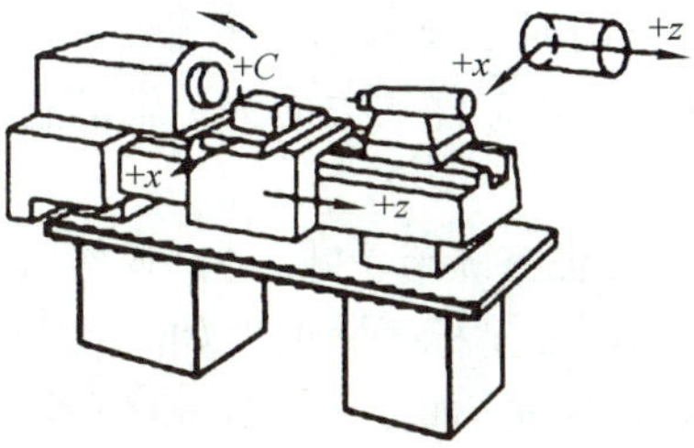

（a）卧式数控机床

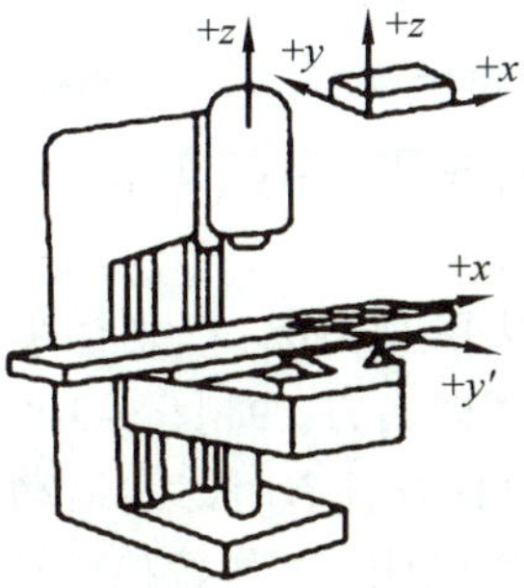

（b）立式升降台数控铣床

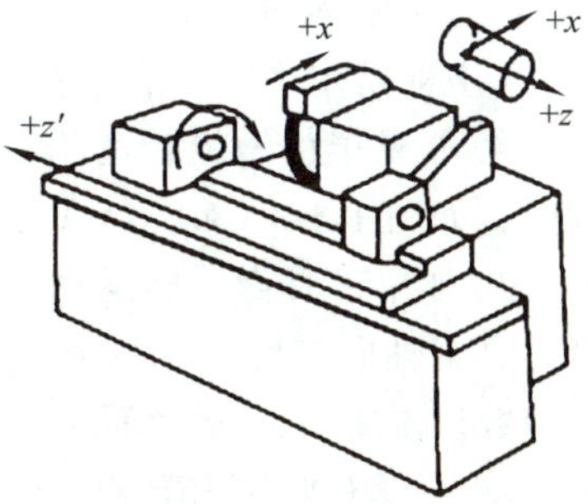

（c）数控外圆磨床

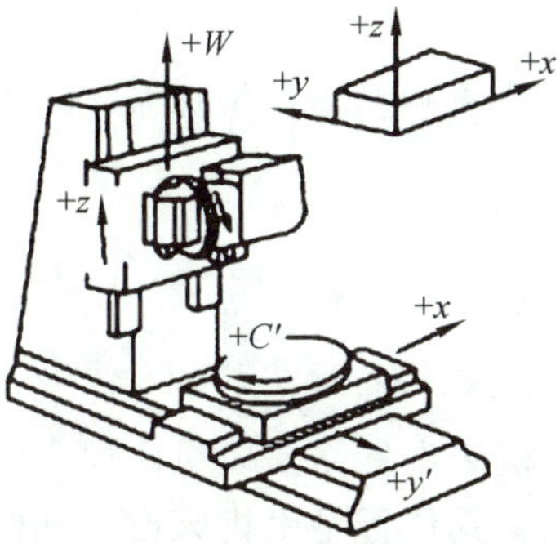

（d）5 坐标摆动铣头数控铣床

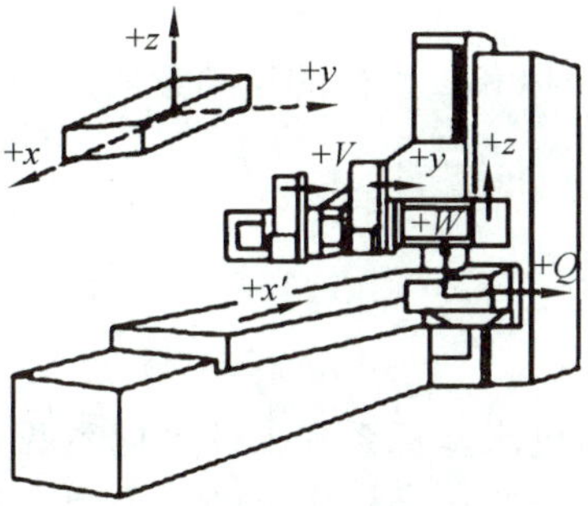

（e）数控悬臂刨床

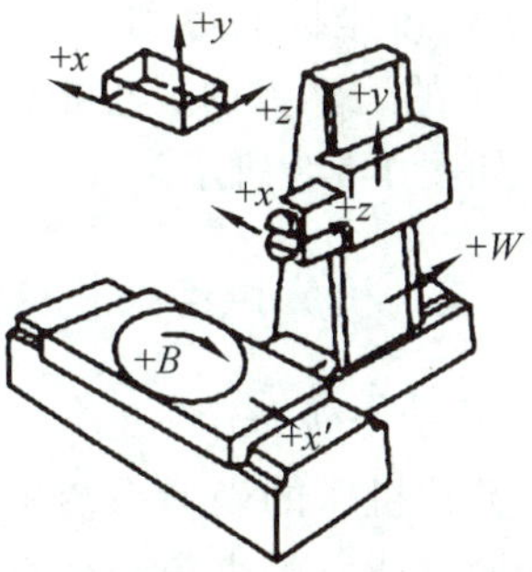

（f）数控卧式镗铣床

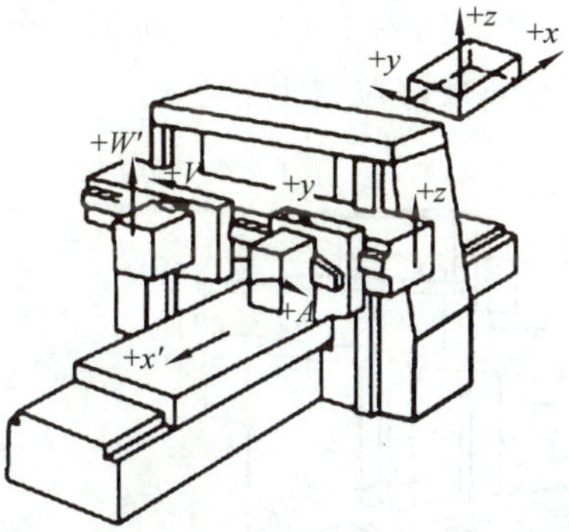

（g）数控龙门铣床

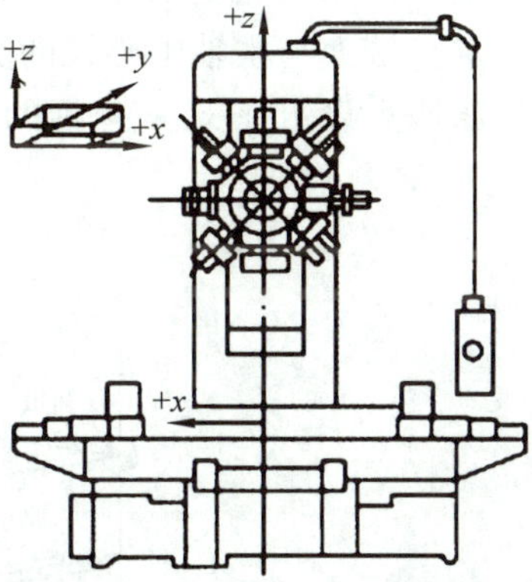

（h）数控水平转塔头立式钻床

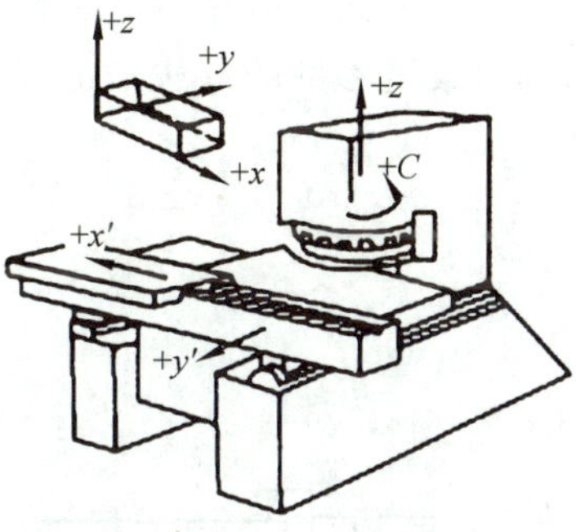

（i）数控立式冲床

图 1-3-8　数控机床的坐标系

2. 坐标轴及方向的确定

（1）z 坐标的运动。

机床主轴是传递主要切削动力的轴，可以表现为加工过程带动刀具旋转，也可表现工件旋转。例如，卧式或立式数控车床、数控外圆磨床是主轴带动工件旋转，而数控镗铣床、数控钻床、数控攻螺纹机等则是主轴带动刀具旋转。标准规定 z 坐标的运动，是由传递切削动力的主轴所决定，远离工件的刀具运动方向为 z 坐标正方向（$+z$）。

当机床有几个主轴时，则选一个垂直于工件装夹平面的主轴方向为 z 坐标；如果机床没有主轴，如图 1-3-8（e）所示的数控悬臂刨床，则选垂直于工件装夹平面的方向为 z 坐标；如果主轴能够摆动，则选垂直于工件装夹平面的方向为 z 坐标。

（2）x 坐标的运动。

x 坐标是水平的，它平行于工件的装夹平面。在确定 x 轴的方向时，要考虑以下情况：

① 如果工件做旋转运动（如数控车床、数控磨床等），则刀具离开工件的方向为 x 轴的正方向，如图 1-3-8（a）、（c）所示。

② 如果刀具做旋转运动，则分为两种情况：z 坐标水平时（如数控铣床、镗床），观察者沿刀具主轴向工件看，$+x$ 运动方向指向右方，如图 1-3-8（f）所示；z 坐标垂直时（如立式升降台数控铣床），观察者面对刀具主轴向立柱看时，$+x$ 运动方向指向右方，如图 1-3-8（b）所示。

③ 在没有旋转刀具或旋转工件的机床上（如数控悬臂刨床），x 坐标平行于主要的切削方向，且以该方向为正方向，如图 1-3-8（e）所示。

（3）y 坐标的运动。

$+y$ 的运动方向，可根据 x 坐标和 z 坐标的运动方向，利用右手直角笛卡儿坐标系统来确定，如图 1-3-8 所示。

（二）机床原点、机床参考点

1. 机床原点

数控机床的坐标系统可分为机床坐标系和工件坐标系两种。机床坐标系是以机床原点为坐标原点建立的直角坐标系。机床原点是机床上的一个固定的点，其位置是由机床设计和制造单位确定的，通常用户不允许改变。机床原点是工件坐标系、机床参考点的基准。

数控车床的机床原点一般设在卡盘端面与主轴中心线的交点处，如图 1-3-9（a）所示。同时通过设置参数的方法，也可将机床原点设定在 x、z 坐标的正方向极限位置上。

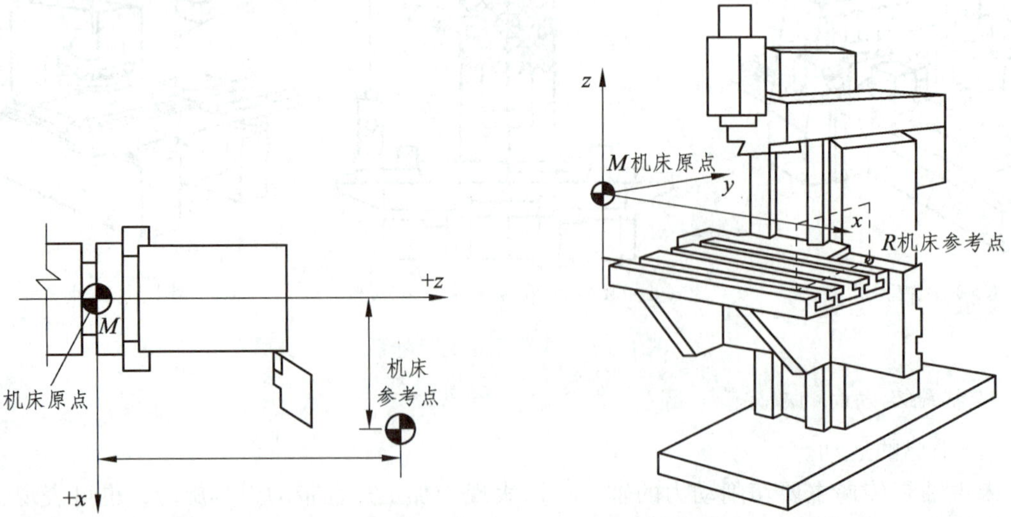

（a）数控车床　　（b）数控铣床

图 1-3-9　数控机床的机床原点与机床参考点

数控铣机床原点，各生产厂不一致，有的设在机床工作台的中心，有的设在进给行程的终点，如图 1-3-9（b）所示。

2. 机床参考点

机床参考点是机床坐标系中一个固定不变的位置点，是用于对机床相对运动的测量系统进行标定和控制的点。机床参考点通常设置在机床各轴靠近正向极限的位置（见图 1-3-9），通过减速行程开关粗定位而由零位点脉冲精确定位。机床参考点对机床原点的坐标是一个已知定值。

通常数控铣床的机床原点与机床参考点是重合的；而在数控车床上机床参考点是离机床原点最远的极限点，如图 1-3-9 所示。

在机床接通电源后通常都要做回零操作，即利用 CRT/MDI 控制面板上的功能键和机床操作面板上的有关按钮，使刀具或工作台退到机床参考点。回零操作又称为返回参考点操作，当返回参考点的工作完成后，显示器即显示出机床参考点在机床坐标系中的坐标值，表明机床坐标系已自动建立。可以说回零操作是对基准的重新核定，可消除由于种种原因产生的基准偏差。

在数控加工程序中可用相关指令使刀具经过一个中间点自动返回参考点。机床参考点已由机床制造厂测定后输入数控系统，并且记录在机床说明书中，用户不得更改。

（三）工件坐标系

工件坐标系是编程时使用的坐标系，又称为编程坐标系，其原点称为工件原点或编程原点。数控编程时，应该首先确定工件坐标系和工件原点。工件原点是编程人员在编制程序时用来确定刀具和程序的起点，可由编程人员根据具体情况确定，工件坐标系坐标轴的方向应与机床坐标系一致，并且与之有确定的尺寸关系。工件原点在工件上的位置虽可任意选择，但一般应遵循以下原则：

（1）工件原点选在工件图样的基准上，以利于编程。

（2）工件原点尽量选在尺寸精度高、表面粗糙度值小的工件表面上。

（3）工件原点最好选在工件的对称中心上。

（4）要便于测量和检验。

在数控车床加工工件时，工件原点一般设在主轴中心线与工件右端面（或左端面）的交点处，如图 1-3-10（a）所示。在数控铣床上加工工件时，工件原点一般设在进刀方向一侧工件外轮廓表面的某个角或对称中心上，如图 1-3-10（b）所示。

（四）绝对坐标编程及增量坐标

数控加工程序中表示几何点的坐标位置有绝对坐标和增量坐标两种方式。绝对坐标是以“工件原点”为依据来表示坐标位置，如图 1-3-11（a）所示。增量坐标是以相对于“前一点”位置坐标的增量来表示坐标位置的，如图 1-3-11（b）所示。编程时要根据零件的加工精度要求及编程方便与否选用坐标类型。在数控程序中绝对坐标与增量坐标可单独使用，也可在不同程序段上交叉设置使用，数控车床上还可以在同一程序段中混合使用，使用原则主要是看何种方式编程更方便。

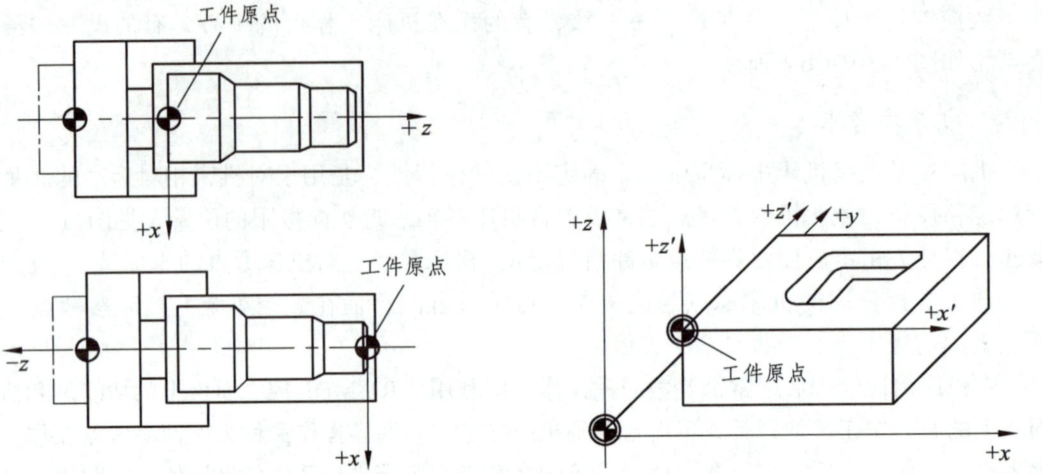

（a）数控车床　　（b）数控铣床

图 1-3-10　工作原点设置

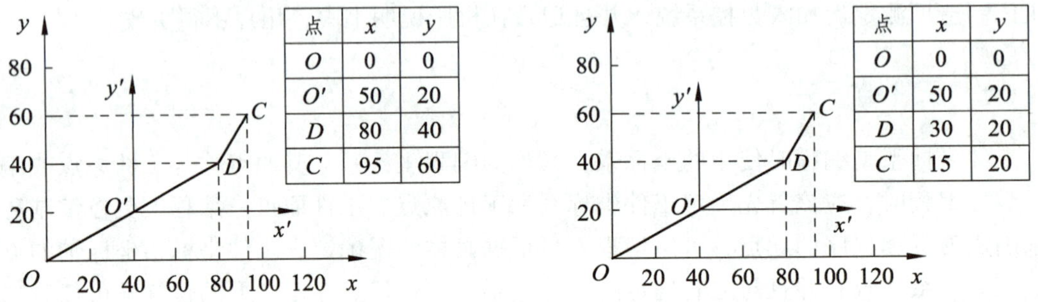

点	x	y
O	0	0
O′	50	20
D	80	40
C	95	60

点	x	y
O	0	0
O′	50	20
D	30	20
C	15	20

（a）绝对坐标系　　（b）增量坐标系

图 1-3-11　绝对坐标与增量坐标编程实例

数控镗铣床或加工中心大都以 G90 指令设定程序中 x、y、z 坐标值为绝对坐标；用 G91 设定 x、y、z 坐标值为增量坐标。如图 1-3-12 所示刀具路线 $P_1 \rightarrow P_2 \rightarrow P_3 \rightarrow P_4 \rightarrow P_5 \rightarrow P_6$ 分别用绝对坐标与增量坐标编程如下。

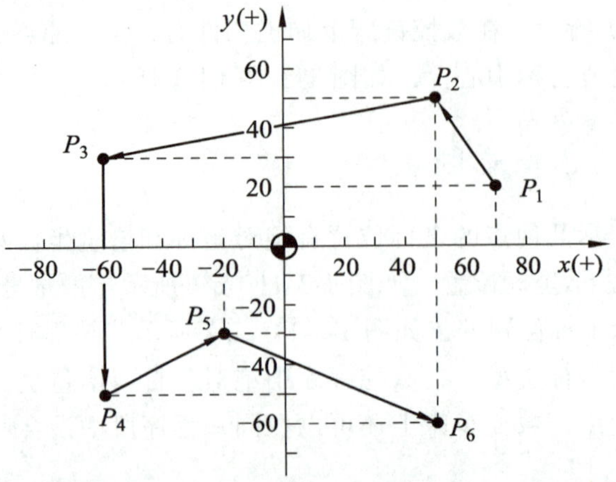

图 1-3-12　绝对坐标与增量坐标编程实例

G90 绝对坐标方式指令：
G90 X50 Y50；
X-60 Y30；
(X-60) Y-50；
X-20 Y-30；
X50 Y-60；
G91 增量坐标方式指令：
G91 X-20 Y30；
X-110 Y-20；
（X0）Y-80；
X40 Y20；
X70 Y-30；
其中，( ) 内的内容可以省略。

一般数控车床上绝对坐标以地址 *X*、*Z* 表示；增量坐标以地址 *U*、*W* 分别表示 *x*、*z* 坐标的增量。*x* 坐标不论是绝对坐标还是增量坐标，一般都用直径值表示（称为直径编程），这样会给编程带来方便，这时刀具实际的移动距离是直径值的一半。

（五）极坐标编程

数控编程点的坐标可以用笛卡儿坐标，也可以用极坐标（半径和角度）表示，如图 1-3-13 所示。

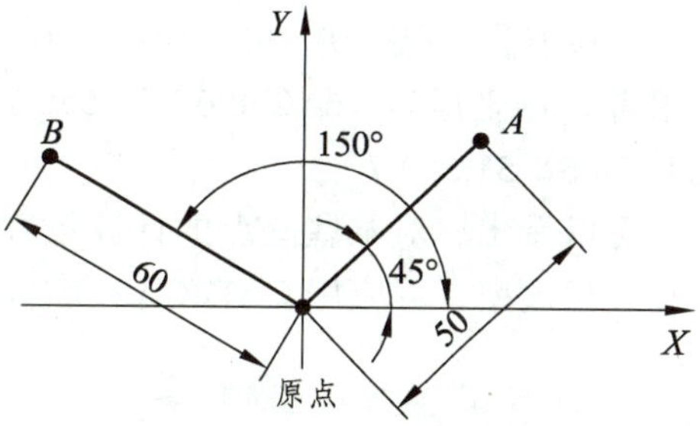

图 1-3-13　极坐标

笛卡儿坐标表示 *A*、*B* 两点的坐标为

$$X_A = R\times\cos\theta = 50\times\cos45° = 35.35$$

$$Y_A = R\times\sin\theta = 50\times\sin45° = 35.35$$

$$X_B = R\times\cos\theta = 60\times\cos150° = -51.96$$

$$Y_B = R\times\sin\theta = 60\times\sin150° = 30$$

则 *A*、*B* 两点的笛卡儿坐标为 *A*（35.35，35.35）、*B*（-51.96，30）。极坐标表示 *A*、*B* 两点的坐标为 *A*（50，45）、*B*（60，150）。

四、程序编制中的数学处理

编程时的数学处理就是根据零件图样，按照已确定的加工路线和编程误差，计算出编程时所需数据的过程。其中，主要是根据零件图的形状、尺寸和公差计算零件轮廓或刀具中心轨迹的基点和节点坐标。

（一）基点坐标的计算

零件的轮廓是由许多不同的几何要素所组成的，如直线、圆弧、二次曲线等。基点就是不同几何要素的交点或切点，如直线与直线的交点、直线与圆弧的交点或切点、圆弧与圆弧的交点或切点等。因此，对于由直线和圆弧组成的轮廓零件，编程时主要是求各基点坐标。

基点坐标的计算方法一般比较简单，可根据零件图样给定的尺寸，运用代数、三角、几何或解析几何的有关知识，直接计算出数值。

图 1-3-14 所示的零件中，*A*、*B*、*C*、*D*、*E* 为基点，*A*、*B*、*D*、*E* 的坐标值从图中很容易找出，*C* 点是直线与圆弧的切点，要联立方程求解。以 *B* 点为计算坐标系原点计算 *C* 点的增量坐标如下：

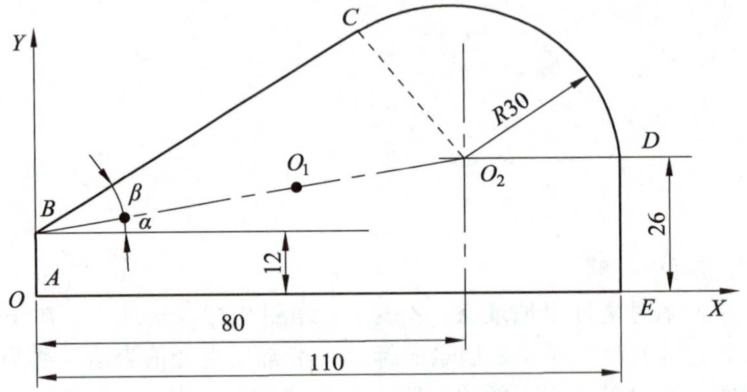

图 1-3-14　零件图样

直线方程：$Y = X\tan(\alpha + \beta)$

圆弧方程：$(X-80)^2 + (Y-14)^2 = 30^2$

可求得 *C* 点坐标为（64.278 6，39.550 7）；换算到以 *A* 点为原点的编程坐标系上，*C* 点坐标为（64.278 6，51.550 7）。

可以看出，对某些基点的计算较麻烦，特别是对于复杂零件，其计算工作量更大，为了提高编程效率，可应用 CAD/CAM 软件辅助编程。

（二）节点坐标的计算

数控系统一般只有直线插补和圆弧插补的切削运动。如果工件轮廓是非圆曲线，数控系统就无法直接实现插补，而需要通过一定的数学处理。数学处理的方法是用直线段或圆弧段去逼近非圆曲线，逼近直线段或圆弧段与被加工轮廓的交点称为节点。

用直线或圆弧逼近曲线 $y = f(x)$时，根据曲线的特性、逼近线段的形状及允许的逼近误差三个条件可求出各节点的坐标。一般对于曲率半径大的曲线，用直线逼近较为有利，曲率半径较小的曲线则用圆弧逼近较为合理。下面介绍几种常用的计算方法。

1. 等间距直线逼近法

这种方法是使每个程序段的某一坐标增量相等，然后根据曲线的表达式求出另一坐标值，即可得到节点坐标。在直角坐标系中，可使相邻节点间的 x 坐标增量或 y 坐标增量相等。

如图 1-3-15 所示，已知曲线方程为 $y = f(x)$，从起点开始，每次增加一个坐标增量 Δx，可求出任一点的 x_i，将 x_i 代入方程 $y = f(x)$中，即可求得一系列 y_i，这样即可求得各点的节点坐标。这种方法的关键是确定间距值，该值应保证曲线 $y = f(x)$相邻两节点间的法向距离小于允许的逼近误差，即 $\delta \leqslant \delta_{允}$（$\delta_{允}$一般为零件公差的 1/10 ~ 1/5）。在实际应用中，常根据零件加工精度要求，按经验确定间距值。

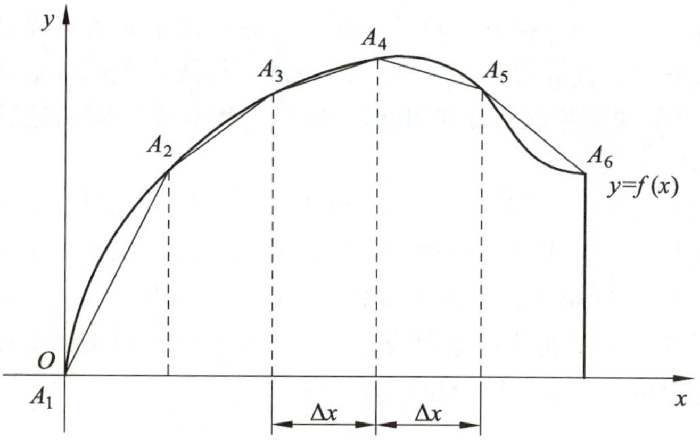

图 1-3-15　等间距直线逼近法

2. 等弦长直线逼近法

这种方法是使所有逼近线段的弦长相等，如图 1-3-16 所示。由于零件轮廓曲线 $y=f(x)$各处的曲率不同，因而各段的逼近误差也不相等。计算时必须使最大逼近误差小于 $\delta_{允}$，以满足加工精度的要求。在用直线逼近曲线时，一般认为误差的方向是在曲线的法线方向，同时误差的最大值产生在曲线的曲率半径最小处。因此，计算时先确定曲率半径最小的地方，然后在该处按照逼近误差小于或等于 $\delta_{允}$的条件求出逼近线段的长度，用此弦长分割轮廓曲线，即可求出各节点的坐标。

3. 等误差直线逼近法

该方法是使零件轮廓曲线上各直线段的逼近误差相等，并小于或等于 $\delta_{允}$，如图 1-3-17 所示。用这种方法确定的各逼近线段的长度不等。此方法求得的节点数目最少，但计算较烦琐。

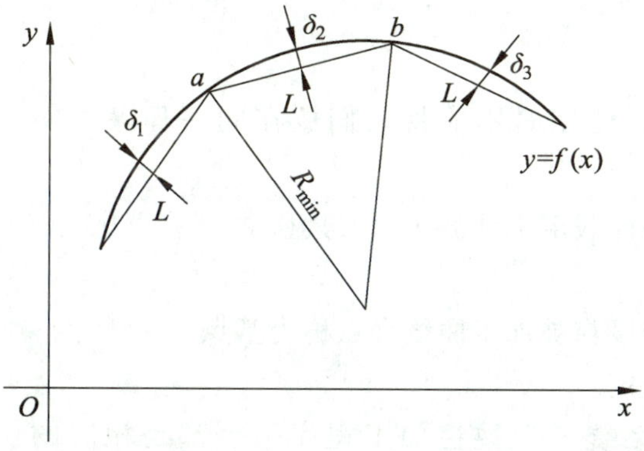

图 1-3-16　等弦长直线逼近法

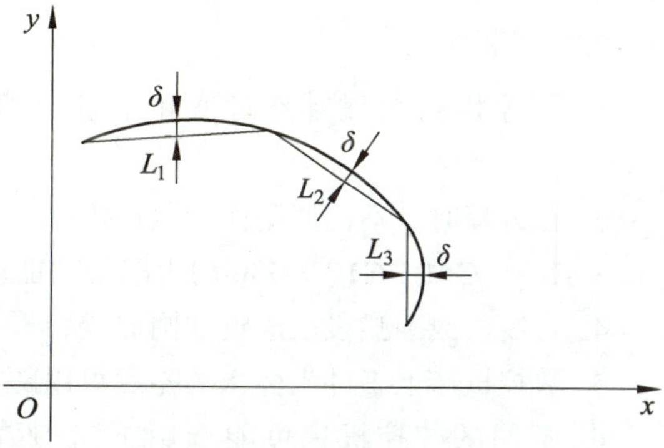

图 1-3-17　等误差直线逼近法

4. 圆弧逼近法

用圆弧逼近法去逼近零件的轮廓曲线时，需求出每段圆弧的圆心、起点和终点的坐标，以及圆弧的半径。计算的依据依然是要使圆弧段与零件轮廓曲线间的误差小于或等于 $\delta_{允}$。

用圆弧逼近曲线，目前常用的方法有三点圆法、相切圆法和曲率圆法。三点圆法是通过已知的 3 个节点求圆，并作为一个圆弧插补程序段。相切圆法是通过已知的 4 个节点分别做出两个相切的圆，编出两个圆弧插补程序段。这两种方法都是先用直线逼近方法求出各节点的坐标，然后再求出各圆，计算很烦琐。曲率圆法是一种等误差圆弧逼近法，该方法先求出曲线 $y=f(x)$在起始点的曲率半径和圆心坐标，然后利用等误差圆弧逼近依次求出各逼近圆弧段。

由上可知，节点的计算一般都比较复杂，靠手工计算很难完成，必须借助计算机辅助处理。求得各节点的坐标后，就可按相邻两节点间的直线或圆弧来编写加工程序。节点的数目越多，逼近曲线的误差 δ 就越小，则程序段数也就越长。可见，节点数目的多少，决定了加工的精度和程序的长度。一般在选择逼近线段时，应该在保证精度的前提下，使节点数目尽量少，这样不仅计算简单，程序段数目也少。

复习思考题

一、填空题

1. 数控机床中的标准坐标系采用_______________，并规定______刀具与工件之间距离的方向为坐标正方向。

2. 数控机床坐标系三坐标轴 X、Y、Z 及其正方向分别用__________________判定，X、Y、Z 各轴的回转运动及其正方向 $+A$、$+B$、$+C$ 分别用________________判断。

3. 机床接通电源后的回零操作是使刀具或工作台退离到_______________。

4. 机床参考点通常设置在_________________________。

5. 与机床主轴重合或平行的刀具运动坐标轴为_________轴，远离工件的刀具运动方向为__________。

6. X 坐标轴一般是__________，与工件安装面__________，且垂直于 Z 坐标轴。

二、判断题

1. 数控机床编程有绝对值和增量值编程，使用时不能将它们放在同一程序段中。（　　）

2. 在编程时，不论使用何种数控机床，都一律假定工件静止而刀具移动。（　　）

3. G90、G01、G17、G80 均为准备功能。（　　）

4. 直线段或圆弧段去逼近非圆曲线，逼近线段与被加工曲线交点称为基点。（　　）

5. 数控机床上工件坐标系的零点可以随意设定。（　　）

6. 不同的数控机床可能选用不同的数控系统，但数控加工程序指令都是相同的。（　　）

7. 数控机床在输入程序时，无论何种系统坐标值，不论是整数和小数，都不必加入小数点。（　　）

8. 数控机床的机床坐标原点和机床参考点是重合的。（　　）

9. 机床参考点在机床上是一个浮动的点。（　　）

10. 机械零点是机床调试和加工时十分重要的基准点，由操作者设置。（　　）

三、选择题

1. 以下指令中，（　　）是准备功能。

A. M03　　B. G90　　C. X25　　D. S700

2. 确定数控机床坐标轴时，一般应先确定（　　）。

A. *X* 轴　　B. *Y* 轴　　C. *Z* 轴　　D. *A* 轴

3. 用于机床开关指令的辅助功能的指令代码是（　　）代码。

A. F　　B. S　　C. M　　D. T

4. 数控机床上有一个机械原点，该点到机床坐标零点在进给坐标轴方向上的距离可以在机床出厂时设定，该点称为（　　）。

A. 工件零点　　B. 机床零点　　C. 机床参考点　　D. 机械原点

5. 用于机床刀具编号的指令代码是（　　）。

A. F 代码　　B. T 代码　　C. M 代码

6. 用于机床开关指令的辅助功能的指令代码是（　　）。

A. F 代码　　B. S 代码　　C. M 代码

7. 数控升降台铣床的升降台上下运动坐标轴是（　　），拖板前后运动坐标轴是（　　）。

A. *X* 轴　　B. *Y* 轴　　C. *Z* 轴

四、简答题

1. 什么叫作可变程序段格式？试举例说明。

2. 机床坐标系和工件坐标系的区别是什么？数控车床的坐标系是如何规定的？

3. 什么是机床原点和机床参考点？你能说出所见的数控车床、数控铣床的机床原点和机床参考点的位置吗？

4. 如何合理地选择编程原点？

5. 何为绝对坐标编程和增量坐标编程？

6. G 指令和 M 指令的基本功能是什么？

7. 何为 F、S、T 功能？

8. 什么叫作基点？什么叫作节点？

技能训练

（1）通过图书馆或网上查阅代表当前各国先进水平的数控车床生产厂家，如大连机床集团、江苏新瑞机床集团，日本 MAZAK 和 MORISEIKI，美国 HAR-DINGE，德国 INDEX 等公司的数控车床产品样本，比较它们在主要参数、结构、用途等方面的差别。

（2）用仿真软件独立执行开机，进行参数设置、回零、对刀等一系列基本操作。熟悉各功能键。

（3）按以下步骤填写如图 1-3-18 所示零件的相关加工工艺。

① 零件图分析；

② 零件的装夹及夹具的选择；

③ 加工方案及加工顺序的确定；

④ 选择刀具；

⑤ 选择切削用量。

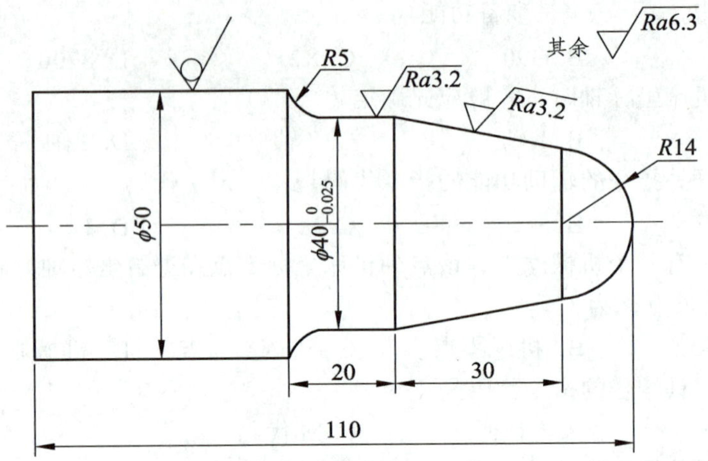

图 1-3-18　零件

（4）在图 1-3-19 中建立工件坐标系并正确标注出基点，写出其坐标值。

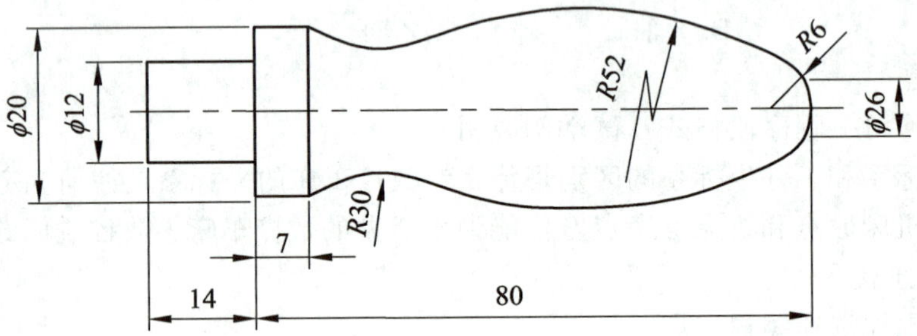

图 1-3-19　零件尺寸

项目二　数控车床加工及其程序编制

任务一　常用单一指令

知识目标

（1）掌握 GSK980TD 数控车削系统常用单一编程指令的含义及格式；

（2）了解常用刀具对刀方法，并能正确选择使用；

（3）掌握制订数控车削加工工艺路线需遵循的基本原则；

（4）掌握切削用量影响数控车削加工的规律，并能正确选择车削用量。

能力目标

（1）熟悉各种单一指令的使用方法；

（2）熟悉运用模拟仿真软件进行操作；

（3）了解常见轴类零件加工数控工艺分析方法及编程步骤。

数控车床加工

相关知识

一、工件坐标系设定（G50 或 G00）

该坐标系主要用于刀具的起始位置及中途更换刀具时所设置的一个安全点位置（通常起于程序的开始、中途更换刀具和程序结束时刀具回到程序的起点位置）。

程序编写格式：G50　X□□　Z□□　或　G00　X□□　Z□□；

车削加工时，工件原点一般设置在工件右端面或左端面与主轴轴线的交点上。其中，X、Z 值分别为刀尖（刀位点）起始点相对工件原点的 x 向和 z 向坐标。注意 X 值应为直径值。

如图 2-1-1 所示，假设刀尖的起始点距离工件原点的 x 向尺寸和 z 向尺寸分别为 110 mm（直径值）和 80 mm，工件坐标系的设定指令为 G50 X110 Z80；或者为 G00 X110 Z80；。

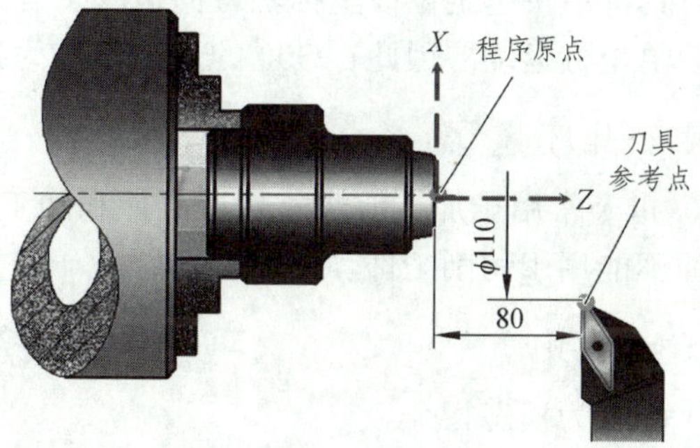

图 2-1-1　工件坐标系设定

实际上工件原点是通过对刀，输入刀补参数来确定的。执行以上程序段后，系统内部建立起一个以工件原点为坐标原点的工件坐标系，并移动到相对于这个坐标系所确定的坐标点（110，80）去。即对 X、Z 值进行记忆，并且显示在显示器上。

二、快速定位（G00）

G00 是使刀具以系统预先设定的速度快速点定位移动至所指定的位置。

1. 指令格式

指令格式：G00 X(U) □ □　　Z(W) □ □；

其中，X、Z 值表示目标点绝对坐标；U、W 值表示目标点相对前一点的增量坐标；X(U)坐标按直径值输入。

如图 2-1-2 所示，刀具要快速移动到指定位置，用 G00 编程为

绝对坐标方式：G00 X60 Z0；

增量坐标方式：G00 U-90 W-100；

混合编程方式：G00 X60 W-100；或 G00 U-90 Z0；

要特别注意的是：执行该指令时的实际刀具路径通常如图 2-1-2 中虚线所示，考虑刀具路径时应注意避免刀具与障碍物相碰。

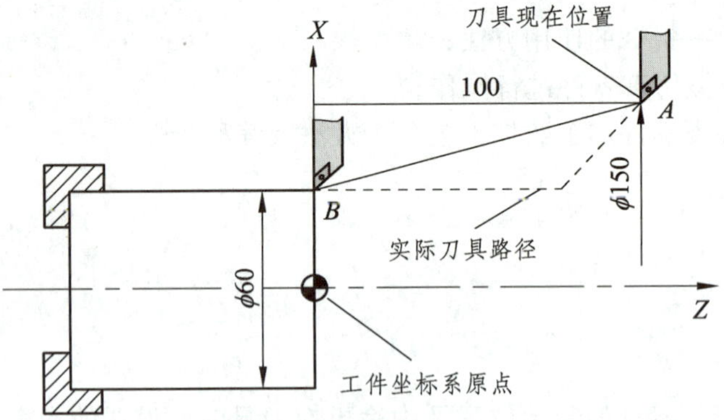

图 2-1-2　G00 指令

2. 运动轨迹

快速定位一般为空行程运动，既可以单坐标轴运动，又可以双坐标轴运动。只有一个坐标时，刀具将沿快速定位该坐标轴方向运动。有两个坐标时，刀具将先以 1∶1 步数两坐标联动，然后单坐标运动。因此，G00 的运动轨迹为折线形。

3. 指令作用

G00 指令常用于加工前快速靠近工件和加工后快速离开工件，因此它可用于刀具的快速定位，而不能用于切削工件。

4. 注意事项

（1）G00 为模态指令。

（2）移动速度不能用程序指令设定，由厂家预调。

（3）G00 的执行过程：刀具由程序起始点加速到最大速度，然后快速移动，最后减速到终点。

三、直线插补（G01）

G01 是使刀具以指定的进给速度沿直线移动到目标点。

1. 指令格式

指令格式：G01 X(U) □ □　　Z(W) □ □　　F□ □；
其中，X、Z 值表示终点绝对坐标；U、W 值表示终点相对前一点的增量坐标；X(U)坐标按直径值输入；F_指定进给速度，若在前面已经指定，可以省略。

2. 运动轨迹

采用绝对编程时，刀具以 F 指令的进给速度进行直线插补，运动到坐标值为 *X*, *Z* 的点上；采用增量编程时，刀具则移至距当前点（起始点）的距离为 *U*、*W* 值的点上。只有一个坐标轴，刀具将沿该坐标轴方向运动。有两个坐标值时，刀具从起点到终点按给定的速度做规定斜率的直线插补运动。

3. 指令作用

该指令用于直线或斜线运动，可使数控车床沿 *X* 轴、*Z* 轴方向执行单轴运动，也可以沿 *XZ* 平面内任意斜率的直线运动。

4. 注意事项

（1）G01 为模态指令。

（2）G01 指令后的坐标值取绝对值编程还是取增量值编程，由尺寸字决定。

（3）进给速度由 F 指令决定。F 指令也是模态指令，可由 G00 指令取消。

通常，在车削端面、沟槽等与 *X* 轴平行的加工时，只需单独指定 *X*（或 *U*）值坐标；在车外圆、内孔等与 *Z* 轴平行的加工时，只需单独指定 *Z*（或 *W*）值坐标。图 2-1-3 为同时指令两轴移动车削锥面的情况，用 G01 编程为

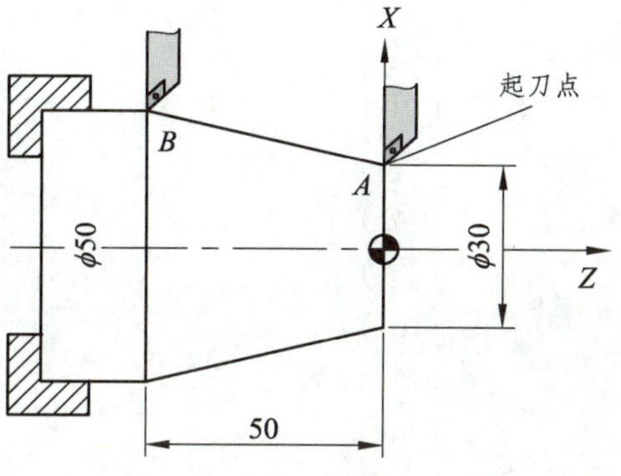

图 2-1-3　G01 指令

绝对坐标方式：G01 X50 Z-50 F0.2；

增量坐标方式：G01 U20 W-50 F0.2；

混合式编程方式：G01 X50 W-50 F0.2；

G01 U20 Z-50 F0.2；

【例 2-1-1】刀具按如图 2-1-4 所示的走刀路线进行加工，已知进给量为 80 mm/min，切削转速为 800 r/min，刀具号为 T01，刀具补偿号为 No.001，用绝对坐标方式编程写出精加工程序段。

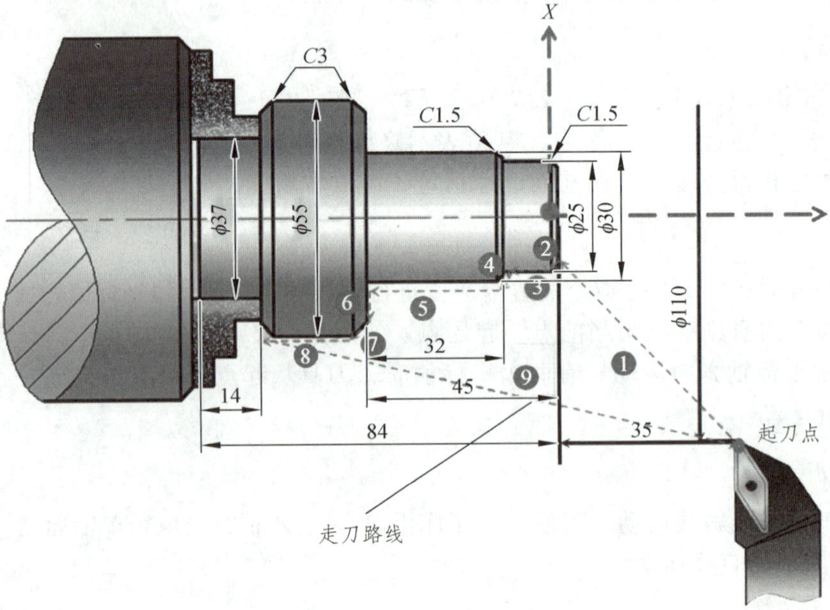

图 2-1-4　例 2-1-1 零件

解：建立如图 2-1-4 所示的工件坐标系，用绝对坐标方式编程。

编制的程序如下：

O0001；	（程序号）
G00 X110 Z35　T0101；	（建立工件坐标系，选择 T01 号刀，01 号刀补）
M03 S800；	（主轴正转，速度 800 r/min）
G00 X21 Z0.5；	（①）
G01 X25 Z-1.5 F80；	（②）
Z-13；	（③）
X27；	
X30 Z-14.5；	（④）
Z-45；	（⑤）
X49；	（⑥）
X55 Z-48；	（⑦）
Z-70；	（⑧）
G00　X110　Z35；	（退回起刀点）
M30；	（程序结束）

※翻转课堂：请同学们用增量坐标方式重新编制程序。

四、圆弧插补（G02、G03）

圆弧插补在切削圆弧时使用，顺时针切削用 G02，逆时针切削用 G03。

1. 指令格式

（1）用Ⅰ、K 指定圆心位置，其格式为

G02/ G03　X(U)____　Z(W)____　I____　K____　F____；

（2）用圆弧半径 R 指定圆心位置，其格式为

G02/ G03　X(U)____　Z(W)____　R____　F____；

指令中字母符号的意义如表 2-1-1 所示。

表 2-1-1　G02 与 G03 程序段中各指令的含义

方式选择	指　令	释　义
回转方向	G02	刀具轨迹按顺时针圆弧插补
	G03	刀具轨迹按逆时针圆弧插补
终点位置	X、Z（U、W）	工件坐标系中圆弧终点的 *X*、*Z*(*U*、*W*)值
圆心到圆弧起点的增量距离	I、K	I：圆心相对于圆弧起点在 *X* 方向的坐标增量； K：圆心相对于圆弧起点在 Z 方向的坐标增量
圆弧半径	R	圆弧的半径

2. 运动轨迹

圆弧插补指令是命令刀具在指定平面内按给定的进给速度做圆弧运动，切削出圆弧轮廓。

3. 指令作用

该指令用于圆弧表面的加工。

4. 注意事项

（1）圆弧顺逆的判断：对于前置刀架，圆弧顺逆的判断刚好与时针方向判断相反，即顺时针为 G03，逆时针为 G02，如图 2-1-5 所示；对于后置刀架，圆弧顺逆的判断刚好与时针方向判断一致，顺时针为 G02，逆时针为 G03，如图 2-1-6 所示。

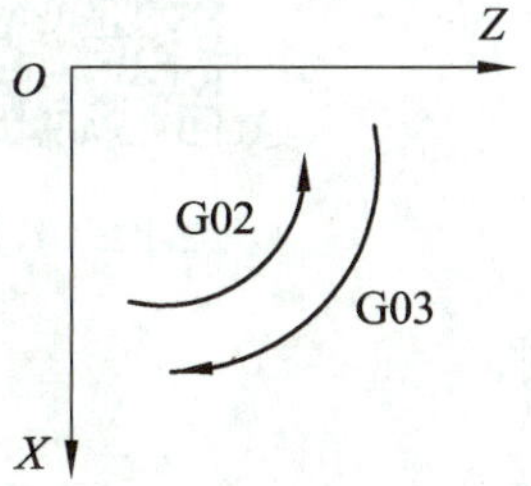

图 2-1-5　前置刀架圆弧顺逆的判断

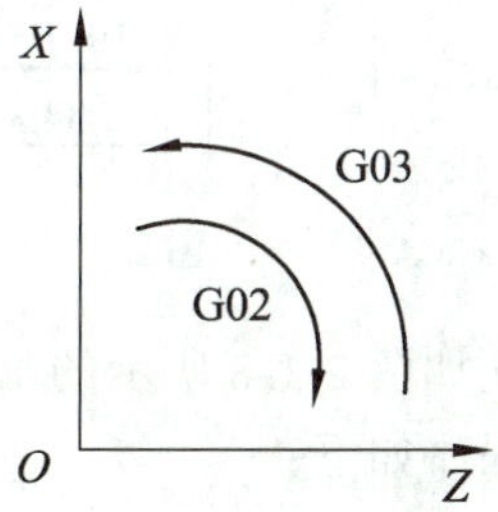

图 2-1-6　后置刀架圆弧顺逆的判断

（2）用绝对值编程时，用 *X*、*Z* 表示圆弧终点在工件坐标系中的坐标值；采用增量值编程时用 *U*、*W* 表示圆弧终点相对于圆弧起点的增量值。

（3）*I*、*K* 为圆心坐标相对于圆弧起点坐标的增量。

即 $I = X_{圆心坐标}/2 - X_{圆弧起点坐标}/2$，$I$ 为半径值；

$K = Z_{圆心坐标} - Z_{圆弧起点坐标}$，当 I、K 值为零时，可以省略。

（4）用圆弧半径 R 编程时规定：圆心角小于或等于 180°的圆弧，R 值为正；圆心角大于 180°的圆弧，R 值为负。

（5）程序段中同时给出 I、K 和 R 值，以 R 值优先，I、K 无效。

（6）G02、G03 用半径 R 值指定圆心位置时，不能用于整圆加工。

如图 2-1-7 所示，刀具从 A 到 B 可用以下两种方式分别编出圆弧插补程序段：

绝对坐标方式：

I、K 编程：G02　X60　Z-10　I10　F0.1；

R 编程：G02　X60　Z-10　R10　F0.1；

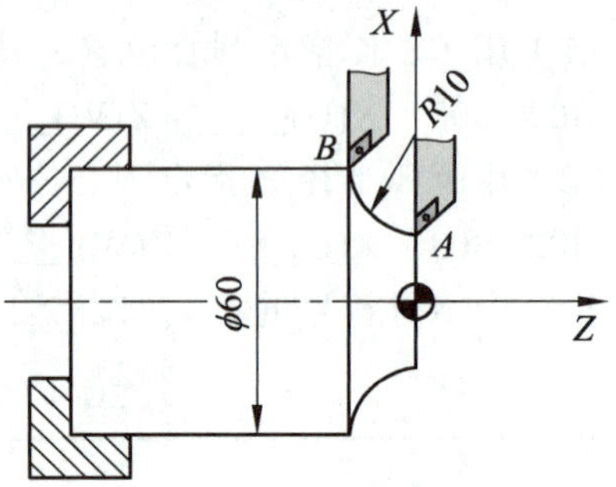

图 2-1-7　圆弧插补

【例 2-1-2】刀具按图 2-1-8 所示的走刀路线进行加工，已知进给量为 0.25 mm/r，切削线速度为 150 m/min，试编写精加工程序段程序。

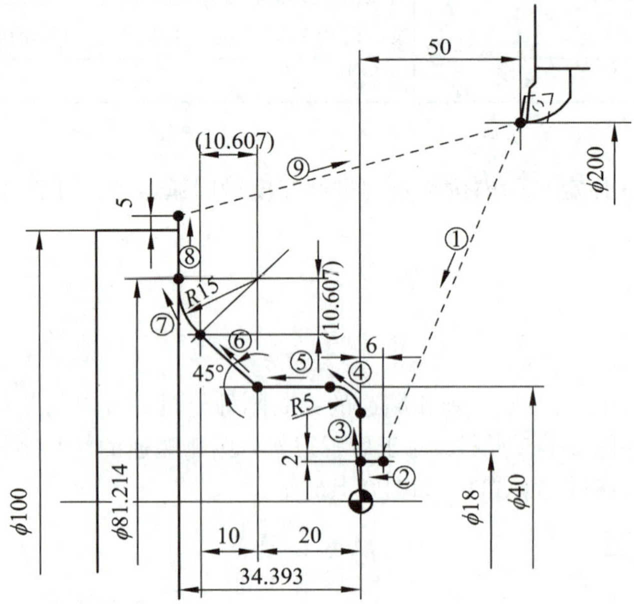

图 2-1-8　走刀路线

例 2-1-2 仿真加工

解：建立如图 2-1-8 所示的工件坐标系，进行程序编制。

编制的程序如下：

O0002;	（程序号）
G00 X200 Z50 T0202;	（建立工件坐标系，调用 02 号刀，02 号刀补）
G96 S150 M03;	（恒线速度设定，主轴正转）
G00 X14 Z6;	（①）
G01 Z0 F0.25;	（②）

X30;　　　　　　　　　　　　（③）
G03 X40 Z-5 R5;　　　　　　（④）
G01 Z-20;　　　　　　　　　（⑤）
X60 Z-30;　　　　　　　　　（⑥）
G02 X81.214　Z-34.393 R15;　（⑦）
G01 X110;　　　　　　　　　（⑧）
G00 X200 Z50;　　　　　　　（⑨）
M30;　　　　　　　　　　　　（程序结束）

※翻转课堂：请同学们用 I、K 方式结合增量坐标重新编制程序。

五、程序暂停（G04）

该指令控制系统按指定时间暂时停止执行后续程序段，暂停时间结束则继续执行。该指令为非模态指令，只在本程序段有效。

指令格式：

$$\mathrm{G04}\begin{Bmatrix}\mathrm{X}\underline{\quad}\\ \mathrm{U}\underline{\quad}\\ \mathrm{P}\underline{\quad}\end{Bmatrix};$$

其中，X、U、P 均为暂停时间（s）。

注意在用地址 X 和 U 表示暂停时间时，允许使用小数点，用地址 P 表示暂停时间时，不能用小数点表示法。

例如，若要暂停 3 s，则可写成以下几种格式：

　　G04 X3.0;
或：G04 X3000;
或：G04 U3.0;
或：G04 U3000;
或：G04 P3000;

切槽刀对刀

G04 主要应用于：

（1）在车削沟槽或钻孔时，为使槽底或孔底得到准确的尺寸精度及光滑的加工表面，在加工到槽底或孔底时，应该暂停一适当时间，使工件回转一周以上。

（2）使用 G96（主轴以恒线速度回转）车削工件轮廓后，改成 G97（主轴以恒定转速回转）车削螺纹时，指令暂停一段时间，使主轴转速稳定后再执行螺纹车削，以保证螺距加工精度的要求。

六、返回参考点检查（G27）

数控机床通常是长时间连续工作，为了提高加工的可靠性及保证零件的加工精度，可用 G27 指令来检查工件原点的正确性。

指令格式：G27 X（U）____ Z（W）____;

其中，X、Z 值表示机床参考点在工件坐标系中的绝对坐标；U、W 值表示机床参考点相对刀具目前所在位置的增量坐标。

该指令的用法：当执行加工完成一循环，在程序结束前执行 G27 指令，则刀具将以快速定位（G00）移动方式自动返回机床参考点，如果刀具到达参考点位置，则操作面板上的参考点返回指示灯会亮；若工件原点位置在某一轴向有误差，则该轴对应的指示灯不亮，且系统将自动停止执行程序，发出报警提示（No.92 报警）。

使用 G27 指令时，若先前用 G41 或 G42 建立了刀具半径补偿，必须用 G40 将刀具半径补偿取消后才可使用 G27 指令。编程时可参考如下程序结构：

```
⋮
T0101;
⋮
G40;                        （取消刀具半径补偿）
G27 X345.213   Z478.954;    （返回参考点检查）
```

七、自动返回参考点（G28）

G28 指令的功能是使刀具从当前位置以快速定位（G00）移动方式经过中间点回到参考点。指定中间点的目的是使刀具沿着一条安全路径回到参考点。

指令格式：G28 X（U）__Z（W）__;

其中，X、Z 值为刀具经过的中间点的绝对坐标；U、W 值为刀具经过的中间点相对起点的增量坐标。

如图 2-1-9 所示，若刀具从当前位置经过中间点（30，15）返回参考点，则可用指令：

G28 X30 Z15;

如图 2-1-10 所示，若刀具从当前位置直接返回参考点，这时相当于中间点与刀具当前位置重合，则可用增量坐标方式指令：

G28 U0 W0;

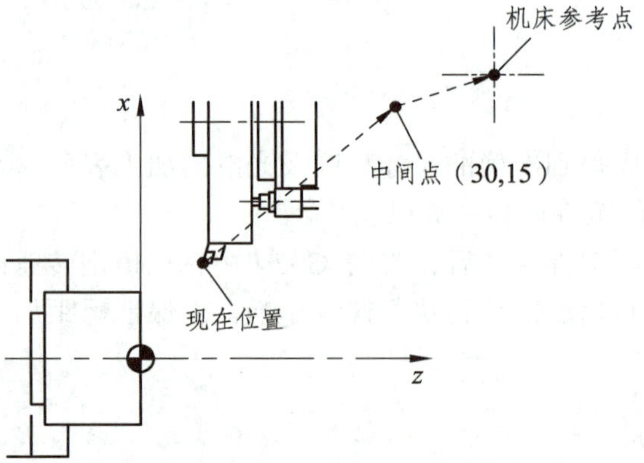

图 2-1-9 刀具经过中间点返回参考点

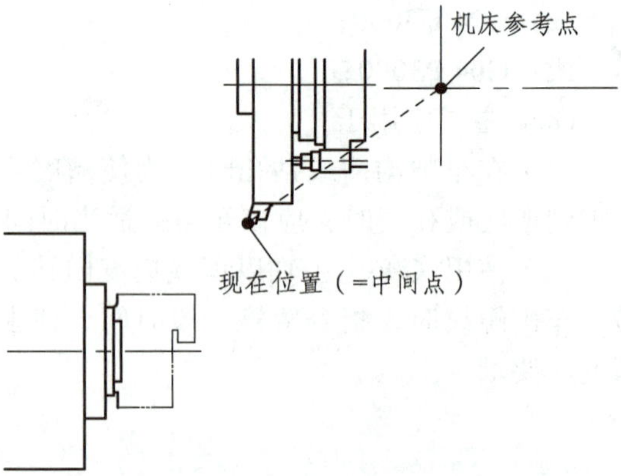

图 2-1-10 刀具直接返回参考点

八、从参考点返回（G29）

此指令的功能是使刀具由机床参考点经过中间点到达目标点。

指令格式：G29　X____　Z____；

其中，X、Z 后面的数值是指刀具的目标点坐标。

这里经过的中间点就是 G28 指令所指定的中间点，故刀具可经过这一安全路径到达欲切削加工的目标点位置。所以用 G29 指令之前，必须先用 G28 指令，否则 G29 指令不知道中间点位置而发生错误。

任务二　螺纹加工和刀尖圆弧自动补偿

知识目标

（1）掌握螺纹加工的相关计算及注意事项；

（2）了解刀具半径补偿、刀尖方位等概念。

能力目标

（1）掌握螺纹刀对刀方法；

（2）了解三种螺纹加工指令的区别，并掌握其应用。

相关知识

一、螺纹切削指令（G32）

数控车床可以加工直螺纹、锥螺纹、端面螺纹。

1. 指令格式

G32 X(U)_ Z(W)_ F_;

其中，X、Z 值表示车削到达的终点坐标；U、W 值表示切削终点相对起点的增量坐标；F 表示螺纹导程（mm/r）。

2. 运动轨迹

G32 刀具路径与 G01 相同。一般在切削螺纹时，从粗切到精切，是沿同一轨迹多次重复切削。由于在主轴上安装有位置编码器，每次重复切削时起始点和运动轨迹都是相同的，同时要求主轴的转速必须是恒定的。由于伺服电机由静止到匀速运动有一个加速过程（反之为降速过程），为防止加工螺纹螺距不均匀，车削螺纹前后，必须有适当的进刀段 δ_1 和退刀段 δ_2。

$$\delta_1 = n \times P/400$$

$$\delta_2 = n \times P/1\ 800$$

式中，n 为主轴转速（r/min）；P 为螺纹导程（mm）。

由以上公式所计算而得的 δ_1 和 δ_2 是理论上所需的进、退刀量，实际应用时一般取 $\delta_1 = 2 \sim 5$ mm，$\delta_2 = 1/4 \sim 1/2\delta_1$，运动轨迹如图 2-2-1 所示。

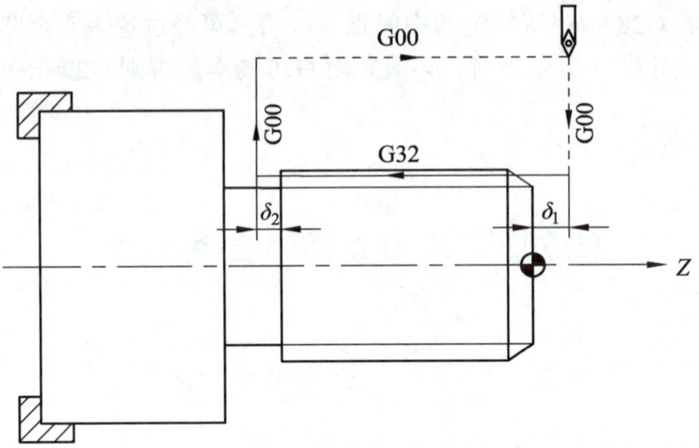

图 2-2-1　G32 切削螺纹轨迹

螺纹刀对刀

3. 注意事项

（1）主轴应通过 G97 指令指定恒转速，在保证生产效率和正常切削的情况下，宜选择较低的主轴转速。切削螺纹时，为能加工到螺纹小径，车削时 X 轴的直径值逐次减少，若使用 G96 恒线速度控制指令，则工件旋转时，其转速会随切削点直径的减少而增加，这会使 F 导程指定的值产生变动（因为 F 会随转速而变化），从而发生乱牙现象。

（2）当螺纹加工程序段中的导入长度 δ_1 和切出长度 δ_2 比较充裕时，可选择适当高一些的主轴转速。

（3）螺纹加工时最简单的方法是进刀方向指向卡盘，若使用左手刀具加工右旋螺纹，进刀方向也可远离卡盘，反之亦然。

（4）通常车螺纹时主轴转速应按其机床或数控系统说明书中规定的计算式进行确定，其计算式为

$$n_{螺} \leqslant (1\,200/P) - 80$$

（5）牙型较深、螺距较大时，可分数次进给，每次进给的背吃刀量按螺纹深度减去精加工背吃刀量所得之差递减规律分配。常用螺纹切削的进给次数与背吃刀量示例如表 2-2-1 所示。

表 2-2-1　普通螺纹切削深度及走刀次数的关系　　单位：mm

ISO 公制 60°，外螺纹							
螺　距		0.5	0.75	1	1.5	2	2.5
螺纹总深度		0.34	0.50	0.67	0.94	1.28	1.58
切削深度及走刀次数	1 次	0.11	0.17	0.19	0.22	0.25	0.27
	2 次	0.09	0.15	0.16	0.21	0.24	0.24
	3 次	0.07	0.11	0.13	0.17	0.18	0.20
	4 次	0.07	0.07	0.11	0.14	0.16	0.17
	5 次			0.08	0.12	0.14	0.15

续表

ISO 公制 60°，外螺纹							
螺　距		0.5	0.75	1	1.5	2	2.5
螺纹总深度		0.34	0.50	0.67	0.94	1.28	1.58
切削深度及走刀次数	6 次				0.08	0.12	0.13
	7 次					0.11	0.12
	8 次					0.08	0.11
	9 次						0.11
	10 次						0.08

【例 2-2-1】如图 2-2-2 所示，在数控车床上欲车削普通螺纹 M40×1.5，用 G32 指令编程。

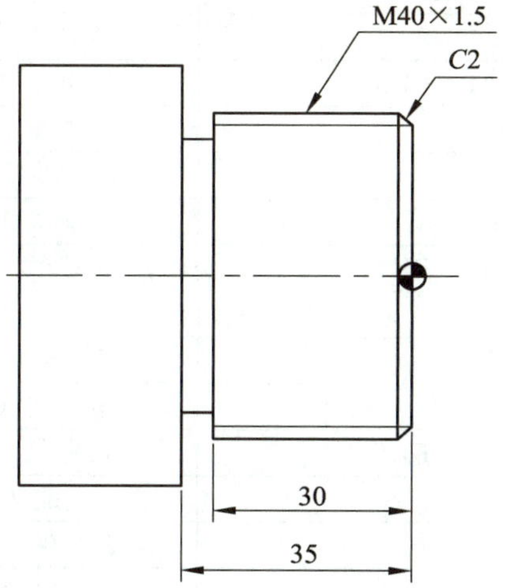

图 2-2-2　螺纹加工

解：（1）确定工件坐标系和对刀。

在 *XOZ* 平面内确定以工件右端面轴心线上点为工件原点，建立工件坐标系，采用手动试切对刀方法对刀。

（2）确定主轴转速。

主轴转速 n 的取值应适应机床要求 $n_{螺} \leqslant (1\,200/P)-80$ 。

计算得知 $n_{螺} \leqslant 720$ r/min 可使用，一般取整数较方便，故取 700 r/min 车削螺纹。

（3）加工前螺纹大径和小径的计算方法。

螺纹大径 = 公称直径-0.13×螺距 = 40-0.13×1.5 = 39.805（mm）

螺纹小径 = 公称直径-(1.1~1.3）×螺距 = 40-1.3×1.5 = 38.05（mm）

（4）计算进刀段 δ_1 及退刀段 δ_2。

$$\delta_1 = n\times P/400 = 700\times 1.5/400 = 2.625\ (\text{mm})$$

$$\delta_2 = n\times P/1\,800 = 700\times 1.5/1\,800 = 0.583\ (\text{mm})$$

取 $\delta_1 = 3$ mm，$\delta_2 = 1$ mm。

（5）切削用量的选择。

查表 2-2-1 知得分 6 次切完，每一次切深为 0.22 mm、0.21 mm、0.17 mm、0.14 mm、0.12 mm、

0.08 mm（按查表值切完最后一刀小径为 37.925 mm，已小于计算小径，故最后一刀取切深 0.017 5 mm）。

假定毛坯已经加工成相应尺寸台阶轴，外圆柱面做到螺纹大径尺寸 39.805 mm，具备退刀槽，仅编制螺纹加工部分。程序如表 2-2-2 所示。

表 2-2-2　程序列表

程序号	O0005	
	程序段内容	注　释
N01	T0101；	换 1 号刀，调用 1 号刀补
N05	M03 S700；	主轴正转
N09	G00　X200　Z100；	设定工作坐标系
N10	X42　Z3　M08；	到达起刀点，切削液开
N20	X39.365；	螺纹切削第一次 X 方向进刀
N30	G32　Z-31　F1.5；	切螺纹
N40	G00 X42；	*X* 向退刀
N50	Z3；	*Z* 向退刀
N60	X38.945；	第二次 *X* 向进刀
N70	G32　Z-31　F1.5；	切螺纹
N80	G00　X42；	*X* 向退刀
N90	Z3；	*Z* 向退刀
N100	X38.605；	第三次 *X* 向进刀
N110	G32　Z-31　F1.5；	切螺纹
N120	G00　X42；	*X* 向退刀
N130	Z3；	*Z* 向退刀
N140	X38.325；	第四次 *X* 向进刀
N150	G32　Z-31　F1.5；	切螺纹
N160	G00　X42；	*X* 向退刀
N170	Z3；	*Z* 向退刀
N180	X38.085；	第五次 *X* 向进刀
N190	G32　Z-31　F1.5；	切螺纹
N200	G00　X42；	*X* 向退刀
N210	Z3；	*Z* 向退刀
N220	X38.05；	第六次 *X* 向进刀
N230	G32　Z-31　F1.5；	切螺纹
N240	G00　X42；	*X* 向退刀
N250	Z3；	*Z* 向退刀
N260	X38.05；	最后一刀重复一次螺纹成形更好
N270	G32　Z-31　F1.5；	切螺纹
N280	G00　X42；	*X* 向退刀
N290	Z3；	*Z* 向退刀
N300	G00 X200 Z100；	退回刀具起始点
N310	M30；	程序结束

※翻转课堂：让同学们画出螺纹加工走刀路线图。

二、螺纹切削循环（G92）

1. 指令格式

螺纹切削循环 G92 为单一螺纹循环，该指令可以切削锥螺纹和圆柱螺纹。

指令格式：G92 X(U)_Z(W)_ R_ F_；

其中，X、Z 为螺纹终点的坐标值；U、W 为螺纹终点坐标相对于螺纹起点的增量坐标；R 为锥螺纹起点和终点的半径差（有正、负之分），加工圆柱螺纹时为零，可省略。

2. 运动轨迹

图 2-2-3 所示为螺纹循环，按 1、2、3、4 进行自动循环，最后又回到循环起点。图中虚线表示按快速移动，实线表示按 F 指定的工作进给速度移动。

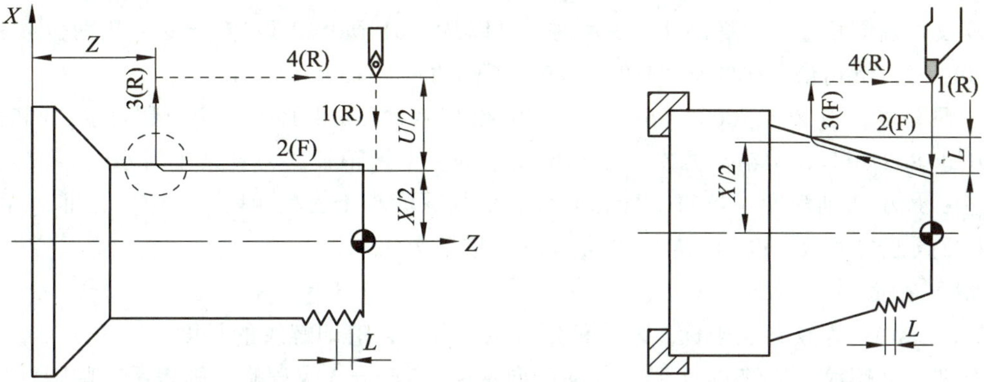

（a）直螺纹　　　　（b）锥螺纹

图 2-2-3　G92 螺纹切削循环

3. 指令作用

G92 螺纹循环指令适用广泛，生产企业加工螺纹时几乎全部使用 C92 指令。G92 指令不仅可以加工直螺纹、锥螺纹，还可以加工多线螺纹。使用 G92 指令加工螺纹时，螺纹刀是直进式切削方法，由于两侧的刀刃同时工作，切削力大，排屑困难，因此在切削时，两侧切削刃易磨损。切削螺距较大的螺纹时，其切削深度较大，刀刃磨损较快，进而造成螺纹中径误差较大，但是其加工的牙型精度较高，因此一般多用于螺距小于 3 mm 的螺纹加工。

前面介绍的【例 2-2-1】O0005 程序中 N10 ~ N290 程序段如用 G92 编程，则可简化程序。

```
⋮
N10   G00   X42 Z3 M08;          （快速定位至循环起点，切削液开）
      G92   X39.365 Z-31 F1.5;   （车螺纹第一次走刀）
            X38.945;             （车螺纹第二次走刀）
            X38.605;             （车螺纹第三次走刀）
            X38.325;             （车螺纹第四次走刀）
            X38.085;             （车螺纹第五次走刀）
            X38.05;              （车螺纹第六次走刀）
N260        X38.05;              （螺纹最后一刀重复一次）
```

三、螺纹切削复合循环（G76）

前面已介绍过 G32 和 G92 两个车削螺纹指令。G32 指令需要 4 个程序段才能完成一次螺纹切削循环；G92 用一个程序段可完成一次螺纹切削循环，程序长度比 G32 短，但仍需多次进刀方可完成螺纹切削。G76 指令用于多次自动循环车削螺纹。

1. 指令格式

G76 P(m)(r)(a)Q(Δd)R(Δd);

G76 X(U) Z(W)__R(i) P(k) Q(Δd)F(l);

指令中各项的意义：

m：精车次数，必须用两位数表示，范围从 01 ~ 99。

r：螺纹末端倒角量，当螺距用 l 表示时，可以从 0.01 到 9.91 设定，r 必须用两位数表示，范围从 00 ~ 99；倒角量 = 0.11r。例如 r = 10，则倒角量 = 10 × 0.1 × 1。

a：刀具角度，有 80°、60°、55°、30°、29°和 0°六种。a 也必须用两位数表示，同时由 P 指定。例如 P021060 表示精车两次，末端倒角量为一个螺距长，刀具角度为 60°。

Δd_{min}：最小切削深度。若自动计算而得的切削深度小于 Δd_{min} 时，以 Δd_{min} 为准，此数值不可用小数点方式表示。例如 Δd_{min} = 0.02 mm，需写成 Q20。

d：精车余量。

X(U)，Z(W)：螺纹终点坐标。X 值即螺纹的小径，Z 值即螺纹的长度。

i：车削锥度螺纹时，终点 B 到起点 A 的向量值。若 i = 0 或省略，则表示车削圆柱螺纹。

k：x 轴方向的螺纹深度，以半径值表示。

Δd：第一刀切削深度，以半径值表示。

l：螺纹的螺距（同 G32）。

2. 运动轨迹

G76 指令的运动轨迹与 G71 指令相似，如图 2-2-4 所示。

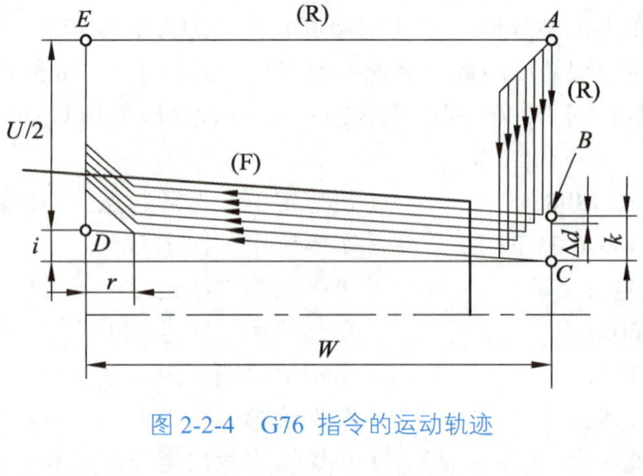

图 2-2-4　G76 指令的运动轨迹

3. 指令作用

G76 是加工各类螺纹使用的复合循环指令。G76 指令的进刀方式与其他螺纹切削方式的进刀不同。G76 采用斜进式切削方法，螺纹刀以斜进的方式进行螺纹切削，由于为单侧刃加工，加工中刀刃容易损伤和磨损，使加工的螺纹面不直，刀尖角发生变化，从而造成牙型精度较差。但其为单侧刃工作，刀具负载较小，排屑容易，并且切削深度为递减式。因此，此加工方法一般适用于螺距大于 3 mm 的螺纹加工。由于此加工方法排屑容易，刀刃加工工况好，所以在螺纹精度要求不高的情况下，此加工方法更为方便。

4. 注意事项

（1）由于主轴转速发生变化有可能切出不正确的螺距，因此，在螺纹切削过程中不能使用恒表面切削速度指令 G96。

（2）在螺纹切削期间进给倍率无效（固定为 100%），主轴倍率固定在 100%。

（3）在螺纹切削程序段的前一程序段中不能指定倒角或倒圆。

（4）在螺纹切削前，刀具起始位置必须位于大于螺纹直径的位置，锥螺纹按大头直径计算，否则会出现扎刀现象。

另外，使用 G70 ~ G76 循环指令时应注意下列几点：

（1）同一程序内 P、Q 所指定的顺序号码必须是唯一的，不可重复使用。

（2）由 P 至 Q 所指定顺序号的程序段中，不能使用下列指令：

- 除 G04 暂停指令以外的非模态 G 代码；
- G00、G01、G02、G03 以外的所有 01 组 G 代码；
- 06 组 G 代码；
- M98 及 M99。

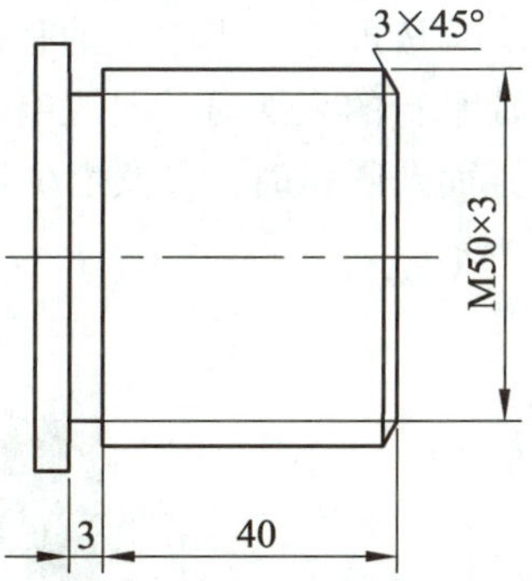

图 2-2-5　G76 螺纹切削

【例 2-2-2】加工图 2-2-5 所示的零件，写出用 G76 编制的螺纹切削部分的程序。螺纹刀放在三号刀位，车螺纹时主轴转速为 400 r/min。

解：G76 指令编程，精加工重复 2 次，倒角长度为 3 mm，刀尖角度为 60°，最小背吃刀时为 0.1 mm，精加工余量为 0.2 mm。直螺纹牙高 1.95 mm，第一刀的背吃刀量为 1.2 mm，螺距为 3 mm。

编制的程序如下：

```
O0014;
T0303;                              （换 3 号刀）
M03 S400;                           （启动主轴）
G00 X100 Z100;
X60 Z3;                             （刀具加工定位）
G76 P021060 Q100 R0.2;              （螺纹切削循环）
G76 X46.1 Z-21 P1950 Q1200 F3;
G00 X100 Z100;                      （退刀）
M05;                                （主轴停）
M30;                                （程序结束）
```

四、刀尖圆弧自动补偿功能

思考：工件加工中需要用到粗车刀、精车刀、切槽刀、螺纹车刀等刀具，每把刀具长度均不相同，怎么保证整个加工过程中加工尺寸准确？

假设加工中选用：

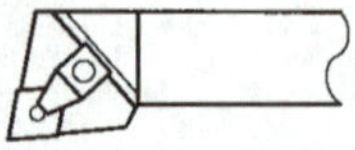
粗车（T0101），80°外圆车刀，刀尖半径 $R = 0.8$ mm。

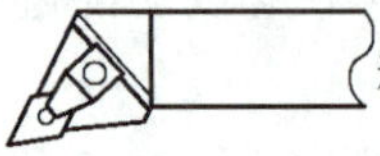
精车（T0202），55°外圆车刀，刀尖半径 $R = 0.4$ mm。

刀尖圆弧半径对车削加工有何影响？

编程时，通常都将车刀刀尖作为一点来考虑，但实际上刀尖存在圆角，如图 2-2-6 所示的 O 点。实际上 CNC 车床一般使用粉末冶金制作的刀片，其刀尖为一圆弧形，常用的 CNC 车刀片的刀尖半径 R 有 0.2 mm、0.4 mm、0.6 mm、0.8 mm、1 mm 等多种。在对刀时，刀尖的圆弧中心不易直接对准起刀位置或基准位置，若使用理论刀尖则易对准该位置。

按理论刀尖编出的程序在车削外圆、内孔等与 Z 轴平行的表面时，是没有误差的，但在车削右端面、锥面及圆弧时，会发生少切或过切的现象，如图 2-2-7 所示。

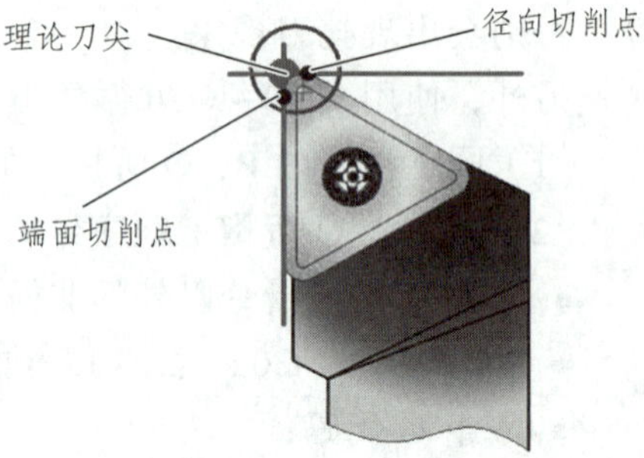

图 2-2-6　理论刀尖

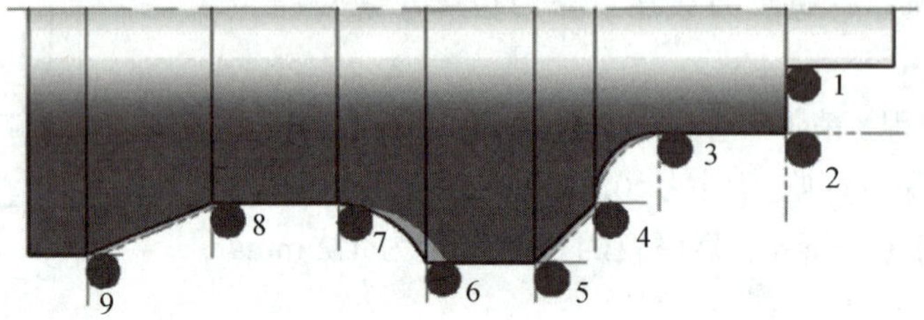

1 点—少切；1~2 点—正常；2~3 点—正常；3~4 点—少切；4~5 点—少切；
5~6 点—少切；6~7 点—过切；7~8 点—正常；8~9 点—少切。

图 2-2-7　刀尖圆角“R”造成少切削或过切削现象示意图

为避免因刀尖圆弧半径所造成的过切或少切现象，在不改变程序的情况下使刀具切削路径与工件轮廓吻合一致，加工出尺寸正确的零件，数控系统均设计出能自动补偿刀尖圆弧半径的功能。假想刀尖和实际刀尖圆弧半径补偿指令如下：

G40：取消刀尖圆弧半径补偿，即按程序路径进给；

G41：刀具左补偿，指站在刀具路径上，沿着刀具切削前进方向看，刀具在工件的左方；

G42：刀具右补偿，指站在刀具路径上，沿着刀具切削前进方向看，刀具在工件的右方。

使用刀尖半径补偿指令时应注意以下几点：

（1）G41 或 G42 指令必须和 G00 或 G01 指令一起使用，且当轮廓切削完成后即用指令

G40 取消补偿。

（2）工件有锥度、圆弧时，必须在精车锥度或圆弧前一程序段建立半径补偿，一般在切入工件时的程序段建立半径补偿。

（3）必须在刀具补偿参数设定页面的刀尖半径处填入该把刀具的刀尖半径值（如图 2-2-8 中的半径项），则 CNC 装置会自动计算应该移动的补偿量，作为刀尖半径补偿的依据。

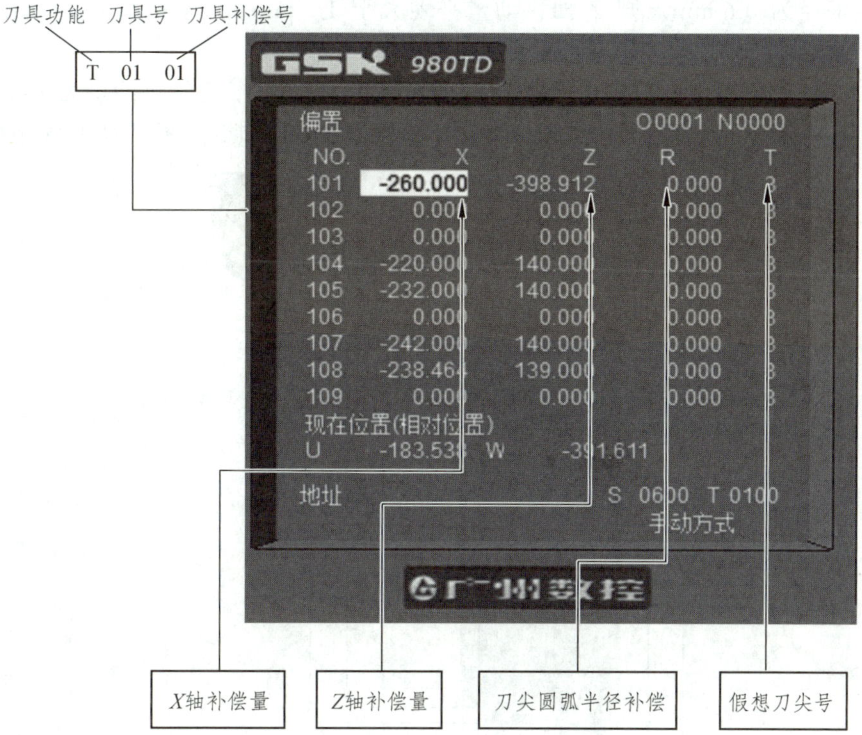

图 2-2-8　刀具补偿参数设定页面

（4）必须在刀具补偿参数设定页面的假想刀尖方向处（如图 2-2-8 中的 T 项）填入该把刀具的假想刀尖号码，以作为刀尖半径补偿的依据。

（5）假想刀尖方向是指假想刀尖点与刀尖圆弧中心点的相对位置关系，用 0 ~ 9 共 10 个号码来表示，如图 2-2-9 所示，0 与 9 的假想刀尖点与刀尖圆弧中心点重叠。常用车刀的假想刀尖号如图 2-2-9 所示。

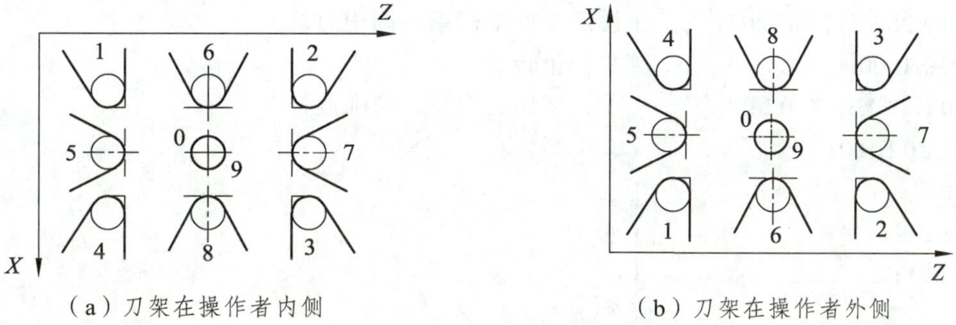

图 2-2-9　不同车刀的假想刀尖号

（6）刀尖半径补偿指令 G41 或 G42 后，刀具路径必须是单向递增或单向递减。即指令 G42 后刀具路径如向 Z 轴负方向切削，就不允许往 Z 轴正方向移动，故必须在往 Z 轴正方向移动前，用 G40 取消刀尖半径补偿。

（7）建立刀尖半径补偿后，在 Z 轴的切削移动量必须大于其刀尖半径值（如刀尖半径为 0.6 mm，则 Z 轴移动量必须大于 0.6 mm）；在 X 轴的切削移动量必须大于 2 倍刀尖半径值（如刀尖半径为 0.6 mm，则 Z 轴移动量必须大于 1.2 mm），这是因为 X 轴用直径值表示的缘故。

【例 2-2-3】刀具按如图 2-2-10 所示的走刀路线进行精加工，已知进给量为 100 mm/min，切削线速度为 1 000 r/min，刀具号为 T02，刀具补偿号为 No.002，试进行刀尖圆弧半径补偿编程。

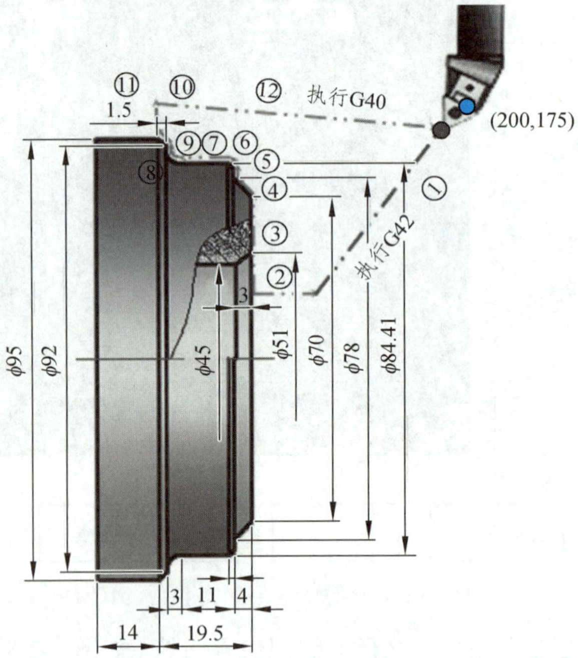

图 2-2-10　走刀路线

解：刀尖位置编码为 3。

编制的程序如下：

O0003；	（程序号）
G00 X200 Z175 T0202；	（设定工件坐标系，调用刀补）
M03 S1000；	（主轴正转）
G00 G42 X38 Z10 M08 ；	（①，调用右刀补，切削液开）
G01 Z0 F100；	（②）
X70；	（③）
X78 Z-4；	（④）
X82.41；	（⑤）
X84.41 Z-5；	（⑥）
Z-15；	（⑦）

G02 X90.41 Z-18 R3;　　　　（⑧）
G01 X92;　　　　　　　　　（⑨）
X95 Z-19.5;　　　　　　　　（⑩）
X100;　　　　　　　　　　 （⑪）
G00 G40 X200 Z175;　　　　（⑫，退回起始点，取消刀具补偿）
M30;　　　　　　　　　　　（程序结束）

注意：小的倒角、圆角不可忽略。

任务三　固定循环指令及子程序

知识目标

（1）掌握单一和复合固定循环指令的格式及使用方法；
（2）了解不同指令的使用注意事项。

能力目标

（1）能熟练使用 G71 进行程序编制；
（2）会对较复杂轴类零件进行正确工艺分析及编程；
（3）熟练掌握仿真软件加工步骤及使用方法。

相关知识

一、单一固定循环（G90、G92、G94）

前面所介绍的 G 指令，如 G00、G01、G02、G03 等都是基本切削指令，即一个指令只产生一个动作。一个循环切削指令可使刀具产生 4 个动作，即可将刀具“切入→切削→退刀→返回”用一个循环指令完成。因此，使用循环指令可简化编程。

当工件毛坯的轴向余量比径向多时，使用 G90 轴向切削循环指令；当材料的径向余量比轴向多时，使用 G94 径向切削循环指令；G92 是用于切削螺纹的循环指令。

（一）圆柱面切削循环指令（G90）

1. 指令格式

G90 X(U)__Z(W)__F__;

其中，X(U)__Z(W)__表示切削终点坐标值；F__表示切削速度。

2. 运动轨迹

如图 2-3-1 所示，刀具从循环起点开始按矩形循环，最后又回到循环起点。图中虚线表示快速运动，实线表示按 F 指定的工作进给速度运动。X、Z 为圆柱面切削终点坐标值；U、W 为圆柱面切削终点相对循环起点的增量值。

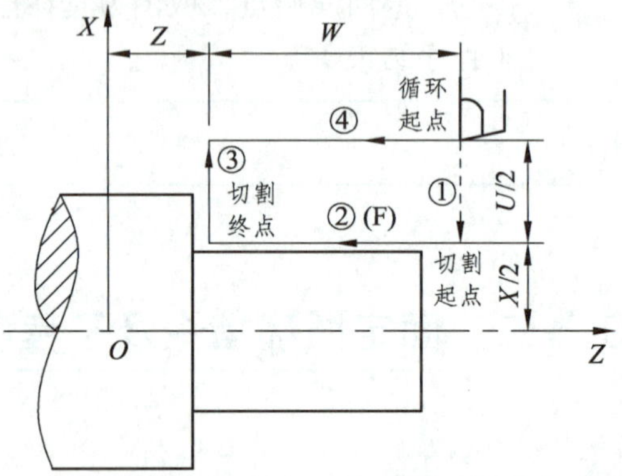

图 2-3-1　外圆切削循环

动作分解：其加工顺序按①②③④进行。

① X 轴快进至与终点坐标同一 X 坐标的位置上；

② Z 轴以进给速度车削至终点位置；

③ X 轴以进给速度退至与起点同一 X 坐标的位置；

④ Z 轴快退回起点。

注意：使用循环切削指令，刀具必须先定位至循环起点，再执行循环切削指令，且完成循环切削后，刀具仍回到此循环起点。循环切削指令为模态指令。

3. 指令作用

固定循环是预先给定一系列操作，用来控制机床位移或主轴运转，从而完成各项加工。对非一刀加工完成的轮廓表面（包括外圆柱面、内孔面），即加工余量较大的表面，采用循环编程，可以缩短程序段的长度，减少程序所占内存。

【**例 2-3-1**】应用圆柱面切削循环功能加工图 2-3-2 所示的零件。

解：编制的程序如下：

```
O0010;
N10 T0101;
N20 M03 S1000;
N30 G00 X55 Z2 M08;
N50 G90 X45 Z-25 F150;
N60 X40;
N70 X35;
N80 G00 X200 Z200;
N90 M05;
N100 M30;
```

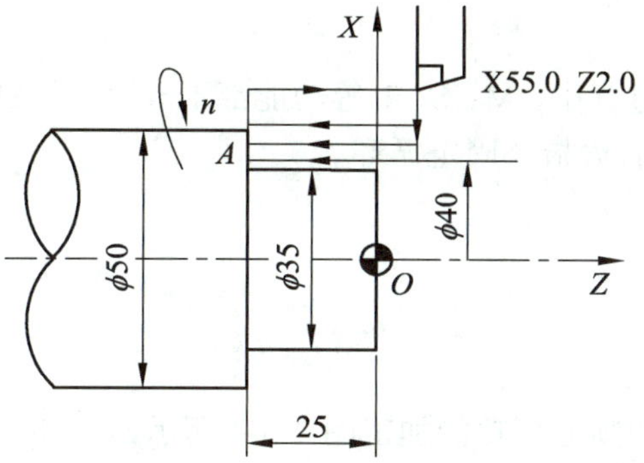

图 2-3-2　G90 切削圆柱表面应用

（二）锥面切削固定循环指令 G90

1. 指令格式

G90 X(U)____Z(W)____R___ F____；

其中，X(U)___ Z(W)___为终点坐标；F 为进给速度；R 为锥体大小端的半径差，编程时，应注意 R 的符号，锥面起点坐标大于终点坐标时为正，反之为负，如图 2-3-3 所示。

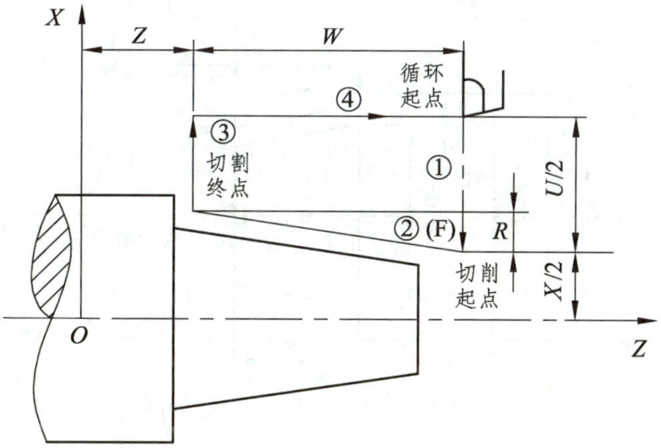

图 2-3-3　锥面切削循环

2. 运动轨迹

刀具从循环起点开始按梯形循环，最后又回到循环起点。图中虚线表示快速运动，实线表示按 F 指定的工作进给速度运动。*X*、*Z* 为圆柱面切削终点坐标值；*U*、*W* 为圆柱面切削终点相对循环起点的增量值。

动作分解：其加工顺序按①②③④进行。

① *X* 轴快进至与终点坐标同一 *X* 坐标的位置上；

② *Z* 轴以进给速度车削至终点位置；

③ *X* 轴以进给速度退至与起点同一 *X* 坐标的位置；

④ *Z* 轴快退回起点。

3. 指令作用

对加工余量较大的锥面，采用循环编程，可以缩短程序段的长度，减少程序所占的内存。

4. 注意事项

一般在固定循环切削过程中，M、S、T 等功能都不改变，但如果需要改变时，必须在 G00 或 G01 的指令下变更，然后再指令固定循环。

例如：

N10 G00 X60 Z87；

N20 S600 M03；

N30 G90 X38 Z25 F0.3；

【例 2-3-2】应用圆锥切削循环功能加工图 2-3-4 所示的零件。

解：编制的程序如下：

⋮

G01 X65 Z2；

G90 X60 Z-25 R-5 F0.2；

X50；

G00 X100 Z200；

⋮

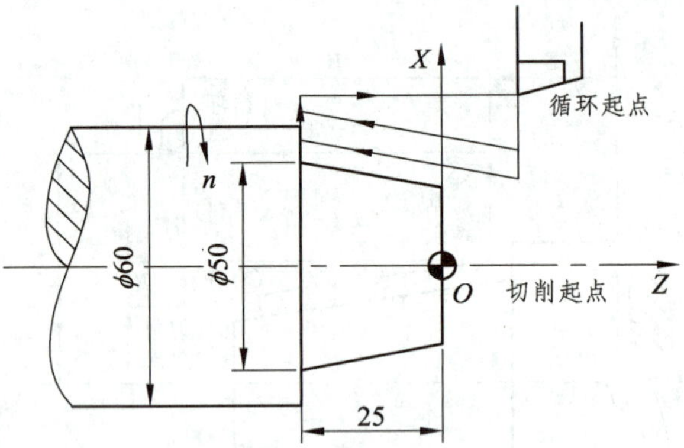

图 2-3-4　圆锥面单一固定循环

（三）端面切削循环 G94

1. 指令格式

G94 X(U)____Z(W)______F______；

其中，X(U)____Z(W)____为终点坐标；F 为进给速度。

2. 运动轨迹

刀具从循环起点开始按矩形循环，最后又回到循环起点。图中虚线表示快速运动，实线表示按 F 指定的进给速度运动。*X*、*Z* 为圆柱面切削终点坐标值；*U*、*W* 为圆柱面切削终点相对循环起点的增量值，如图 2-3-5 所示。

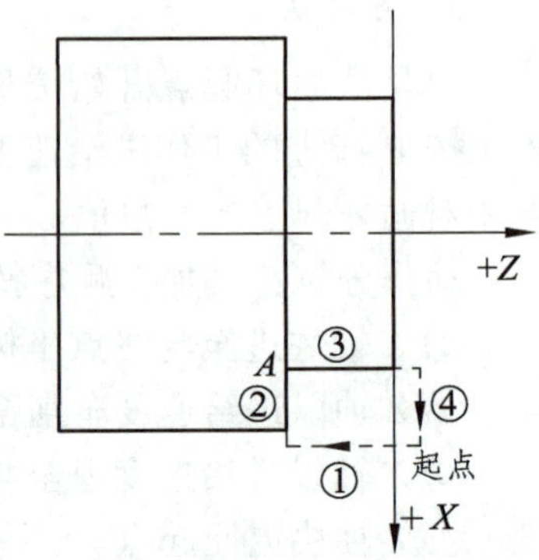

图 2-3-5　端面车削固定循环

3. 指令作用

G94 指令用于零件的垂直端面毛坯余量较大时的加工，或直接用棒料车削零件时，以去除大部分毛坯余量。端面切削循环是一种单一固定循环，适用于端面切削加工。

（四）锥形端面车削固定循环

1. 指令格式

G94 X(U)_ Z(W)_ R_ F_;

其中，X(U)_ Z(W)_ 为终点坐标；F 为进给速度；R 为圆锥起点相对于圆锥终点在 Z 轴上的位置差 $R = Z_A - Z_B$。

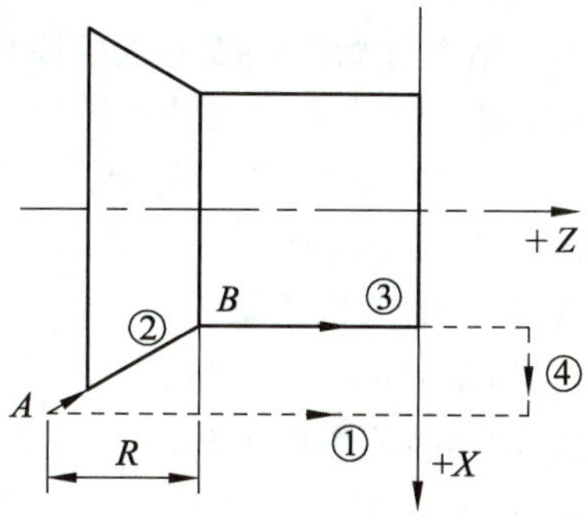

图 2-3-6　G94 指令轨迹

2. 指令轨迹

刀具从循环起点开始按梯形循环，最后又回到循环起点，如图 2-3-6 所示。图中虚线表示快速运动，实线表示按 F 指定的工作进给速度运动。X、Z 为圆柱面切削终点坐标值；U、W 为圆柱面切削终点相对循环起点的增量值。

3. 指令作用

G94 指令用于零件的锥形端面毛坯余量较大时的加工，直接从棒料车削零件时进行精车前的粗车，以去除大部分毛坯余量。

二、复合固定循环

当工件的形状较复杂，如有台阶、锥度、圆弧等，若使用基本切削指令或循环切削指令，粗车时为了考虑精车余量，在计算粗车的坐标点时可能会很繁杂。如果使用复合固定循环指令，只需依据指令格式设定粗车时每次的切削深度、精车余量、进给量等参数，在接下来的程序段中给出精车时的加工路径，则 CNC 控制器即可自动计算出粗车的刀具路径，自动进行粗加工，因此在编制程序时可节省很多时间。

使用粗加工固定循环 G71、G72、G73 指令后，必须使用 G70 指令进行精车，使工件达到所要求的尺寸精度及表面粗糙度。

（一）外圆/内孔粗车复合循环 G71

该指令适用于用圆柱棒料粗车阶梯轴的外圆或内孔需切除较多余量时的情况。

1. 指令格式

G71　U(Δd)　R(e);

G71　P(ns)　Q(nf)　U(Δu)　W(Δw)　F(f)　S(s)　T(t);

N(ns)…;

…S(s) F(f);

⋮

N(nf)…;

指令中各项意义说明如下：

Δd：背吃刀量，是半径值，且为正值；

e：退刀量；

ns：精车开始程序段的程序段号；

nf：精车结束程序段的程序段号；

Δu：*X* 轴方向精加工余量，是直径值；

Δw：*Z* 轴方向精加工余量；

f：粗车时的进给量；

s：粗车时的主轴速度；

t：精车时所用的刀具。

2. 指令轨迹

G71 指令的刀具循环路径如图 2-3-7 所示。在使用 G71 指令时，CNC 装置会自动计算出粗车的加工路径控制刀具完成粗车，且最后会沿着粗车轮廓 *A'B'* 车削一刀，再退回至循环起点 *C* 完成粗车循环。

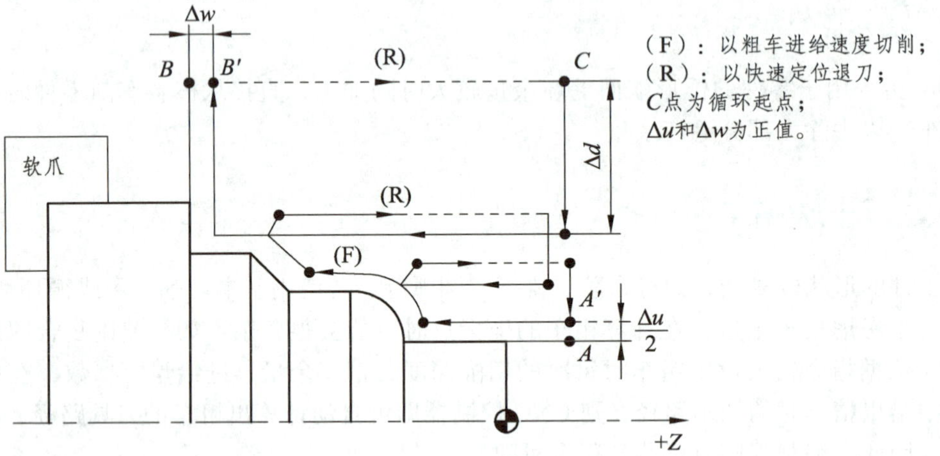

图 2-3-7　G71 车削轨迹

3. 指令作用

棒料毛坯的大部分加工指令适用于毛坯料的粗车外径与粗车内径，主要适用于切除棒料毛坯的大部分加工余量。

4. 注意事项

（1）G71 指令必须带有 P、Q 地址 ns、nf，且与精加工路径起、止顺序号对应，否则不能进行该循环加工。

（2）ns 的程序段必须为 G00/G01 指令，即从循环起点 *C* 到 *A* 点的动作必须是直线或点定位运动。

（3）在顺序号为 ns 到顺序号为 nf 的程序段中，不应包含子程序。

（4）粗加工时，G71 中编程的 F、S、T 有效，而精加工时处于 ns 到 nf 程序段之间的 F、S、T 有效。

（5）车削的路径必须是单调增大或单调减小，即不可有内凹的轮廓外形。

（6）由循环起点 *C* 到 *A* 点的只能用 G00 或 G01 指令，且不可有 Z 轴方向移动指令。

（7）当使用 G71 指令粗车内孔轮廓时，须注意 Δu 为负值。

（二）精加工循环指令 G70

1. 指令格式

G70 P(ns) Q(nf)；

其中，ns 为开始精车程序段号；nf 为完成精车程序段号。

2. 注意事项

（1）精车过程中的 F、S 在程序段号 ns 至 nf 间指定。

（2）在 ns 至 nf 间精车的程序段中，不能调用子程序。

（3）必须先使用 G71、G72 或 G73 指令后，才可使用 G70 指令。

（4）精车时的 S 也可以于 G70 指令前，在换精车刀时同时指定。

（5）在车削循环期间，刀尖半径补偿功能有效。

【例 2-3-3】车削如图 2-3-8 所示工件的外轮廓。粗车刀 1 号，精车刀 2 号，刀尖半径为 0.6 mm。精车余量 *X* 轴为 0.5 mm，*Z* 轴为 0 mm。粗车的切削速度为 800 r/min，精车为 1 200 r/min。粗车的进给量为 100 mm/min，精车为 80 mm/min。粗车时每次背吃刀量为 1.5 mm。试用 G71 指令编制加工程序。

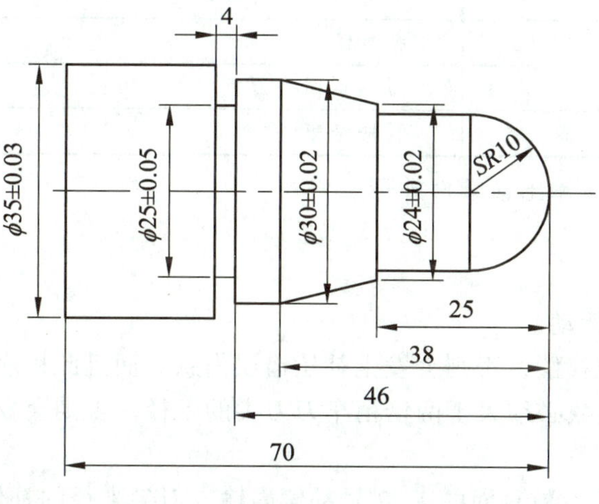

图 2-3-8　G71 编程零件

例 2-3-3 仿真加工

程序如表 2-3-1 所示。

表 2-3-1　程序列表

程序号	O4010；	
程序段号	程序段内容	注　释
N01	T0101；	选择 1#刀，1#刀补
N05	M03 S800；	主轴正转
N09	G00 X200　Z100；	设定工作坐标系
N10	X45 Z2；	刀具快速移至粗车循环起点

续表

程序段号	程序段内容	注　释
N20	G71 U1.5 R1；	定义车削循环
N30	G71 P40 Q130 U0.5 W0 F100；	
N40	G00 G41 X0；	坐标移动，调用刀补
N50	G01 Z0 F80；	
N60	G03 X20 W-10 R10；	逆圆加工
N70	G01 Z-25；	外圆切削
N80	X24；	端面切削
N90	X30 Z-38；	圆锥切削
N100	Z-50；	外圆切削
N110	X35；	端面切削
N120	Z-74；	外圆切削
N130	G40 X40；	退出工件表面
N140	G00 X100 Z100；	刀具返回换刀点
N150	T0202 S1200；	选择2#刀，2#刀补，提速
N160	G00 X100 Z100；	响应第二把刀的刀补
N170	X45 Z2；	循环加工起刀点定位
N180	G70 P40 Q130；	精加工
N190	G00　X100 Z100；	刀具返回换刀点
N200	M30；	程序结束

※翻转课堂：让同学们用仿真软件操作出该零件外形。

程序说明：

（1）精车开始程序段做单坐标直线运动。

（2）必须用 G40 指令取消刀尖半径补偿，否则会发生补偿错误信息。而且此程序段的 X 坐标值减去上个程序段的 X 坐标值的得数必须大于两倍精车刀刀尖的半径，否则会发生补偿错误信息。

（3）执行此程序前，必须在刀具补偿参数页面的 1、2 号补偿内输入刀尖半径的补偿值 0.6 及假想刀尖号码 3 号。

（三）端面粗车复合循环指令 G72

1. 指令格式

G72　W(Δd) R(e)；

G72　P(ns)Q(nf) U(Δu) W(Δw) F　S　T

N(ns)…；

…；

N(nf)…；

各参数意义如下：

W(Δd)：表示 Z 轴方向每次循环进刀量；

R(e)：表示 X 轴方向每次循环退刀量；

U(Δu) W(Δw)：表示 X 轴、Z 轴方向的精加工余量，有方向性。

2. 运动轨迹

G72 指令运动轨迹如图 2-3-9 所示。指令中各项的意义与 G71 相同。除了切削是平行 X 轴的操作外，该循环与 G71 完全相同。

3. 指令作用

G72 指令用于直径较大零件的粗车加工。

4. 注意事项

（1）只能加工 X 轴、Z 轴单调增加或单调减小的工件。

（2）精车轨迹程序第一段必须有 Z 向动作；精车程序只能使用 G00、G01、G02、G03 等指令。

（3）最多可有 15 个精加工程序段。

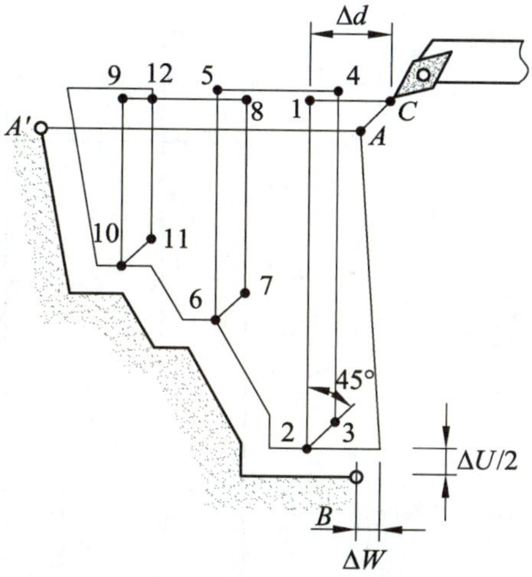

图 2-3-9 G72 指令运动轨迹

【例 2-3-4】加工如图 2-3-10 所示的工件，1 号为粗车，每次背吃刀量为 3 mm，进给量 0.2 mm/r，切削速度 150 m/min。2 号为精车刀，刀尖半径 0.6 mm，进给量 0.07 mm/r，切削速度 180 m/min。X 轴方向精车余量为 0.2 mm，Z 轴方向为 0.05 mm。试用 G72 指令编制加工程序。

解：编制的程序如下：

```
O211;
G96 M03 S150;
G00 X150 Z200 T0101 M08;
G00 X166 Z3;                    （快速定位至循环起点 A）
G72 W3 R1;                      （每次背吃刀量为 3 mm，退刀量 1 mm）
G72 P10 Q20 U0.2 W0.05 F0.2;    （粗车的进给量为 0.2 mm/r）
N10 G00 Z-40;                   （由 A 快速定位至 A′，开始精车程序段）
G01 G41 X120 F0.07 S180;        （建立刀尖半径左补偿，设定精车进给量和切削速度）
G03 X100 W10 R10;
G01 X40 W15;
W10;
X10;
N20 G40 Z3;                     （完成精车程序段，并取消刀尖半径补偿）
G00 X150 Z200;                  （快速退至安全点准备换 2 号精车刀）
T0202;                          （换 2 号精车刀，建立刀具补偿）
X166 Z3;                        （快速定位至循环起点 A）
G70 P10 Q20;                    （精车循环）
```

G00 X150 Z200;
M30;

※翻转课堂：让同学们先自己编程，老师再讲解，看是否正确。

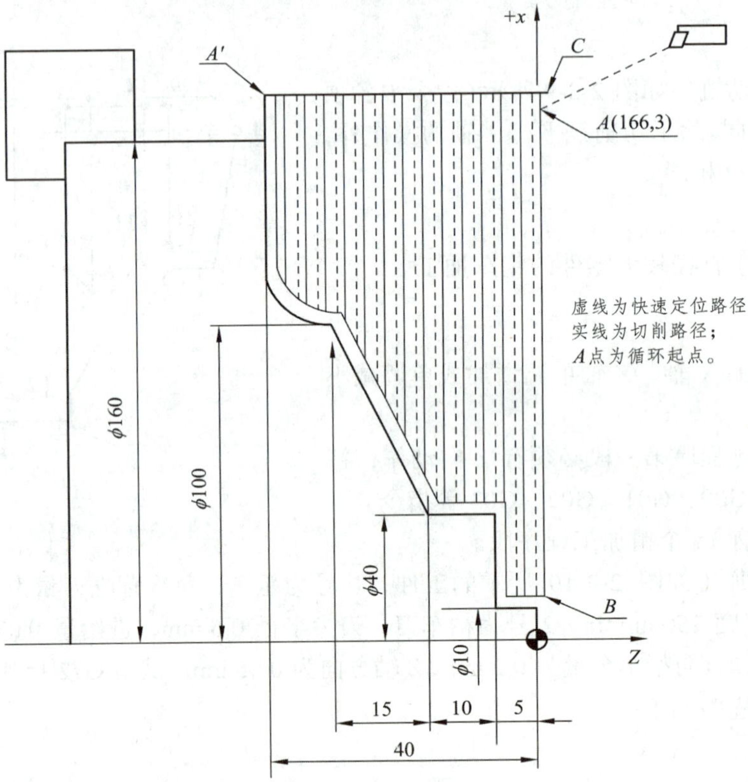

图 2-3-10　G72 加工示例

（四）仿形粗车循环 G73

G73 指令适用于零件毛坯已基本成形的铸件或锻件的加工。铸件或锻件的形状与零件轮廓接近，这时若仍使用 G71 或 G72 指令，则会产生许多无效切削而浪费加工时间。

1. 指令格式

G73　U(Δi)　W(Δk)　R(d);
G73　P(ns)　Q(nf)　U(Δu) W(Δw) F(f) S(s) T(t);
N(ns)…;
⋮
N(nf)…;

指令含义：
Δi：表示 *X* 轴退刀方向及距离（半径指定）；
Δk：表示 *Z* 轴退刀方向及距离；
d：表示切割次数；
f：表示进给量；

ns：表示精加工形状程序段群第一个程序段的顺序号；

nf：表示精加工形状程序段群最后一个程序段的顺序号；

Δu：X 轴方向精加工余量的距离及方向；

Δw：Z 轴方向精加工余量的距离及方向；

F、S、T：在 G73 循环中，顺序号 ns~nf 之间程序段中的 F、S、T 功能都无效，但是在 G70 循环中有效。

2. 运动轨迹

执行 G73 功能时，每刀的切削路线轨迹形状是相同的，只是位置不同。每走完一刀，就把切削轨迹向工件移动一个位置，这样就可以将锻件待加工表面分布较均匀的切削余量分层切去。其走刀路线如图 2-3-11 所示。

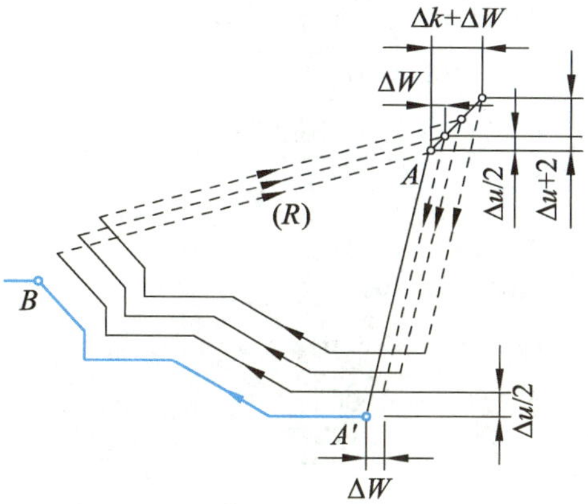

图 2-3-11　G73 指令运动轨迹

3. 指令作用

G73 指令适用于加工具有一定轮廓形状的铸锻件等毛坯的工件，即可以加工在 X 或 Z 方向上尺寸不是单调增大或减小的工件。

4. 注意事项

（1）精加工程序段里只能有 G00、G01、G02、G03 等指令。

（2）第一段可同时出现 X，Z。

（3）最多可有 15 个精加工程序段。

【例 2-3-5】车削图 2-3-12 所示的铸件。X 轴方向加工余量为 6 mm（半径值），Z 轴方向为 6 mm，粗加工次数为三次。1 号为粗车刀，2 号为精车刀，刀尖半径 0.6 mm，X 轴方向精车余量为 0.2 mm，Z 轴方向为 0.05 mm。试用 G73 指令编制加工程序。

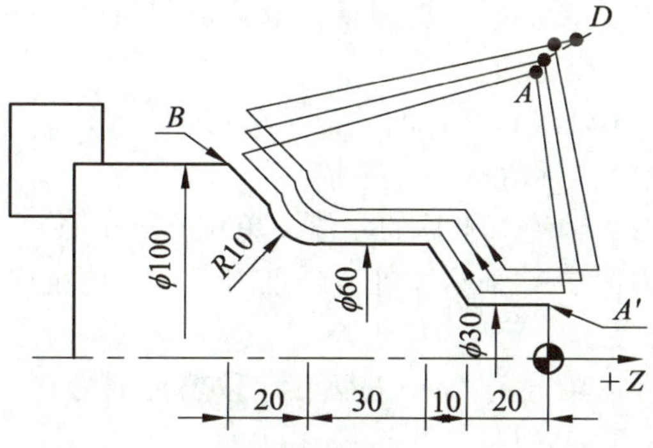

图 2-3-12　车削铸件

先按前面介绍的方法计算 Δi、Δk，可得：Δi = Δk = 6 mm。

编制的加工程序如下：

O4000；

G00 X150 Z100 T0101；

```
S800 M03;
G00 X112 Z6 M08;                    （快速定位至循环起点 A）
G73 U6 W6 R3;                       （Δi = Δk = 6 mm, d = 3 mm）
G73 P10 Q20 U0.2 W0.05 F0.2;        （粗车的进给量为 0.2 mm/r）
N10 G00 X30 Z1;                     （快速定位，开始精车程序段）
G42 G01 Z-20 F0.07;                 （建立刀尖半径右补偿，设置精车进给量）
X60 W-10;
W-30;
G02 X80 W-10 R10;
G01 X100 W-10;
N20 G40 X106;                       （完成精车程序段，并取消刀尖半径补偿）
G00 X150 Z100;                      （快速退至安全点，准备换 2 号精车刀）
T0202 S1200;                        （换 2 号精车刀，建立刀具补偿，设置精车切削速度）
G00 X100 Z100;
X112 Z6;
G70 P10 Q20;                        （精车循环）
G00 X150 Z100;
M30;
```

（五）径向切槽循环指令 G75

1. 指令格式

G75 R(e);

G75 X(U) Z(W) P(Δi) Q(Δk) R(Δd) F__;

参数含义：

e：每次径向（*X* 轴）进刀后的径向退刀量，取值范围为 0 ~ 999（单位：mm）;

X：切削终点的 *X* 轴绝对坐标值；

U：切削终点与起点的 *X* 轴绝对坐标的差值（单位：mm）;

Z：切削终点的 *Z* 轴绝对坐标值；

W：切削终点与起点的 *Z* 轴绝对坐标的差值（单位：mm）;

Δi：径向（*X* 轴）进刀时，*X* 轴断续进刀的进刀量，取值范围为 0~9 999 999（单位：0.001 mm，半径值），无符号；

Δk：单次径向切削循环的轴向（*Z* 轴）进刀量，取值范围为 0~99 999（单位：0.001 mm），无符号，*Z* 向移动量必须小于刀宽；

Δd：切削至径向切削终点后，轴向（*Z* 轴）的退刀量，取值范围为 0~99.999（单位：mm），无符号，一般设为 0，以免断刀；

F：进给速度。

省略 R(Δd)时，系统默认径向切削终点后，轴向（*Z* 轴）的退刀量为 0。省略 Z(W)和 Q(Δk)，默认往正方向退刀。

2. 运动轨迹

G75 指令运动轨迹如图 2-3-13 所示。

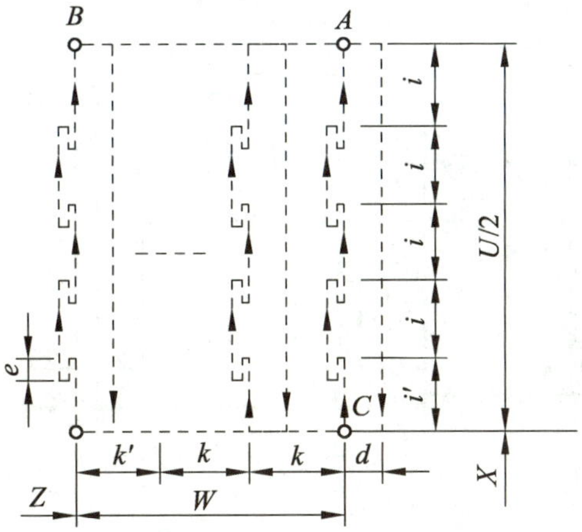

图 2-3-13　G75 指令运动轨迹

3. 指令作用

G75 指令可进行沟槽加工和切断加工，如图 2-3-13 所示的动作。

【例 2-3-6】加工图 2-3-14 所示的零件，写出用 G75 编制的外径沟槽切削部分的程序。切槽时主轴转速 600 r/min，刀具选用 3 mm 宽的切槽刀，放在 2 号刀位。

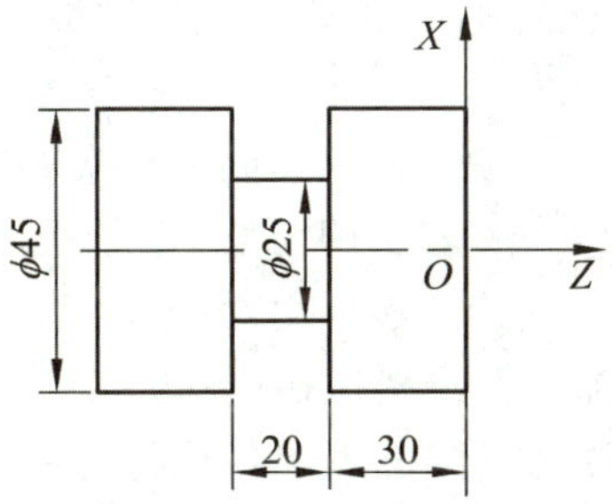

图 2-3-14　G75 编程零件

解：编制的程序如下。

```
O0013;
T0202;                        （换 2 号刀）
M03 S600;                     （启动主轴）
G00 X50   Z-33;               （刀具加工定位）
G75 R2;                       （切削循环）
G75 X25 Z-50 P5000 Q3000 F50;
G00 X100   Z100;              （退刀）
M05;                          （主轴停）
M30;                          （程序结束）
```

三、子程序

引入：课堂讨论，如图 2-3-15 所示的工件，如何编写切削 5 个 ϕ48×4 槽的程序？

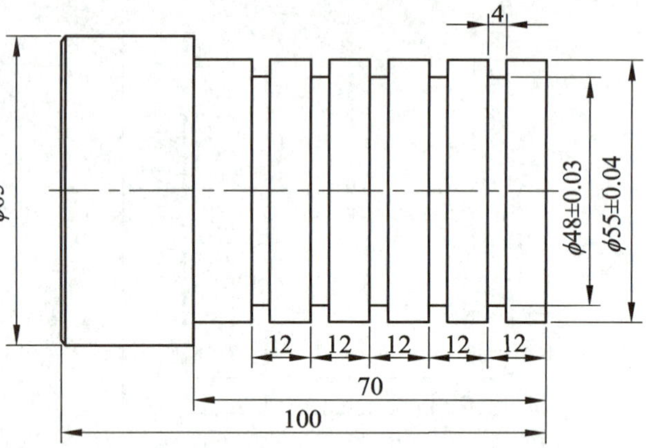

图 2-3-15　子程序应用

在相同的间隔距离切削四个凹槽，若用一个程序切削，则必有许多重复的加工指令，此种情况可将相同的加工程序制作成一个子程序，再使用主程序去调用此子程序，则可简化程序的编制和节省 CNC 系统的内存空间。

子程序必须有一程序号码，且以 M99 作为子程序的结束指令。主程序调用子程序的指令格式：M98 P_____；

其中，P 后最多可以是八位数字，前四位表示调用次数，后四位表示调用的子程序号，若调用一次则可直接给出子程序号。

例如：M98　P30022；　　　（表示连续调用三次 O22 子程序）

M98　P555；　　　（表示调用 O555 子程序一次）

M98　P10；　　　（表示调用 O10 子程序一次）

主程序调用同一子程序执行加工，最多可执行 999 次，且子程序也可再调用另一子程序执行加工，最多可调用 4 层子程序（不同的系统其执行的次数及层次可能不同）。

主程序调用子程序的执行方式如下：

主程序	子程序
O1111；	O3333；
N10 …；	N10…；
N20 …；	N20…
N30 …；	N30…；
N40 M98 P23333；	⋮
N50 …；	M99；
N60 …；	
N70 …；	
⋮	
M30；	

【**例 2-3-7**】以广数 GSK980TD 系统子程序指令加工如图 2-3-15 所示工件上的四个槽。

解：分别编制主程序和子程序如下（假设外轮廓已经加工完毕）。

主程序	子程序
O4444；	O1001；
N1 T0303；	G00 W-12；
G97 S800 M03；	G01 X48 F50 M08；
G00 X57 Z0 ；	G04 U2000；
M98 P51001；	G00 X57 M09；
G00 X100 Z80 ；	M99；
M05；	
M30；	

M99 指令也可用于主程序的最后程序段，此时程序执行指针会跳回主程序的第一程序段继续执行此程序，所以此程序将一直重复执行，除非按下“RESET”键才能中断执行。此种方法常用于数控车床开机后的热机程序，下面例子可供参考。

【**例 2-3-8**】编制数控车床热机程序。

解：编制的程序如下。

O0015；	
G28 U0 W0；	（*X*、*Z* 轴返回参考点）
G97 S100 M03；	（主轴以 100 m/min 正转）
T0100；	（换 1 号刀）
GO1 U-200 W-250 F2；	（刀具以 2 mm/r 的进给量向 *X*、*Z* 轴负方向移动）
T0200；	（换 2 号刀）
U180；	（刀具向 *X* 轴正方向移动）
W200；	（刀具向 *Z* 轴正方向移动）
T0300；	（换 3 号刀）
U-180；	（刀具向 *X* 轴负方向移动）
W-220；	（刀具向 *Z* 轴负方向移动）
T0400；	（换 4 号刀）
M99；	（程序执行指针跳回程序开始继续执行此程序）

复习思考题

一、判断题

1. 数控车床与普通车床用的可转位车刀有本质的区别，其基本结构、功能特点都是不相同的。（　　）
2. 选择数控车床用的可转位车刀时，钢和不锈钢属于同一工件材料组。（　　）
3. 使用 G71 粗加工时，在 ns→nf 程序段中的 F, S, T 是有效的。（　　）
4. 45°倒角指令中不会同时出现 *X* 和 *Z* 坐标。（　　）
5. 刀尖点编出的程序在进行倒角、锥面及圆弧切削时，会产生少切或过切现象。（　　）

二、选择题

1. G96 S150 表示切削点线速度控制在（　　）。

A. 150 m/ min　　B. 150 r/ min　　C.150 mm/ min　　D. 150 mm/r

2. 程序停止，程序复位到起始位置的指令是（　　）。

A. M00　　B. M01　　C. M02　　D. M30

3. 圆锥切削循环的指令是（　　）。

A. G90　　B. G92　　C. G94　　D. G96

4. 90°外圆车刀的刀尖位置编号是（　　）。

A. 1　　B. 2　　C. 3　　D. 4

5. 从提高刀具耐用度的角度考虑，螺纹加工应优先选用（　　）。

A. G32　　B. G92　　C. G76　　D. G85

三、简答题

1. 试分析数控车床 X 方向的手动对刀过程。

2. 选择加工图 2-3-16、图 2-3-17 所示零件所需的刀具，并编制数控加工程序。

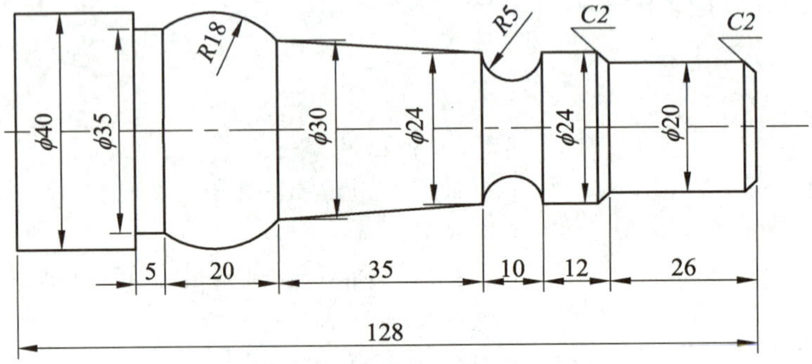

图 2-3-16　习题图

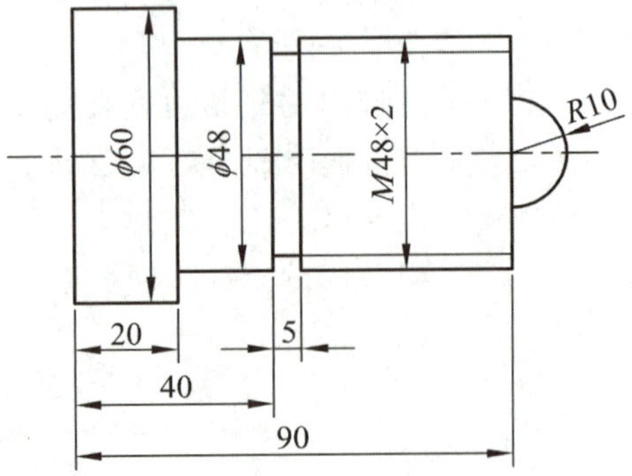

图 2-3-17　习题图

3. 简述刀尖圆弧半径补偿的作用。

4. 简述设置假设刀尖点位置编码的方法。

5. 简述圆锥切削循环指令中 I 的指定方法。

6. 简述 G71、G72、G73 指令的应用场合有何不同。

项目三　数控铣床及加工中心编程基础

数控铣削加工在工业生产领域应用十分广泛，可以加工平面和曲面轮廓的零件，也可以加工复杂型面的零件，如凸轮、模具、螺旋槽等，还可以对零件进行钻、扩、铰、镗孔和攻螺丝等加工。数控铣床和加工中心是目前主要的数控铣削加工设备，数控铣床就是装备了数控系统的铣床，而加工中心是从数控铣床发展而来的，与数控铣床最大的区别在于加工中心具有刀具交换装置（ATC）和刀具库。故可将使用的刀具预先安排存放于刀具库内，需要时再通过换刀指令由 ATC 自动换刀。加工中心，除具有一般数控铣床的工艺特点外，由于工序的集中和自动换刀，减少了工件的装夹、测量和机床调整时间等，同时也减少了工序之间的工件周转、搬运和存放时间，缩短了生产周期，具有明显的经济效益。加工中心适宜加工形状复杂、加工内容多、要求较高，需多种类型的普通机床和众多工艺装备经多次装夹和调整才能完成加工的零件。

任务一　数控铣床结构、控制面板及基本操作

知识目标

（1）了解数控铣床的类型、结构、功能、夹具及刀具；
（2）熟悉数控铣床、加工中心控制面板各功能键的作用；
（3）熟悉 FANUC 面板的基本操作。

能力目标

与数控车削相比，数控铣削可以加工出更为复杂的工件，自动化程度更高。数控铣床和数控车床有很多不同之处，学会数控铣床的操作，可以加工出更加复杂的工件。本次任务中，我们需要熟练掌握常用数控铣床的操作面板，掌握控制面板上各功能键的作用，并能正确操作数控铣床。

相关知识

随着当今科学技术的发展以及世界先进制造技术的兴起和不断成熟，对数控加工技术提

出了更高的要求。现在广泛应用的超高速切削、超精密加工等技术，对数控机床的数控系统、伺服性能、主轴驱动、机床结构等提出了更高的性能要求。

数控铣床是一种功能强大的数控机床。目前发展起来的加工中心等都是在数控铣床、数控镗床的基础上产生的（数控铣床和数控镗床，两者都有铣削加工方式）。铣削加工的工艺比较复杂，要解决的技术问题也很多，目前在研究和开发数控系统及自动编程语言的软件时，也常常把铣削加工作为工作重点。

数控铣床与普通铣床相比具有自动化程度高、主轴部件及传动系统性能高、刚度和耐磨性高、变形小等优点。为了充分发挥数控铣床的经济效益，数控铣床操作者除了应该掌握数控铣床的性能及操作外，还应管好、用好和维护好数控机床，养成良好的工作习惯和严谨的工作作风，具有较好的职业素养、责任心和良好的合作精神。在日常工作中，必须做到安全文明生产、严格遵守数控铣床的安全操作规程。

一、认识数控铣床

世界上第一台数控机床就是三坐标数控铣床，这台铣床采用脉冲乘法器直线插补运算原理，机床的控制装置由 2 000 多个电子管组成，占了一个普通实验室那么大。这台数控铣床的诞生，标志着机械制造的数字控制时代开始。中国的第一台数控铣床诞生于 1959 年的北京第一机床厂。这标志着我国的设备制造业具备了数字化能力。图 3-1-1 为普通铣床，图 3-1-2 为数控铣床。两者相比，数控铣床比普通铣床增加了数字控制装置。

图 3-1-1　普通铣床

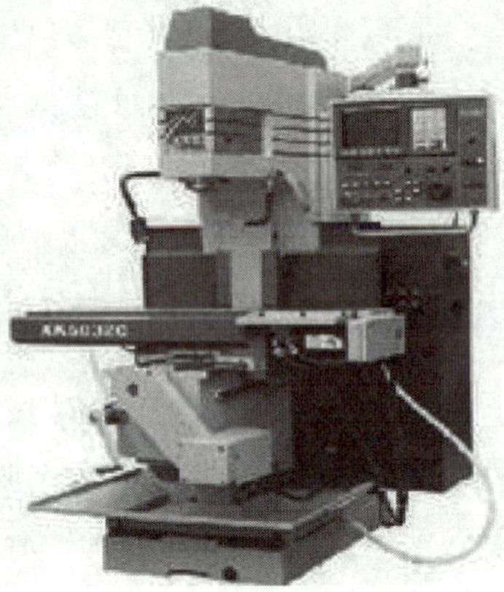

图 3-1-2　数控铣床

数控铣床又被称为 CNC（Computer Numerical Control）铣床，即计算机数字化信号控制铣床。数控铣床是在一般铣床的基础上发展起来的一种自动加工设备，两者的加工工艺基本相同，结构也有很多相似之处。数控铣床可以分为不带刀库和带刀库两大类，带刀库的数控铣床又被称为加工中心。

数控铣床的形式多样，不同类型的数控铣床在组成上虽然有所差别，但也有许多相似之处。铣床加工工件的表面形状与车床不同，铣床加工的表面形状一般是由直线、圆弧或其他曲线所组成。普通铣床操作者可以根据图样的要求，不断改变刀具，改变刀具与工件之间的相对位置，再与选定的主轴转速相配合，可以使刀具对工件进行切削加工，加工出各种不同形状的复杂曲面工件。

1. 数控铣床的特点

数控铣削加工除了具有普通铣床加工的特点外，还具有以下特点：

（1）零件加工的适应性强、灵活性好，能加工出轮廓形状特别复杂或难以控制尺寸的零件，如模具类零件、壳体类零件等。

（2）能加工出普通机床无法加工或很难加工的零件，如用数学模型描述的复杂曲线零件以及三维空间曲面类零件。

（3）能够在一次装夹定位后，加工出普通铣床需通过多道工序进行加工的零件。

（4）加工精度高、加工质量稳定可靠，数控装置的脉冲当量一般为 0.001 mm，高精度的数控系统甚至可以达到 0.1 μm。数控加工在一定程度上避免了操作人员的操作失误。

（5）生产自动化程度高，可以减轻操作者的劳动强度，有利于提高生产管理的自动化水平。

（6）生产效率高。数控铣床一般不需要使用专用的夹具等专用工艺设备，在更换工件时只需调用存储于数控装置中的加工程序、装夹工具和调整刀具数据，这在很大程度上缩短了生产周期。数控铣床具有铣床、镗床、钻床的功能，实现了工序的高度集中，提高了加工效率。另外，数控铣床的主轴转速和进给速度大都是无级变速的，有利于在加工时选择最佳的切削用量。

2. 数控铣床的结构

图 3-1-3 所示为数控铣床的基本结构。下面详细介绍数控铣床的组成。

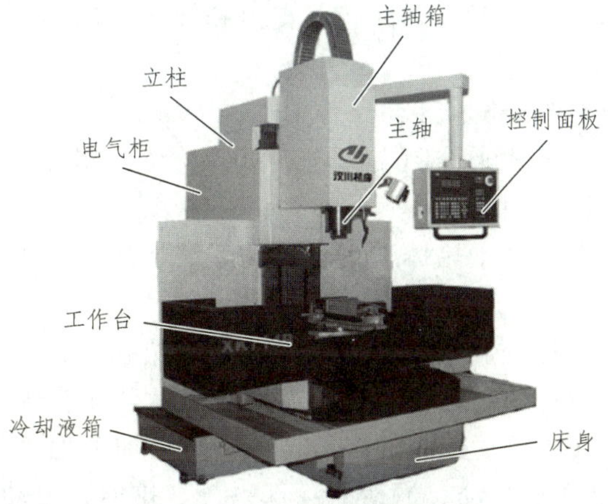

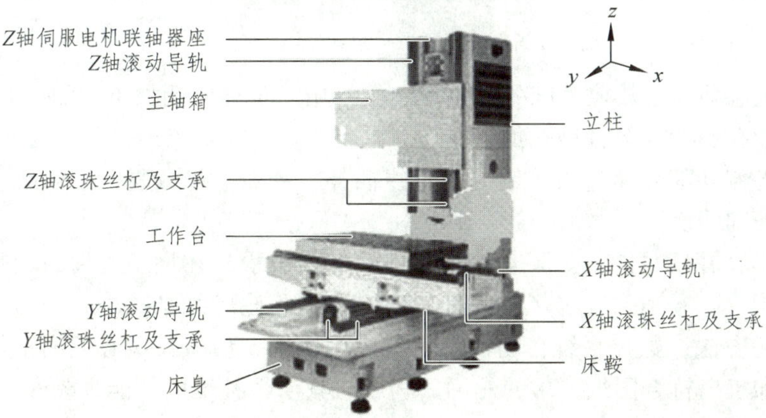

图 3-1-3　数控铣床的基本结构

（1）冷却系统。机床的冷却系统是由冷却泵、出水管、回水管、开关及喷嘴等组成。冷却泵安装在机床底座的内腔里，冷却泵将切削液从底座内储液池打至出水管，然后经喷嘴喷出，对切削区域进行冷却。

（2）润滑系统。润滑系统由手动润滑油泵、分油器、节流阀、油管等组成。机床采用周期润滑方式，用手动润滑油泵，通过分油器对主轴套筒、纵横向导轨及三向滚珠丝杠进行润滑，以提高机床的使用寿命。

（3）铣头部分。铣头部分由有级（或无级）变速箱和铣头两部件组成。铣头主轴安装在高精度轴承上，保证主轴具有高回转精度和良好的刚性；主轴采用机械无级变速，其调节范围宽，传动平稳，操作方便。刹车机构能使主轴迅速制动，可节省辅助时间，刹车时通过制动手柄撑开止动环使主轴立即制动。启动主电动机时，应注意松开主轴制动手柄。铣头部件还装有伺服电机、内齿带轮、滚珠丝杠副及主轴套筒，它们形成垂直方向（Z方向）进给传动链，使主轴做垂直方向的直线运动。

（4）工作台。工作台与床鞍安装在升降台较宽的水平导轨上，工作台的纵向进给是由安装在工作台右端的伺服电机驱动的。通过内齿带轮带动精密滚珠丝杠副，从而使工作台获得纵向进给。工作台左端装有手轮和刻度盘，以便进行手动操作。

（5）基础件。数控铣床的基础件通常是指床身、立柱、横梁、工作台、底座等结构件，其尺寸较大（俗称大件），这些部件构成了机床的基本框架。其他部件附着在基础件上，有的部件还需要沿着基础件运动。由于基础件起着支撑和导向的作用，因而对基础件的基本要求是刚度好。

（6）变频器。变频器（Variable-frequency Drive，VFD）是应用变频技术与微电子技术，通过改变电机工作电源频率方式来控制交流电动机的功率控制设备。在数控机床中，变频器主要用于控制主轴的动作。

（7）主轴箱。主轴箱包括主轴箱体和主轴传动系统，用于装夹刀具并带动工具旋转，主轴转速范围和输出扭矩对加工有着直接的影响。

（8）进给伺服系统。进给伺服系统由进给电机和进给执行机构组成，按照程序设定的进给速度实现刀具和工件之间的相对运动，包括直线进给运动和旋转运动。

（9）控制系统。数控铣床运动控制的中心，执行数控加工程序，控制机床进行加工。

（10）辅助装置。如液压、气动、润滑、冷却系统、排屑、自动报警和防护等装置。

3. 数控铣床的功能

（1）点位控制功能：数控铣床的点位控制主要用于工件的孔加工，如中心钻定位、钻孔、扩孔、锪孔、铰孔和镗孔等各种孔加工操作。

（2）连续控制功能：通过数控铣床的直线插补、圆弧插补或复杂的曲线插补运动，铣削加工工件的平面和曲面。

（3）刀具半径补偿功能：如果直接按工件轮廓线编程，在加工工件内轮廓时，实际轮廓线将增大一个刀具半径值；在加工工件外轮廓时，实际轮廓线又减小一个刀具半径值。使用刀具半径补偿的方法，数控系统自动计算刀具中心轨迹，使刀具中心偏离工件轮廓一个刀具半径值，从而加工出符合图纸要求的轮廓。利用刀具半径补偿的功能，改变刀具半径补偿量，还可以补偿刀具磨损量和加工误差，实现对工件的粗加工和精加工。

（4）刀具长度补偿功能：改变刀具长度的补偿量，可以补偿刀具换刀后的长度偏差值，还可以改变切削加工的平面位置，控制刀具的轴向定位精度。

（5）固定循环加工功能：应用固定循环加工指令，可以简化加工程序，减少编程的工作量。

（6）子程序功能：如果加工的工件形状有相同或相似的部分，可以把这一部分编写成子程序，由主程序调用，这样简化了程序结构。引用子程序的功能使加工程序模块化，按加工过程的工序分成若干个模块，分别编写成子程序，由主程序调用，完成对工件的加工。这种模块式的程序便于加工调试，优化了加工工艺。

4. 数控铣床的加工范围

数控铣床加工范围主要有以下两种：

（1）平面加工：数控铣床一共有三个坐标轴，X 轴、Y 轴和 Z 轴，这三个坐标轴共同组成数控机床的平面。在数控机床进行铣削加工时，平面可以分为对工件的水平面（XY）加工、对工件的正平面（XZ）加工和对工件的侧平面（YZ）加工。只要使用两轴半控制的数控铣床就能完成平面的铣削加工。

（2）曲面加工：如果需要铣削复杂曲面的工件，则需要使用三轴甚至更多轴联动的数控铣床。三轴联动数控铣床可以加工球面等一般的曲面。如果遇到叶轮、叶片等复杂零件时，仅仅使用三轴进行加工，刀具可能发生干涉，无法完成加工，铣刀或者主轴需要偏转一定角度，这时可以使用四轴、五轴甚至更多轴的加工中心。

图 3-1-4 所示为小型四轴加工中心。它的工作台可以实现 360°的周期旋转。

图 3-1-4　小型四轴加工中心

二、数控铣床的类型

数控铣床可以按照通用的铣床分类方法分为三类：数控立式铣床、数控卧式铣床、数控立卧两用转换铣床。图 3-1-5 所示为各种类型的铣床。

数控立式铣床主轴轴线垂直于水平面，在目前的生产中，这种铣床占铣床的多数，应用范围也最广，一般可以实现三轴联动加工。

数控卧式铣床的主轴轴线平行于水平面，卧式数控铣床通常采用增加数控转台或者万能数控转台的方式来实现四轴或五轴的联动加工。

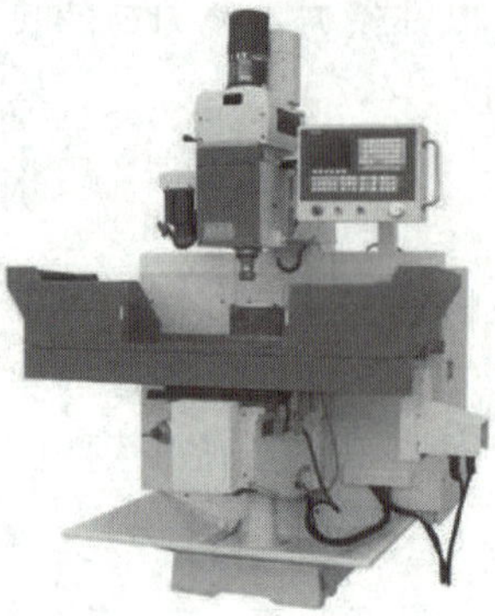

（a）数控立式铣床

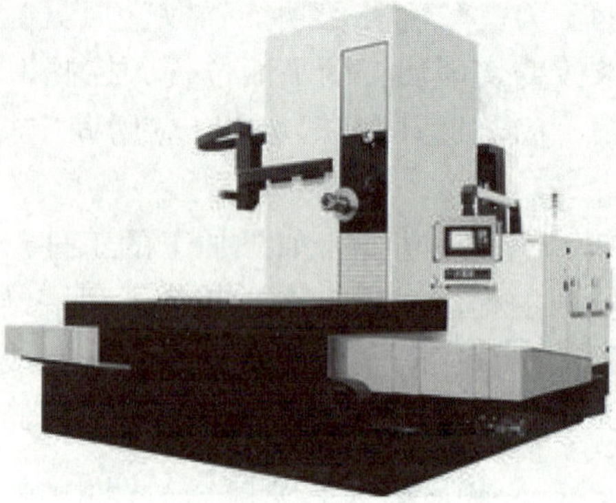

（b）数控卧式铣床

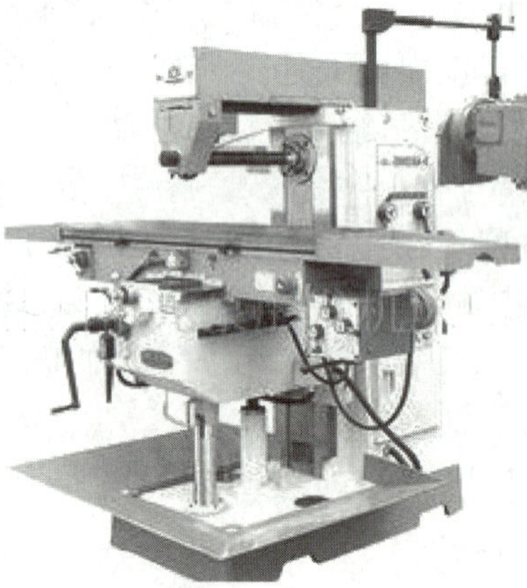

（c）数控立卧两用转换铣床

图 3-1-5　数控铣床的类型

数控立卧两用转换铣床的主轴可以进行转换，在同一台数控铣床上进行立式加工和卧式加工，同时具备立式铣床、卧式铣床的功能。

数控铣床还可以根据移动位置的不同分为工作台升降式数控铣床、主轴头升降式数控铣床。

工作台升降式数控铣床：主要工作方式以工作台移动、升降，主轴不动为主。

主轴头升降式数控铣床：主要工作方式为工作台纵向和横向移动，且主轴垂直于工作台上下运动。

这两种铣床在生产中应用都很广泛。

根据尺寸，数控铣床还可以分为数控仿形铣床和龙门式数控铣床。

数控仿形铣床：用于各种不规则的三维曲面和复杂边界的铣削加工，有手动、轮廓、部分轮廓、数字仿形等多种仿形方式。图 3-1-6 所示为自动木工数控仿形铣床。

龙门式数控铣床的主轴可以在龙门架的横向和垂向溜板上运动，龙门架沿床身做纵向运动。龙门式数控铣床主要用于生产尺寸较大的工件。图 3-1-7 所示为龙门式数控铣床。

规格较小的升降台式数控铣床，其工作台宽度多在 400 mm 以下，它最适宜中小零件的加工和复杂形面的轮廓铣削任务，如图 3-1-8 所示。规格较大的如龙门式铣床，工作台在 600 mm 以上，用来解决较大尺寸的复杂零件的加工需要。

图 3-1-6　自动木工数控仿形铣床

图 3-1-7　龙门式数控铣床

图 3-1-8　小型升降台式数控铣床

三、夹具和刀具

数控机床上进行铣削加工，还需要配备相应的工艺设备，以进行工件、刀具的装夹。

1. 机用平口虎钳的安装与找正

在铣床与加工中心上加工中小型工件时，一般都采用平口虎钳来进行装夹，如图 3-1-9 所示；对于中型和大型的工件，很多是采用压板进行装夹。

图 3-1-9　平口虎钳

在成批、大量生产时，应采用专用的夹具进行工件装夹。还可以利用分度头和回转工作台（简称为转台）来装夹工件，如图 3-1-10 和图 3-1-11 所示。

图 3-1-10　分度头

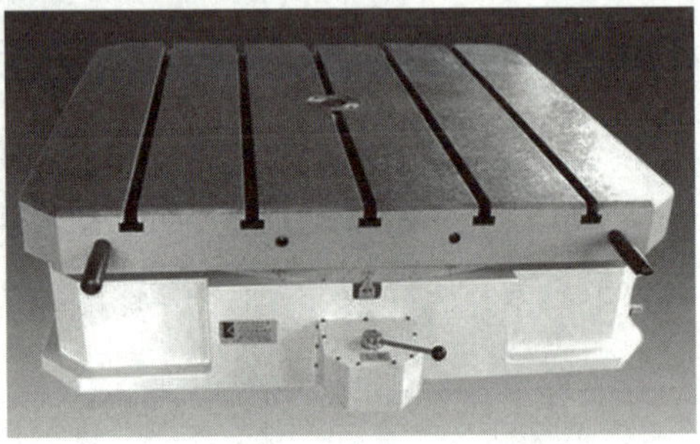

图 3-1-11　回转工作台

不论用哪种夹具和哪种装夹方法，其共同目的是使工件能够装夹稳固，不产生工件变形，避免加工中心和已加工表面受损，避免发生刀具损坏、机床和人身事故等。

在小型工件的加工中，仍然以平口虎钳为主要的装夹工具。

平口虎钳又被称为机用虎钳（俗称虎钳），常用的平口虎钳有回转式和非回转式两种。对于回转式平口虎钳，当需要将装夹的工件回转一定角度时，可按照回转底盘上的刻度线和虎钳体上的零位刻线直接读出所需要的角度值。非回转式平口机床虎钳没有下部的回转盘，不能直接读出转动的角度。两者相比较，回转式虎钳在使用时虽然方便，但由于本身的结构比非回转式虎钳多了一层结构，使得高度增加，刚性较差。所以在铣削平面、垂直面和平行面时，一般都采用非回转式平口虎钳。

在使用时，把平口虎钳安装到工作台上，钳口与主轴的方向应根据工件长度来决定，对于长的工件，钳口应与主轴垂直，在立式铣床上应与进给方向一致。对于短的工件，钳口与进给方向垂直度较好。在粗铣和半精铣时，因为固定钳口比较牢固，希望使铣削力指向固定钳口。在铣平面时，对钳口与主轴的平行度和垂直度的要求不高，一般目测即可。在铣削沟槽等工件时，则要求有较高的平行度或垂直度，此时，就需要使用一定的仪器设备，进行校正。

（1）利用百分表或划针来校正（见图 3-1-12 和图 3-1-13）。

用百分表校正的步骤：先把带有百分表的加工中心弯杆用固定环压紧在刀轴上，或者用磁性表座将百分表吸附在悬梁（横梁）导轨或垂直导轨上，并使虎钳的固定钳口接触百分表测量头（简称测头或触头）。然后利用手动移动纵向或横向工作台，并调整虎钳位置使百分表上指针的摆差在允许范围内。

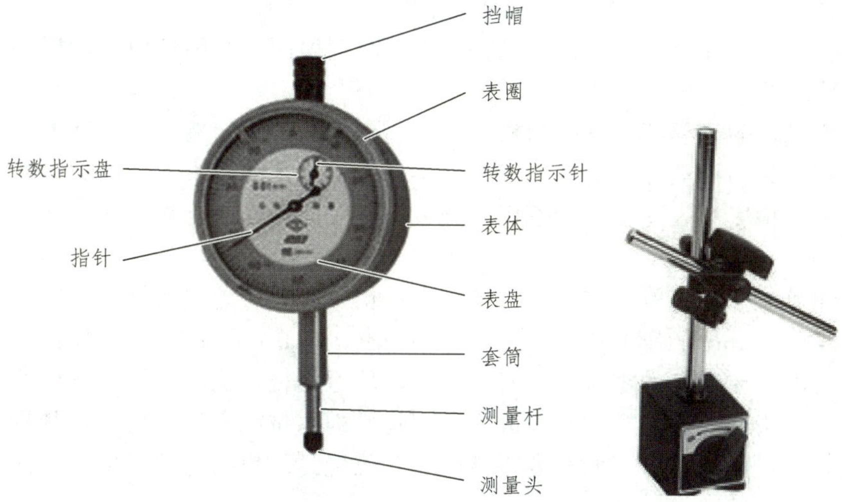

图 3-1-12　百分表及表座

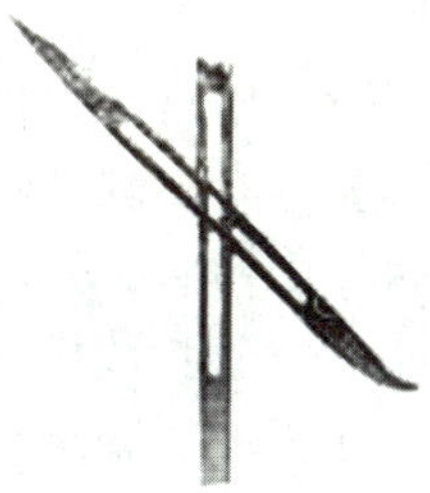

图 3-1-13　划针

（2）利用定位键安装机用虎钳。

在机用虎钳的底面上一般都做有键槽。有的只在一个方向上做有分成两段的键槽，键槽的两端可装上两个键。有的虎钳底面有两条互相垂直的键槽。

在安装时，若要求机床平口钳的钳口与工作台纵向垂直，只要把键装在与钳口垂直加工中心的键槽内，再使键镶嵌入工作台的槽中，不需再作任何校正。若要求钳口与工作台纵向平行，则只要把两个键装在与钳口平行的键槽内，再装到工作台上即可。

（3）把工件装夹在平口虎钳内。

在把工件毛坯装到虎钳内时，必须注意毛坯表面的状况，若是粗糙不平或有硬皮的表面，就必须在两钳口上垫紫铜皮。对表面粗糙度值较小的平面在装夹到钳口内时，可以垫较薄的铜皮。为便于加工，还需要准备适当厚度的垫铁，垫在工件的下面，可使工件的加工面高出平口虎钳的钳口。高出的尺寸，以能把加工余量全部切完而不致切到钳口为宜。

（4）斜面工件在平口虎钳内的安装。

两个平面不平行的工件，若用普通虎钳直接夹紧，必定会产生只夹紧大端，小端夹持不牢固的现象，此时可以根据斜面工件的具体情况，在钳口内加一对弧形垫铁。

2. 百分表的使用

百分表是一种利用精密齿条齿轮机构的长度测量工件，通常由测头、量杆、防振弹簧、齿轮、齿条、游丝、表盘、指针等组成。

百分表的测量范围比较小，但是灵敏度很高，可以用于不同方向的测量，适用于尺寸精度为 IT6 ~ IT8 级零件的校正和检验；使用百分表或千分表时，还需注意以下几点。

（1）使用前，应检查测量杆活动的灵活性。可轻轻推动测量杆，测量杆在套筒内的移动要灵活，没有任何卡顿现象，且每次放松后，指针都能恢复到原来的刻度位置。

（2）使用百分表或千分表时，必须把它固定在可靠的夹持架上（如固定在万能表架或磁性表座上），夹持架要安放平稳，以免测量结果不准确或摔坏百分表。用夹持百分表的套筒来固定百分表时，夹紧力不要过大，以免因套筒变形而使测量杆活动不灵活。

（3）用百分表或千分表测量零件时，测量杆必须垂直于被测量表面，否则将使测量杆的活动不灵活，可能导致测量结果不准确。

（4）测量时，不要使测量杆的行程超过它的测量范围；不要使测量头突然撞在零件上；不要使百分表或千分表受到剧烈的振动和撞击，也不要把零件强迫推入测量头下，以免损坏百分表或千分表的机件而失去精度。因此，一般不用百分表测量表面粗糙或有显著凹凸不平的零件。

（5）用百分表校正或测量零件时，应当使测量杆有一定的初始测力。即在测量头与零件表面接触时，测量杆应有 0.3 ~ 1 mm 的压缩量（千分表可小一点，有 0.1 mm 即可），使指针转过半圈左右，然后转动表圈，使表盘的零位刻线对准指针。然后轻轻地拉动手提测量杆的圆头，拉起、放松几次，检查指针所指的零位有无改变。当指针的零位稳定后，再开始测量或校正零件。如果是校正零件，此时可以开始改变零件的相对位置，读出指针的偏摆值，该值就是零件安装的偏差数值。

（6）检查工件平整度或平行度时，将工件放在平台上，使测量头与工件表面接触，调整指针使其摆动，然后把刻度盘零位对准指针，慢慢地移动表座或工件，当指针顺时针摆动时，说明工件偏高，逆时针摆动时，则说明工件偏低。

3. 刀　具

数控机床上进行铣削加工主要是通过旋转的多切削刃刀具，沿着工件在几乎任何方向上执行可编程的进给运动，从而完成切削加工。

1）刀具的分类

数控铣床和加工中心上使用的刀具主要有铣削用刀具和孔加工用刀具两大类。常用的铣削刀具有立铣刀、端面铣刀、成形铣刀等。

数控铣床的加工刀具也有很多种分类方法。从结构上分类可分为①整体式、②镶嵌式、③减振式、④内冷式、⑤特殊式；从制造所采用的材料上分类可分为①高速钢刀具、②硬质合金刀具、③陶瓷刀具、④立方氮化硼刀具、⑤金刚石刀具、⑥涂层刀具。数控铣床和加工中心上用到的刀具有：①钻削刀具、②镗削刀具、③铣削刀具等，如图 3-1-14 所示。

数控铣床上所采用的刀具要根据被加工零件的材料、几何形状、表面质量要求、热处理状态、切削性能及加工余量等，选择刚性好、耐用度高的刀具。

根据被加工零件的几何形状，可以选择的刀具类型（见图 3-1-15）有以下几种：

（1）在加工曲面类零件时，为了保证刀具切削刃与加工轮廓在切削点相切，而避免刀刃与工件轮廓发生干涉，一般采用球头刀，粗加工用两刃铣刀，半精加工和精加工用四刃铣刀。

（2）铣削大的平面时，为了提高生产效率和提高加工表面的表面粗糙度，一般采用刀片镶嵌式盘形铣刀。

（3）在铣削小型平面或台阶面时，一般采用通用铣刀。
（4）铣削键槽时，为了保证槽的尺寸精度，一般用两刃键槽铣刀。
（5）在数控铣床上进行孔的加工时，可采用钻头、镗刀等孔类加工刀具。

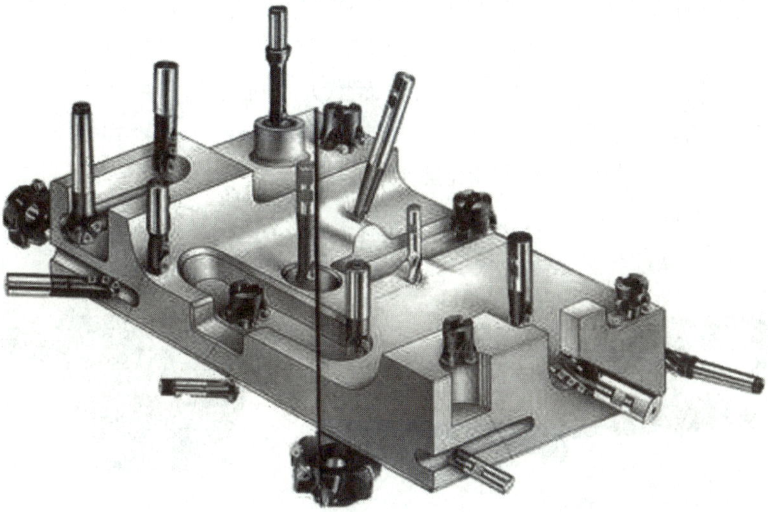

图 3-1-14　铣床常用刀具

图 3-1-15　常用整体式刀具

铣刀一般由刀片、定位元件、夹紧元件和刀体组成。由于刀片在刀体上有多种定位与夹紧方式，刀片定位元件的结构又有不同类型，因此铣刀的结构形式有多种，分类方法也较多。选用时，主要可根据刀片排列方式选择。刀片排列方式可分为平装结构和立装结构两大类。

（1）平装结构（刀片径向排列）。

平装结构铣刀的刀体结构工艺性好，容易加工，并可采用无孔刀片（刀片价格较低，可重新刃磨）。由于需要夹紧元件，刀片的一部分被覆盖，刀具的容屑空间相对较小，而且在切削力方向上的硬质合金截面较小，故平装结构的铣刀一般用于轻型和中量型的铣削加工。

（2）立装结构（刀片切向排列）。

立装结构铣刀的刀片只用一个螺钉固定在刀槽上，结构简单，转位方便，如图 3-1-16 所示。虽然刀具零件较少，但刀体的加工难度较大，一般需用五坐标加工中心进行加工。由于刀片采用切削力夹紧，夹紧力随切削力的增大而增大，因此可省去夹紧元件，增大了容屑空间。由于刀片切向安装，在切削力方向的硬质合金截面较大，因而可进行大切深、大走刀量切削，这种铣刀适用于重型和中量型的铣削加工。

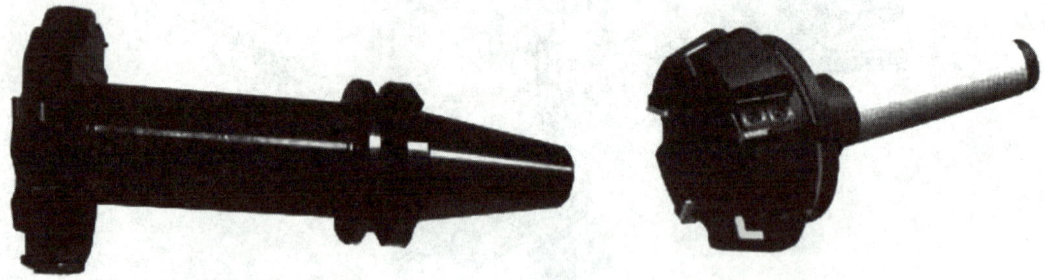

图 3-1-16　立装结构铣刀

2）铣刀的角度

铣刀的角度有前角、后角、主偏角、副偏角、刃倾角等，如图 3-1-17 所示。为满足不同的加工需要，有多种角度组合形式。各种角度中最主要的是主偏角和前角。

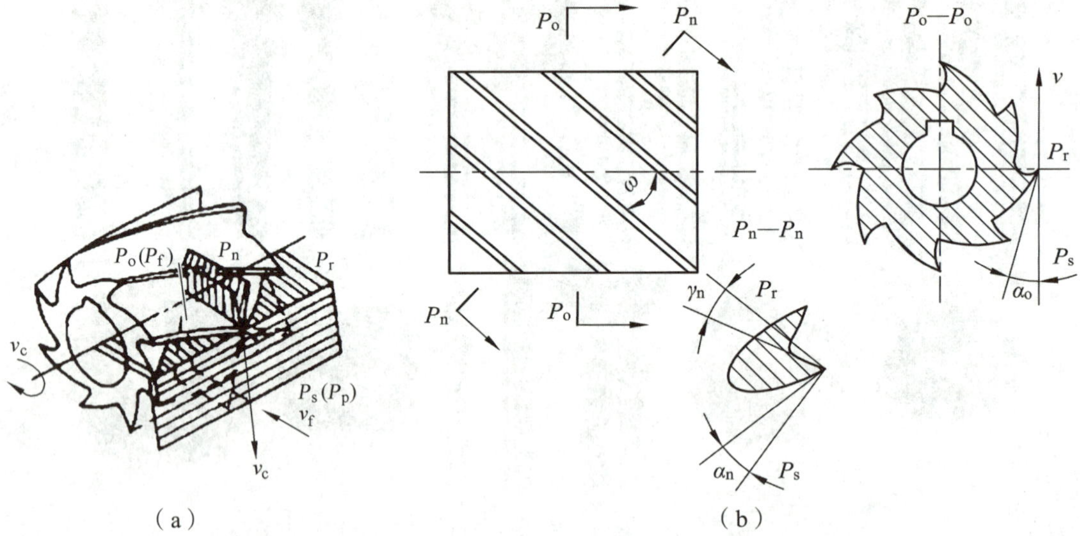

图 3-1-17　圆柱铣刀的角度

（1）主偏角 κ_r。

主偏角为切削刃与切削平面的夹角。铣刀的主偏角有 90°、88°、75°、70°、60°、45°等几种。

主偏角对径向切削力和切削深度影响很大。径向切削力的大小直接影响切削功率和刀具的抗振性能。铣刀的主偏角越小，其径向切削力越小，抗振性能也越好，但切削深度也随之减小。

① 90°主偏角。

在铣削带凸肩的平面时选用，一般不用于纯平面加工。该类刀具通用性较好（既可加工台阶面，又可加工平面），可以在单件、小批量生产加工中选用。由于该类刀具的径向切削力等于切削力，进给抗力大，易振动，因而要求机床具有较大功率和足够的刚性。在加工带凸肩的平面时，也可选用88°主偏角的铣刀，与90°主偏角的铣刀相比较，其切削性能有一定改善。

② 60° ~ 75°主偏角。

这类铣刀主要适用于平面铣削的粗加工。由于径向切削力明显减小（特别是在主偏角为60°时），其抗振性能有较大改善，切削平稳、轻快，可在平面加工中优先选用。75°主偏角铣刀为通用型刀具，适用范围较广；60°主偏角铣刀主要适用于镗铣床、加工中心等的粗铣和半精铣加工。

③ 45°主偏角。

此类铣刀的径向切削力大幅度减小，约等于轴向切削力，在切削过程中，切削载荷近似均匀地分布在较长的切削刃上，刀具本身具有很好的抗振性能，适用于镗铣床主轴等悬伸较长的加工场合。在用该类刀具加工平面时，刀片的破损概率较低，耐用度较高；在加工铸铁类工件时，工件的边缘不易产生崩刃。

（2）前角 γ。

铣刀的前角可分解为径向前角 γ_f 和轴向前角 γ_p。径向前角 γ_f 主要影响切削功率；轴向前角 γ_p 则影响切屑的形成和轴向力的方向，当 γ_p 为正值时，切屑能立即飞离加工面。

铣刀中，常用的前角组合形式有以下几种：

① 双负前角。

双负前角的铣刀通常均采用方形（或长方形）无后角的刀片，刀具切削刃较多（一般为8个），且刀具的强度高、抗冲击性能好，适用于铸钢、铸铁等工件的粗加工。由于切屑收缩比大，加工中需要较大的切削力，因此要求机床具有较大的功率和较高的刚性。但是，由于轴向前角为负值，切屑并不能自动流出，当切削韧性材料时，容易出现积屑瘤和刀具振动。

凡能采用双负前角刀具加工的时候，建议优先选用双负前角铣刀，以便充分利用和节省刀片。当采用双正前角铣刀产生崩刃（即冲击载荷大）时，在机床允许的条件下也应该优先选用双负前角铣刀。

② 双正前角。

双正前角铣刀采用带有后角的刀片，这种铣刀楔角小，具有锋利的切削刃。由于切屑收缩比小，所消耗的切削功率较小，切屑呈螺旋状排出，不易形成积屑瘤。这种铣刀最适用于较软材料、不锈钢、耐热钢等材料的切削加工。对于刚性差（如主轴悬伸较长的镗铣床）、功率小的机床，在加工焊接结构件时，也应优先选用双正前角铣刀。

③ 正负前角（轴向正前角、径向负前角）。

这种铣刀综合了双正前角和双负前角铣刀的优点，轴向正前角有利于切屑的形成和排出；径向负前角可提高刀刃的强度，改善抗冲击性能。这种铣刀切削过程平稳，排屑顺利，金属切除率较高，适用于大余量的铣削加工。

3）铣刀的类型

铣刀齿数适当增多，可提高生产效率，但受容屑空间、刀齿强度、机床功率及刚性等的限制，不同直径的铣刀的齿数均有相应规定。为满足不同用户的需要，同一直径的铣刀一般有粗齿铣刀、中齿铣刀、密齿铣刀三种类型，如图 3-1-18 所示。

图 3-1-18　粗齿铣刀、中齿铣刀与密齿铣刀

粗齿铣刀：适用于普通机床的大余量粗加工和软材料或切削宽度较大的铣削加工；当机床功率较小时，为使切削稳定，也常选用粗齿铣刀。

中齿铣刀：为通用系列，使用范围广泛，具有较高的金属切除率和切削稳定性。

密齿铣刀：主要用于铸铁、铝合金和有色金属的大进给速度切削加工。在专业化生产（如流水线加工）中，为充分利用设备功率和满足生产节奏要求，也常选用密齿铣刀（此时多为专用非标铣刀）。

铣刀直径的选用视产品及生产批量的不同差异较大，刀具直径的选用主要取决于设备的规格和工件的加工尺寸。

（1）平面铣刀（见图 3-1-19）。

选择平面铣刀直径时主要考虑刀具所需功率应在机床功率范围之内，也可将机床主轴直径作为选取的依据。平面铣刀直径可按 $D = 15d$（d 为主轴直径）选取。在批量生产时，也可按工件切削宽度的 1.6 倍选择刀具直径。

图 3-1-19　平面铣刀

（2）立铣刀（见图 3-1-20）。

立铣刀直径的选择主要考虑工件加工尺寸的要求，并保证刀具所需功率在机床额定功率范围以内。如系小直径立铣刀，则主要考虑机床的最高转速能否达到刀具的最低切削速度（60 m/min）。

（3）槽铣刀（见图 3-1-21）。

槽铣刀是特殊形状的铣刀，槽铣刀的直径和宽度应根据加工工件尺寸选择，并保证刀具的切削功率在机床允许的功率范围之内。

图 3-1-20　立铣刀

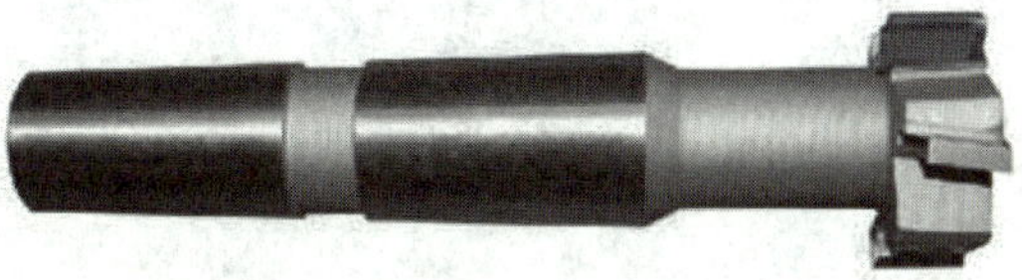

图 3-1-21　槽铣刀

合理选择刀片硬质合金牌号的主要依据是被加工材料的性能和硬质合金的性能。一般选用铣刀时，可按刀具制造厂提供的加工材料及加工条件，来配备相应牌号的硬质合金刀片。

由于各厂生产的同类用途硬质合金的成分及性能各不相同，硬质合金牌号的表示方法也不同，为方便用户，国际标准化组织规定，切削加工用硬质合金按其排屑类型和被加工材料分为三大类：P 类、M 类和 K 类。根据被加工材料及适用的加工条件，每大类中又分为若干组，用两位阿拉伯数字表示，每类中数字越大，其耐磨性越低、韧性越高。

P 类合金（包括金属陶瓷）用于加工产生长切屑的金属材料，如钢、铸钢、可锻铸铁、不锈钢、耐热钢等。

M 类合金用于加工产生长切屑和短切屑的黑色金属或有色金属，如钢、铸钢、奥氏体不锈钢、耐热钢、可锻铸铁、合金铸铁等。

K 类合金用于加工产生短切屑的黑色金属、有色金属及非金属材料，如铸铁、铝合金、铜合金、塑料、硬胶木等。

不同系列的可转位面铣刀有不同的最大切削深度。最大切削深度越大的刀具所用刀片的尺寸越大，价格也越高，因此从节约费用、降低成本的角度考虑，选择刀具时一般应按加工的最大余量和刀具的最大切削深度选择合适的规格。当然，还需要考虑机床的额定功率和刚性应能满足刀具使用最大切削深度时的需要。

加工中心所用的切削工具由两部分组成，即刀具和供自动换刀装置夹持的通用刀柄及拉钉，如图 3-1-22 所示。

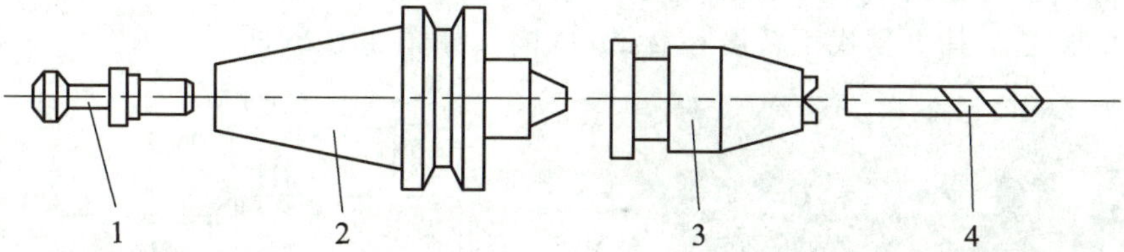

1—拉钉；2—刀柄；3—连接器；4—刀具。

图 3-1-22　刀具的组成

在加工中心上所使用的刀柄，一般采用 7∶24 锥柄，这是因为这种锥柄不自锁，换刀比较方便，并且与直柄相比有高的定心精度和刚性，刀柄和拉钉已经标准化，如图 3-1-23 所示。

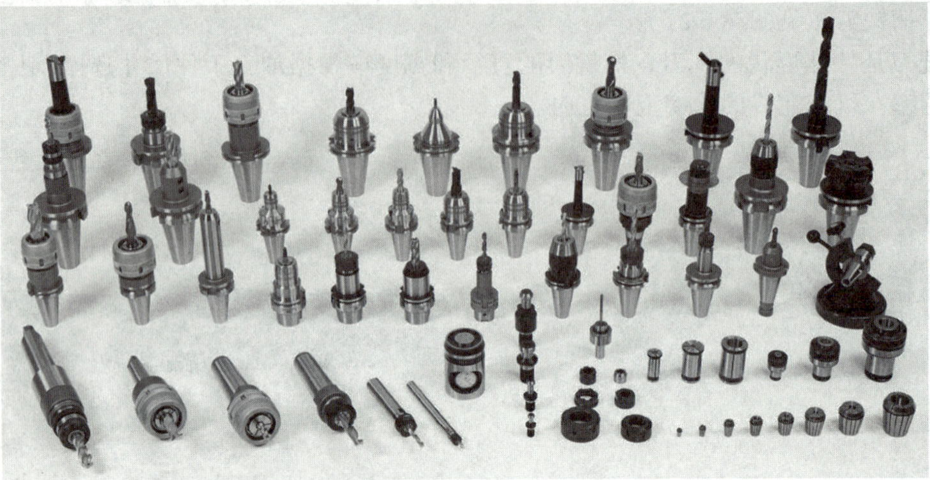

图 3-1-23　常用数控镗铣刀具系统

4. 常用工具

（1）对刀器。

对刀器的功能是测定刀具与工件的相对位置。其形式多样，如对刀量块[见图 3-1-24（a）]、电子式对刀器[见图 3-1-24（b）]。对刀块的材料有淬火钢、人造大理石及陶瓷。

（a）用量块对刀　　（b）用电子对刀器对刀

图 3-1-24　对刀器

（2）找正器。

找正器的作用是确定工件在机床上的位置，即确定工件坐标系。找正器有机械式及电子式两种。机械找正器如图 3-1-25（a）所示。电子找正器需要内置电池，当其找正球接触工件时，发光二极管亮，其重复找正精度在 2 μm 以内，如图 3-1-25 所示。

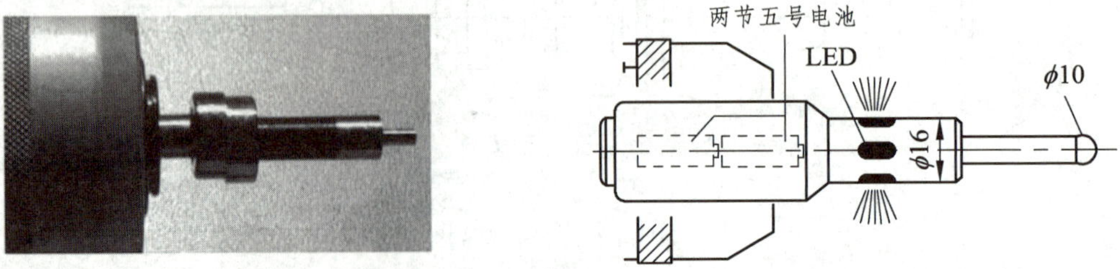

（a）机械找正器　　（b）电子找正器

图 3-1-25　找正器

四、FANUC 数控铣床操作面板

下面以 FANUC 0i M 数控铣床为例，介绍数控铣床的操作面板。数控铣床的面板如图 3-1-26 所示。操作面板由 CRT 显示屏、数据输入键、编辑和输入键、软键组成。键盘上各键的功用和含义可以从图 3-1-27 中看到。

图 3-1-26　FANUC 0i M 数控铣床的操作面板

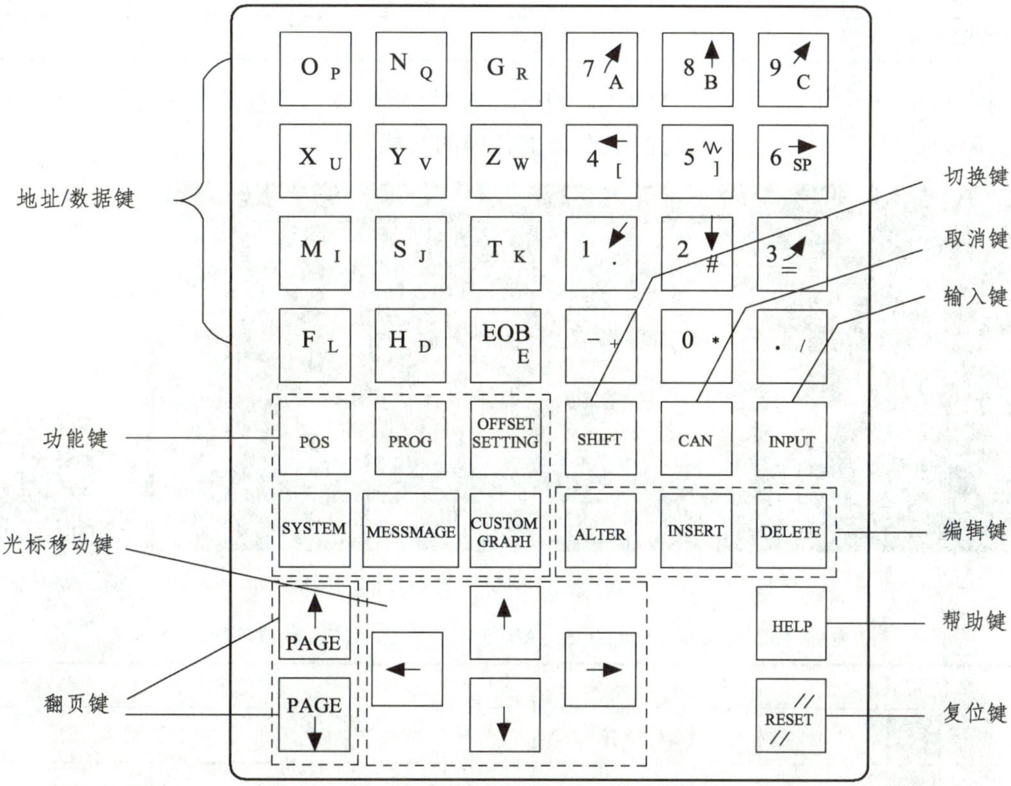

图 3-1-27　操作面板上各键功用

数控铣床操作面板上的地址/数据键、翻页键和光标移动键，与数控车床完全相同，不再进行解释。现主要对功能键和编辑键等进行说明，参看表 3-1-1 中各按键功能说明。

表 3-1-1　数控铣床操作面板功能键说明

按键名称	注　释
POS	机床位置显示，在 CRT 屏幕上显示机床现在的位置
PROG	程序，在编辑方式下，编辑和显示内存中的程序，在 MDI 方式下，输入和显示 MDI 数据
OFFSET/SETTING	偏置量设定与显示，刀具偏置量数值和宏程序变量的设置与显示
SHIFT	上下键切换
CAN	取消键，取消在输入缓冲器中的文字或符号
INPUT	输入键，按地址键或数据键后，地址或数值输入缓冲器并显示在 CRT 显示屏上，再按 INPUT 键，将缓冲器中的信息设置到寄存器中，其功能与软键中的 INPUT 一样
DELETE	删除键，在编程时删除已经输入的字符
INSERT	插入键，在编程时，插入文字或符号
ALTER	替换键，用缓冲器中的文字或符号代替光标所指的文字或符号
CUSTRM/GRAPH	图形显示，显示图形轨迹
MESSAGE	报警信号的显示
SYSTEM	系统参数键，用于查找系统的参数等

图 3-1-28 所示为 FANUC 0i M 数控铣床的系统控制面板，通过操作该面板，可以实现对数控铣床的控制。表 3-1-2 所示为控制面板上各键的功能。

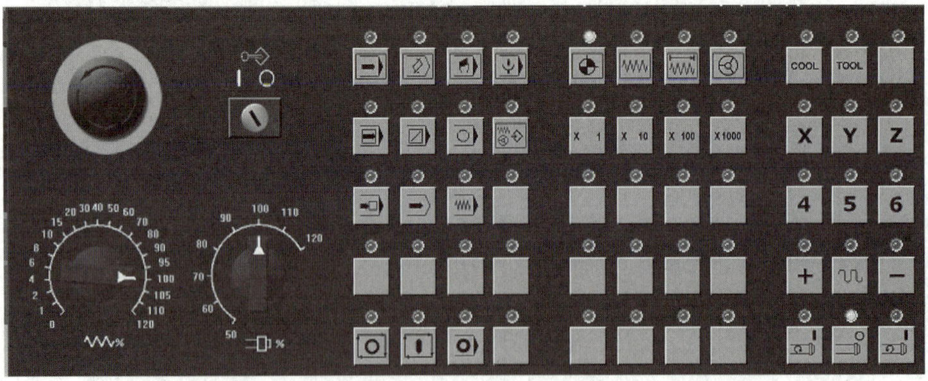

图 3-1-28　FANUC 0i M 数控铣床的系统控制面板

加工中心面板操作

表 3-1-2　FANUC 0i M 数控铣床系统控制面板各键功能

功能键图标	名　称	功能说明
	机床锁住	在程序运行中，机床的刀具不移动
	编辑键	通过面板直接输入和编辑数控程序
	MDI 方式	在 MDI 方式下进行操作
	DNC 方式	机床在线加工

续表

功能键图标	名　称	功能说明
	自动方式	进入自动加工模式
	跳步键	按下此按钮，程序段前有“/”时跳过，不执行
	选择停	按下此按钮，M01 有效
	单段运行	此灯亮时，每按一次循环启动键，执行一个程序段
	空运行	此灯亮时，程序以快速方式运行
	进给暂停	进给暂停
	程序运行	程序开始运行，在“自动”和“MDI”模式下有效
	程序运行停止	程序运行中按下此按钮，程序停止运行
	REF 键	手动返回机床参考点
	手动方式	手动连续移动刀架，按钮按压时，刀具不断移动
	手动脉冲方式	每按一次按钮，刀具移动一段预设的距离
	快速手轮方式	使用手轮快速进给
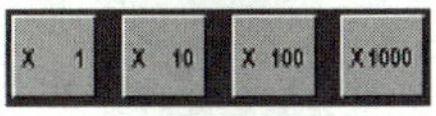	手动进给倍率	手动脉冲方式下，坐标移动的倍率
	冷却液开关	控制冷却液的开关
	*Z* 轴 *X* 轴键	选择移动 *X* 轴或 *Z* 轴
	坐标移动键	+为 *X* 或 *Z* 沿正方向移动，-为 *X* 或 *Z* 沿负方向移动，同时按下中间键，快速移动
	主轴正转	手动开机床，主轴正转
	主轴停	手动开机床，主轴停转
	主轴反转	手动开机床，主轴反转
	急停键	紧急情况时按下，停止机床一切动作
	程序保护键	打开后，不能写入、删除和编辑程序
	进给倍率	切削进给倍率
	主轴倍率调整键	调整主轴的运转倍率

1. 机械回零操作

机械回零是让各坐标轴回到机床参考点（也称为机械零点），由安装在机床上的回零开关决定。机床坐标系是计算工件坐标系的基准坐标系。一般开关时和对刀前需进行回零操作：选择机械回零方式，按 X 轴、Y 轴、Z 轴即可，如图 3-1-29 所示。

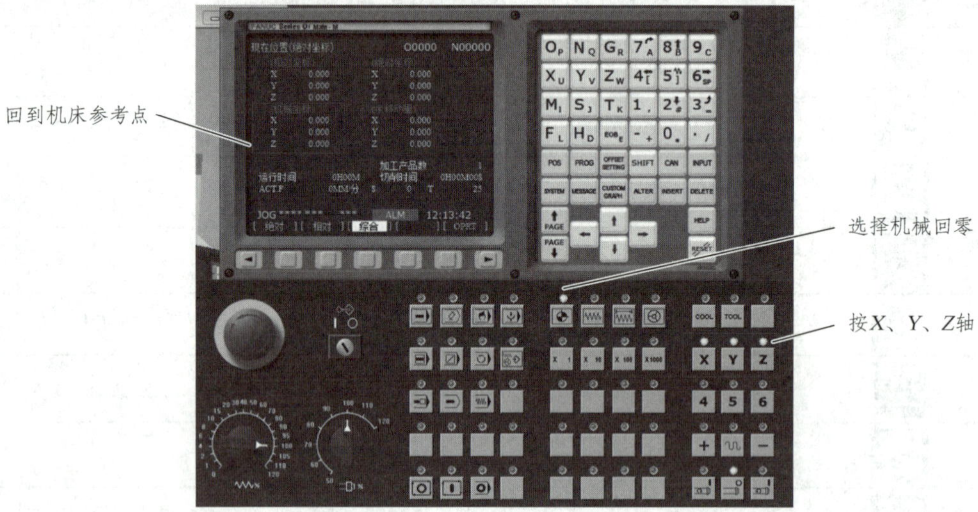

图 3-1-29　机械回零操作

2. 手动操作方式

在手动方式下可实现手动进给运动、主轴控制、倍率修调、换刀、对刀等操作，如图 3-1-30 所示。

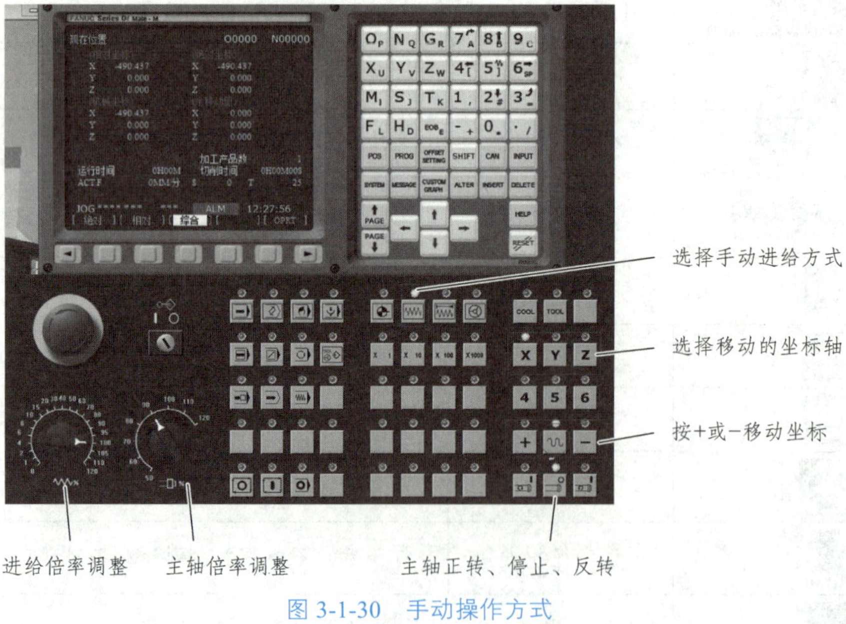

图 3-1-30　手动操作方式

3. 手动脉冲方式

每按一次按钮，刀具移动一段预设的距离，如图 3-1-31 所示。

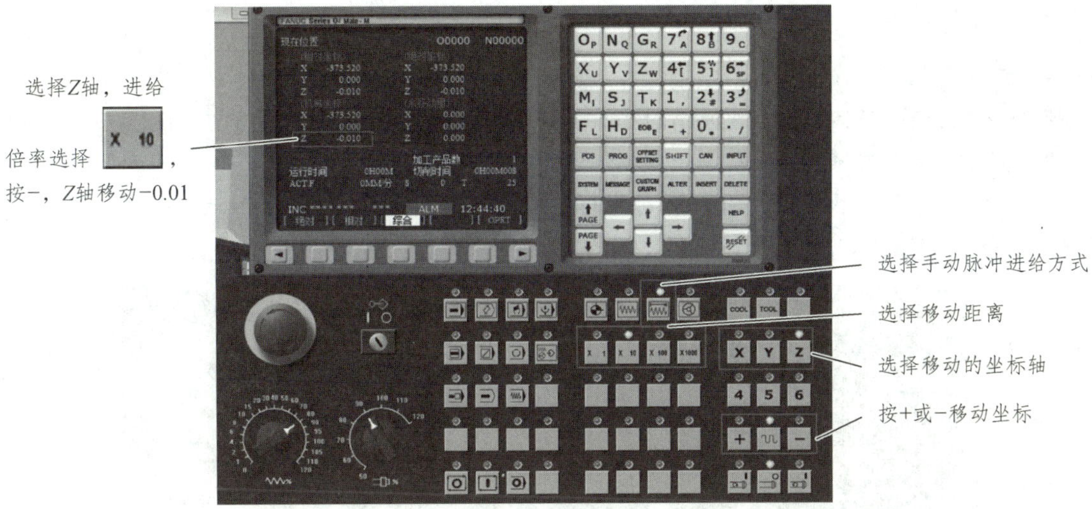

图 3-1-31　手动脉冲方式

4. 手轮操作方式

选择手轮操作方式，配合使用外部连接手轮来控制坐标轴的移动，更方便操作者观察。

5. MDI 录入操作方式

可以手动输入一行或多行程序指令进行运行。如需要调整主轴转速，面板上的主轴控制键只能控制主轴的正反转或停止，不能选择主轴转速，就可以利用 MDI 操作进行主轴转速的设置运行：选择[MDI 键]，按 PROG 键选择程序页面如图 3-1-32 所示，插入 M03 S500；再按循环启动键执行，则机床主轴按程序的转速正转。

图 3-1-32　MDI 录入操作方式

6. 程序的编辑与管理

1）程序的选择

选择编辑方式，按 PROG 键选择程序页面，依次键入地址键 O + 程序号，按  打开程序。

2）程序内容的检查与修改

在编辑方式的程序页面，可以通过光标移动键、上下翻页键进行检索，替换、插入、删除键进行程序的修改，如图 3-1-33 所示。

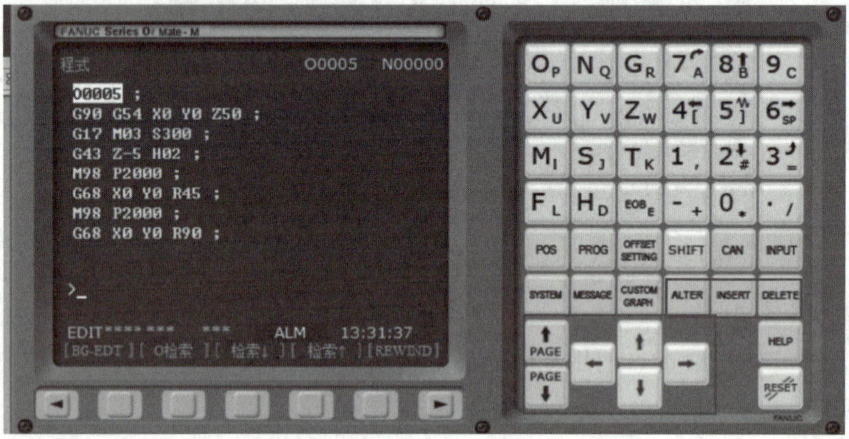

图 3-1-33　程序内容的检查与修改

3）程序的删除

在编辑方式的程序页面选择 DIR 页面，可查看系统里存储的程序，如图 3-1-34 所示。如果要删除 5 号程序，则直接键入程序号 O0005，按下删除键。

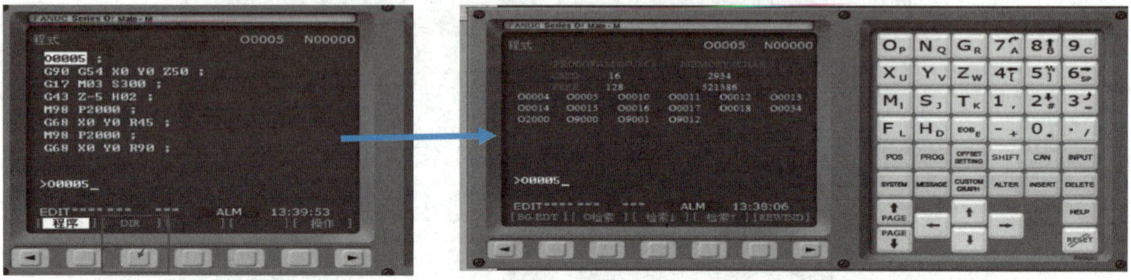
图 3-1-34　程序的删除

4）仿真软件程序的导入

可在文档中把程序编辑好，再以打开文件的方式导入程序，如图 3-1-35 所示。编辑方式—程序页面—新建程序：输入系统没有的程序号，如 O0001，按插入键。点击文件—打开，弹出如图 3-1-35 所示的界面，选择所有文件，找到目标文件，点击打开，即可导入程序。

7. 刀具的管理

按机床操作—刀具管理，弹出如图 3-1-36 所示的页面，可以添加、删除、修改刀具数据库中的刀具；选择刀具库中的刀具添加到机床刀库中；也可将刀库中的刀具添加或移出主轴。

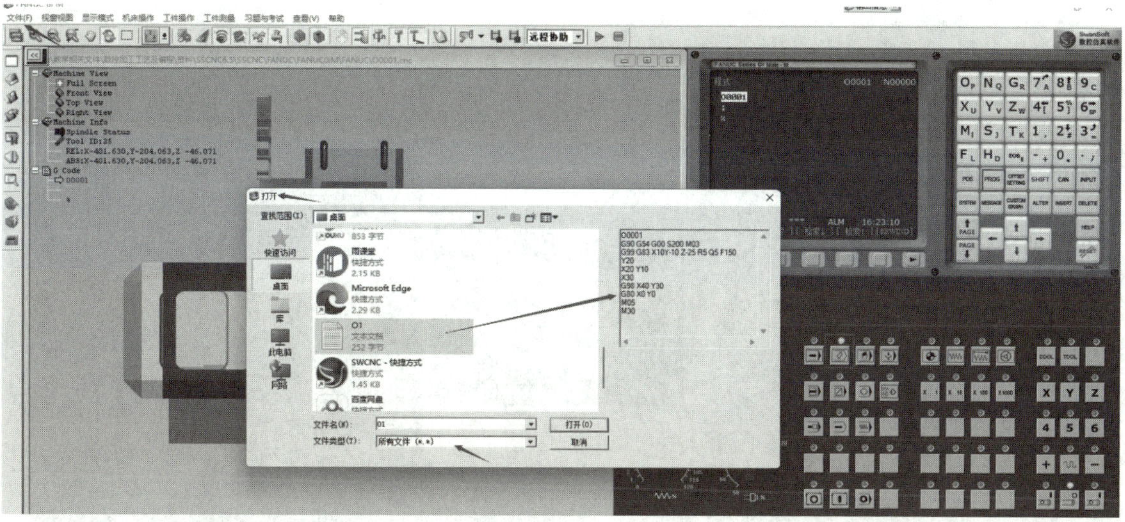

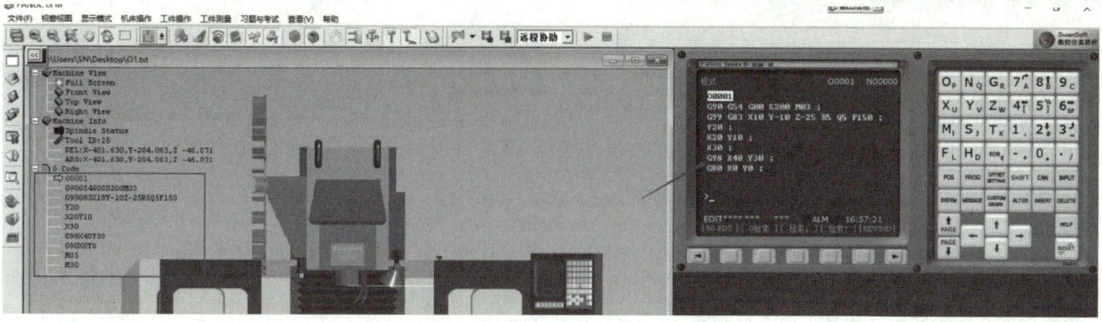

图 3-1-35　导入程序

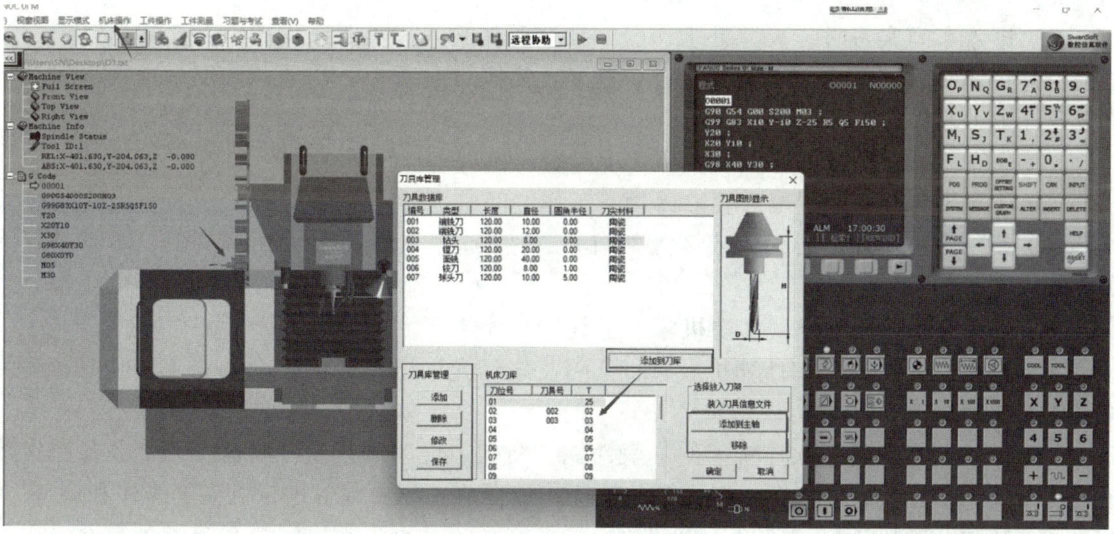

图 3-1-36　刀具的管理

8. 毛坯的设置

按工件操作—设置毛坯，弹出如图 3-1-37 所示的页面，可以设置工件加工原点、毛坯类型、毛坯尺寸等。

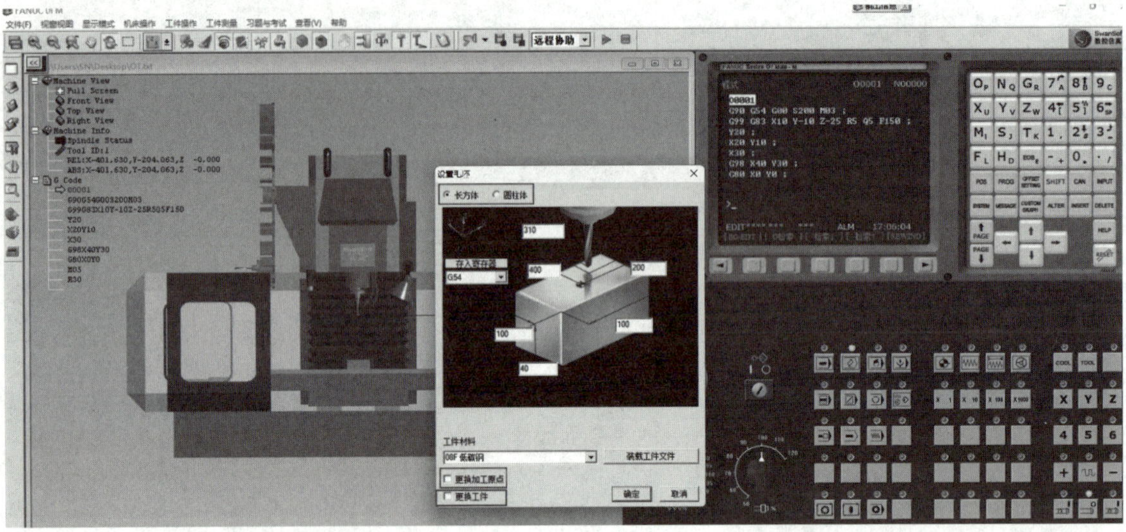

图 3-1-37　毛坯的设置

注意事项：

（1）实际机床操作与上述内容会有一些区别，但基本原理和步骤相同。

（2）软件在课堂演示，学生课后实践更方便、直观。

（3）其余对刀和按钮操作在后续学习或实践操作中陆续介绍。

五、数控铣床的日常保养

（1）进入车间实习时，要穿好工作服，袖口要扎紧，衬衫要系入裤内。女同学要戴好安全帽，并将发辫放入帽内。不得穿凉鞋、拖鞋、高跟鞋、背心、裙子和戴围巾进入车间。坚决不允许戴手套操作机床。

（2）注意不要移动或损坏安装在机床上的警告标牌。

（3）注意不要在机床周围放置障碍物，工作空间应足够大。

（4）某一项工作如需要两人或多人共同完成时，应注意相互间的协调一致，不要随意操作机床。

（5）不允许采用压缩空气清洗机床、电气柜及数控单元。

（6）应在指定的机床和计算机上进行实习。未经允许，其他机床设备、工具或电器开关等均不得乱动。

（7）操作前必须熟悉数控铣床的一般性能、结构、传动原理及控制程序，掌握各操作按钮、指示灯的功能及操作程序。在弄懂整个操作过程前，不要擅自进行机床的操作和调节。

（8）每次开动机床前，要检查机床的电气控制系统是否正常，润滑系统是否畅通，油质是否良好，并按规定要求加足润滑油，检测各操作手柄是否正确，工件、夹具及刀具是否已被夹持牢固，检查冷却液是否充足，然后开慢车空转 3 ~ 5 min，检查各传动部件是否正常，在确认没有故障以后，才可正常使用机床。

（9）程序调试完成以后，必须经过指导老师同意，方可按步骤进行操作，不允许跳步骤执行。未经指导老师许可，不得擅自操作或违章操作。

（10）加工零件前，必须严格检查机床原点、刀具数据是否正常，并进行无切削的轨迹仿真运行。

（11）加工零件时，必须关上机床的防护门，不准把头、手伸入防护门内，加工过程中不允许打开防护门。

（12）加工过程中，操作者不得擅自离开机床，应保持思想高度集中，观察机床的运行状态。若发生不正常现象或事故时，应立即终止程序运行，切断电源并及时报告指导老师，不得进行其他操作。

（13）操作中，严禁用力拍打控制面板、触摸显示屏。严禁敲击工作台、分度头、夹具和导轨等。

（14）严禁私自打开数控系统控制柜，进行观看和触摸，不允许私自改造线路。

（15）操作人员不得随意更改机床的内部参数。不得调用、修改其他非自己所编的程序。

（16）机床控制微机上，除进行程序操作和传输及程序拷贝外，不允许作其他操作。

（17）数控铣床属于大精设备，除工作台上安放的工装和工件外，机床上严禁堆放任何工、夹、刃、量具及工件和其他杂物。

（18）禁止用手接触刀尖和铁屑，铁屑必须要用铁钩子或毛刷来清理。

（19）禁止用手或其他任何方式接触正在旋转的主轴、工件或其他运动部位。

（20）禁止加工过程中测量工件、手动变速，更不能用棉丝擦拭工件，也不能清扫机床；禁止进行尝试性操作。

（21）使用手轮或快速移动方式移动各轴位置时，一定要看清机床 X、Y、Z 轴各方向“+、−”号的标牌后再进行移动。移动时先慢转手轮，观察机床移动方向无误后，方可加快移动速度。

（22）在程序运行中如果测量工件尺寸，要等到机床完全停止、主轴停转后方可进行测量，以免发生人身事故。

（23）机床若数天不使用，则每隔一天应对 NC（数控部分）及 CRT（显示器部分）通电 2~3 h。

（24）关机时，要等主轴停转 3 min 以后方可关机。

技能训练

通过教师组织到加工现场参观数控车间，观看数控铣床加工的录像，学习安全文明生产文件等，了解数控铣工的岗位必须做到哪些。我们必须严格遵守数控铣床的安全操作规程，这是保障人身和设备安全的需要，也是保证数控铣床能够正常工作、达到技术性能、充分发挥其加工优势的需要。另外，还要具有对数控机床进行日常维护和保养的能力，尽可能减少机床的故障率，提高机床的利用率。因此，在数控铣床的使用和操作中必须严格遵循安全操作规程，并严格按照要求对数控铣床进行日常及定期系统检查、维护与保养工作。

通过对比数控铣床和数控车床的加工过程，对比数控铣床与普通铣床，总结数控铣床和数控车床、普通铣床在加工时的区别和相同之处。

一、安全文明生产教育

组织学生进入车间进行参观学习，并通过观看录像，查阅相关资料，了解数控铣床的工作性质、安全操作规程，熟悉数控铣床的日常维护与保养。

安全文明生产是企业生产管理的重要内容之一。安全直接影响企业的产品质量和经济效益，影响设备的利用率和使用寿命，影响工人的人身安全。作为新员工，在进入企业的初期，就必须培养良好的文明生产和安全生产的习惯，为进一步做好工作打下良好的基础。

（1）通过观看介绍车间生产基本情况的视频或查阅资料，指出在现有的车间生产现场中都存在哪些安全文明方面的问题，并填入表 3-1-3 中。

表 3-1-3　生产现场中的安全文明问题

序号	项　目	存在的问题
1		
2		
3		
4		
5		

（2）通过观看视频和查阅资料，对比自身情况，说一说在生产现场的着装要求（见表 3-1-4）。

表 3-1-4　生产现场中的着装要求

序号	项　目	着装要求
1	袖口	
2	领口	
3	鞋	
4	防护帽	
5	防护镜	

（3）对照视频和车间的安全文明生产要求，检查一下自身的着装，看看自己的脚下以及周围环境，仔细思考是否有安全隐患，对照表 3-1-5 进行安全自检。

表 3-1-5　安全自检表

序号	自检问题	记　录
1	工作服穿好了吗？	是○　否○
2	手套及饰品都摘掉了吗？	是○　否○
3	穿的鞋子是否防砸、防扎、防滑？	是○　否○
4	戴工作帽了吗？	是○　否○
5	女生把长发盘起并塞入工作帽内了吗？	是○　否○
6	其他	是○　否○

安全提示：

参观前应注意着装是否符合规范要求；参观时要听从教师的统一指挥；在生产现场，必须站在安全区域内进行观察；对各种机床，不管是否正在工作，都不得随意触摸；在车间里不得大声喧哗，更不能追逐和嬉戏打闹。

通过以上资料，请认真思考并进行总结，在数控车间，准备进行工作的时候，尤其是操作数控铣床的时候，要注意哪些问题，才能保证生产的安全进行，保证工人的自身安全。

思考题：小王是数控铣床操作工，他想打扫一下数控铣床的工作台，停机后，小王穿着自己的皮鞋，直接登上工作台，拿笤帚开始打扫，打扫到一半时，小王的电话突然响了，小王掏出电话，就开始接电话。请问在工作中，小王这样处理对吗？有哪些做法是错误的？请和同学们讨论一下。

二、观看数控铣床操作

数控铣床的面板和数控车床有很多不同之处。

请仔细观看指导老师是如何操作数控铣床的，思考数控铣床上的操作面板中哪些符号是自己能够认出来的。观察数控铣床的结构，看看有哪些结构是没有见过的。在数控铣床上寻找机床的铭牌，观察铭牌上的参数。

观察数控铣床的刀具移动，看看你能说出数控铣床的各个坐标轴吗？通过观察，判断数控铣床各坐标轴的正方向和负方向。

三、了解数控铣床的保养

数控铣床需要日常保养，以便及早发现故障隐患，避免停机损失，保证机床的加工精度。作为一名数控铣工，我们在日常保养中要做到哪些呢？哪些是需要每天都做的？又有哪里是需要我们定期保养的？除了机床本身，是不是也要保持车间的环境清洁，保持机床周围的地面整洁，工件和工具摆放有序？

请教车间的师傅和老师，把需要保养的项目填入表 3-1-6 中。

表 3-1-6　日常保养项目

序号	保养项目	间隔时间

四、FANUC 数控铣床面板

数控铣床的面板与数控车床的操作面板相比，有一定的共同之处。请仔细观察数控铣床的面板，看看有哪些按键是一样的，有哪些按键是不同的。请研究这些不同的按键，学习这些按键的含义。

在老师的指导下，学会机床的开机和关机操作，能够自己独立进行数控铣床的开机和关机。学会安装铣刀和拆解铣刀，能够自己独立更换刀具。

尝试在“手动”模式下和“手摇”模式下，小心移动数控铣床的刀具，观察铣床坐标的变化，判断坐标轴的正负方向。

在 MDI 模式、手动模式、手摇模式下，使铣床主轴以一定转速进行旋转。为了尽快熟悉数控铣床的操作面板，请输入表 3-1-7 中的数控加工程序。

表 3-1-7　数控加工程序

程序号	O1234;	程序名
N10	G54;	应用工件偏置
N20	G90;	绝对编程
N30	M05;	主轴停止
N40	G17;	在 *XY* 平面内运动
N50	F1000;	进给率
N60	G01 X-101.5 Y0 ;	移动到特定位置
N70	M00	主轴停
N80	G03 I100 J0;	逆时针圆弧
N90	G01 X-101.5 Y0;	切出
N100	M00	程序暂停
N110	G01 X-100 Y0;	起点
N120	G02 I100 J0;	顺时针圆弧
N130	G01 X-101.5 Y0;	切出
N140	M30;	程序停止，返回起始位置

五、任务评价与总结

在小组内每个人先对任务完成情况进行评价总结，再由小组推荐代表向全班作小组总结。评价完成后，根据其他组成员对本组的评价意见进行归纳总结，完成自评总结的撰写。

教师对各小组任务完成情况分别作评价（见表 3-1-8），找出各组的优点进行点评，对任务完成过程中各组的缺点进行点评，提出改进方法，对整个任务完成中出现的亮点和不足进行点评。

表 3-1-8　任务评价表

班级：　　　　　　　　　　　　　　　　　　学生姓名：

项　目	自我评价（20%）			小组评价（20%）			教师评价（60%）		
	10～9	8～6	5～1	10～9	8～6	5～1	10～9	8～6	5～1
任务实施一、二									
任务实施三、四									
安全文明									
操作规范性									
协作精神									
纪律观念									
工作态度									
学习主动性									
总结质量									
小计									
总评									

任课教师：　　　　　年　　月　　日

任务二　数控铣削加工工艺知识

知识目标

（1）掌握数控铣削的加工工艺特点；

（2）掌握数控铣削的加工工艺分析方法；

（3）掌握典型零件的数控加工工艺分析与工序卡片、刀具卡片的编写。

能力目标

根据零件图，对零件的主要形状、尺寸精度、形位公差、表面粗糙度、热处理方式及相关技术要求等进行分析。确认能够使用现有的数控机床进行加工并能对加工零件进行数控加工工艺分析。确定零件的定位基准、装夹方式；根据零件的形状，选择需要的刀具；确定零件各个部位的加工顺序、刀具的轨迹路线。

相关知识

一、数控加工工艺过程的概念及组成

数控加工工艺非常复杂，本次任务主要是针对平面铣削的工艺设计，介绍平面铣削的加工工艺。

1. 圆周铣削（周边铣削）

在铣床上铣削平面的方法有两种，即圆周铣（周边铣削）和端面铣削。周边铣削是指用铣刀周边的齿刃进行铣削。铣平面时利用分布在铣刀圆柱面上的切削刃来铣削并形成平面。假设刀具是一个做旋转运动的圆柱，当工件在圆柱下做直线运动时，工件表面就形成一个平面。由于圆柱铣刀是由若干个切削刃组成的，所以铣出的平面上有微小的纹理，如果想使工件的表面粗糙度降低，可以降低工件的进给速度，提高铣刀的转速。

用周边铣削的方法铣出的平面，平面度的好坏，主要取决于铣刀的圆柱度，因此在进行精加工的时候，要保证铣刀的圆柱度。

2. 端面铣削

端面铣削时用铣刀端面的齿刃进行铣削。铣平面时是利用分布在铣刀端面上的刀尖来形成平面。用端面铣削的方法铣出的平面，也存在加工纹理。用端面铣削的方法铣出的平面，平面度的好坏，主要取决于铣床主轴轴线与进给方向的垂直度。如果铣床的主轴轴线与进给方向相垂直，则刀尖旋转时的轨迹为一个与进给方向平行的圆环，事实上，是这个圆环进行切割加工出的平面。图 3-2-1 所示为圆周铣削与端面铣削的示意图。

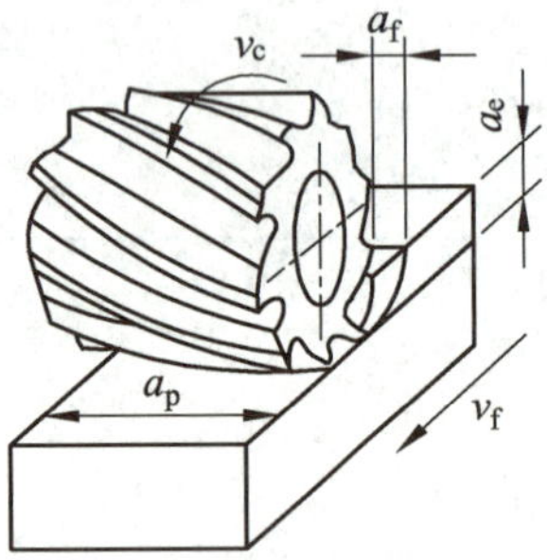

（a）圆周铣削

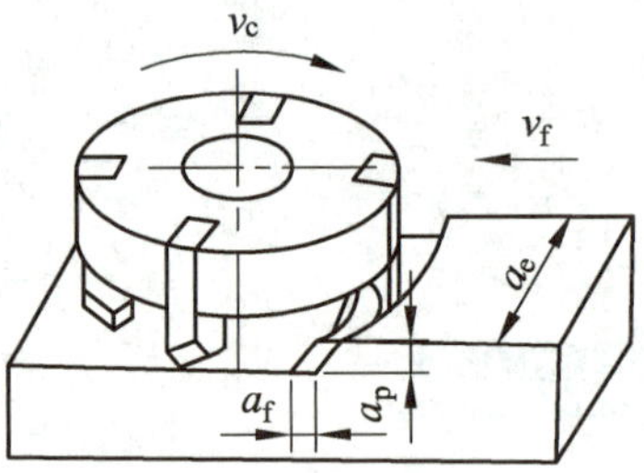

（b）端面铣削

图 3-2-1 圆周铣削与端面铣削

3. 顺铣和逆铣

在圆周铣削和端面铣削中都存在顺铣和逆铣。图 3-2-2 所示为顺铣与逆铣的示意图。

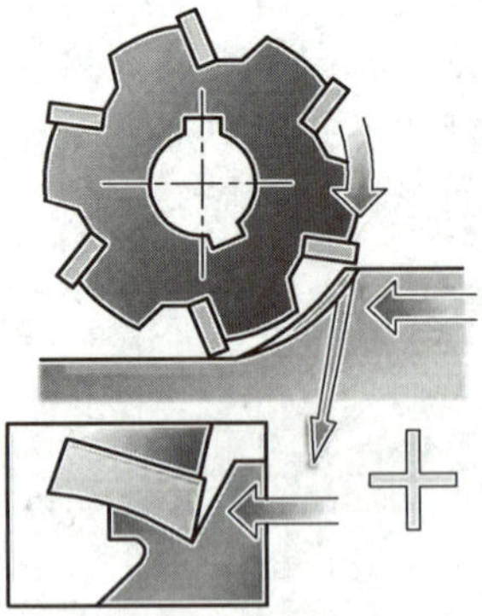

（a）顺铣

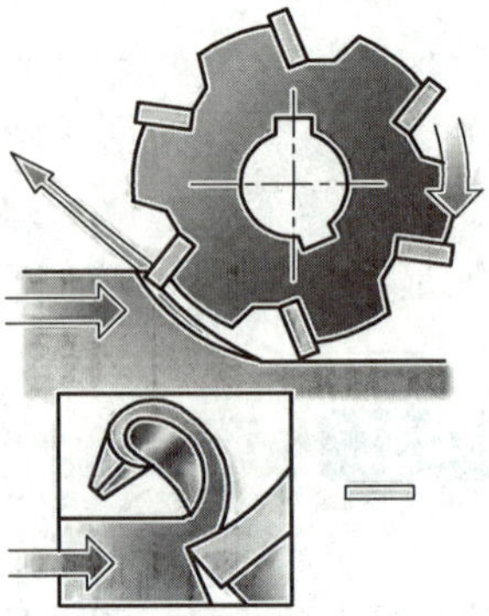

（b）逆铣

图 3-2-2 顺铣与逆铣

圆周铣削中的顺铣指的是铣刀与工件已加工面的切点处，铣刀旋转切削刃的运动方向与工件进给方向相同。逆铣指的是铣刀切削刃作用在工件上的力与工件进给方向相反时的铣削。

端面铣削时也有顺铣和逆铣。端面铣削的时候，根据铣刀和工件之间的相对位置不同可以分为对称铣削和非对称铣削，如图 3-2-3 所示。工件处在铣刀中间时的铣削称为对称铣削，铣削时，刀齿在工件的前半部分为顺铣，刀齿在工件的后半部分为逆铣。非对称铣削时，工件的铣削宽度偏在铣刀一边时的铣削称为非对称铣削。非对称铣削也有顺铣和逆铣两种。

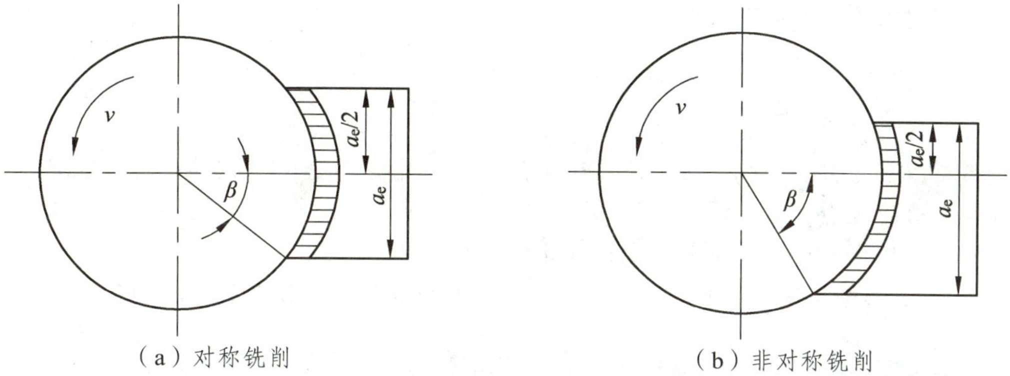

图 3-2-3　对称铣削与非对称铣削

在非对称逆铣时，刀齿由最小的切削厚度切入工件，由较大的切削厚度切出，所以切入时振动小，工作平衡。由于切入时切削厚度为 0，会引起滑擦现象，当加工碳钢、高强度低合金钢时，采用非对称铣削方式较好。

对称铣削时平均切削厚度较大，铣削淬硬钢及机床导轨时，应选用对称铣削。对称铣削的振动较大，要求机床的刚性较高，在铣削较窄的工件时，不宜采用对称铣削。

二、毛坯的种类及选择

机械零件的制造大多采用切削加工的方法，以获得精度表面。大多数零件可以通过铸造、锻造、焊接或冲压等方法制成毛坯，再进行切削加工。正确地选择零件的毛坯，可以有效缩短生产周期，降低生产成本。

选择零件的毛坯首先要保证零件的使用要求，能降低制造成本，满足经济性要求。同时必须考虑具体的生产条件，充分利用本企业的现有条件。

常用的机械零件有轴杆类零件、盘套类零件和箱体机架类零件。轴杆类零件的结构特点是轴向尺寸远大于径向尺寸。轴杆类零件一般都是各种机械中重要的受力和传动零件，大多采用锻造毛坯，材料可选用 30 ~ 50 中碳钢或球墨铸铁。盘套类零件的结构特点是轴向尺寸小于径向尺寸，一般用于受力不大的场合，可以选用合金结构钢、灰铸铁、低碳钢等。模具的毛坯，可以选用合金锻造、热锻模具等，并进行热处理。箱体类零件包括机身、底座等，受静力，常采用铸铁件、铸钢件或铸焊结构等。

对于形状复杂的毛坯，一般可以采用铸造的方法制造。对于受力比较复杂的重要钢质零件，可以采用力学性能较好的锻件。毛坯还可以选择型材、冲压件、粉末冶金件、冷挤压件、塑料压制件等。

数控铣床可加工的金属材料有很多，例如316、304不锈钢，碳钢，合金钢，合金铝，锌合金，钛合金，铜，铁，亚克力（有机玻璃），铁氟龙（聚四氟乙烯），POM棒等金属及塑胶原材料。我们更多的是根据零件的技术要求，去选择指定的材料。

毛坯的形状和尺寸主要由零件表面的形状、结构、尺寸及加工余量等因素确定，并尽量与零件相接近。

毛坯的尺寸选择，要根据零件的最大尺寸进行选择，根据国家标准生产的型材的尺寸进行选择，不必留太大的加工余量。

三、定位基准的选择

定位基准是工件加工的基准，决定工件的精度（见图 3-2-4）。在确定定位基准与夹紧方案时应注意以下几点：

（1）尽可能做到设计、工艺与编程计算的基准统一；

（2）尽量将工序集中，减少装夹次数，尽可能做到在一次装夹后就能加工出全部待加工表面；

（3）避免在已经把工件放到机床的工作台以后，再人工调整工件的装夹方案。

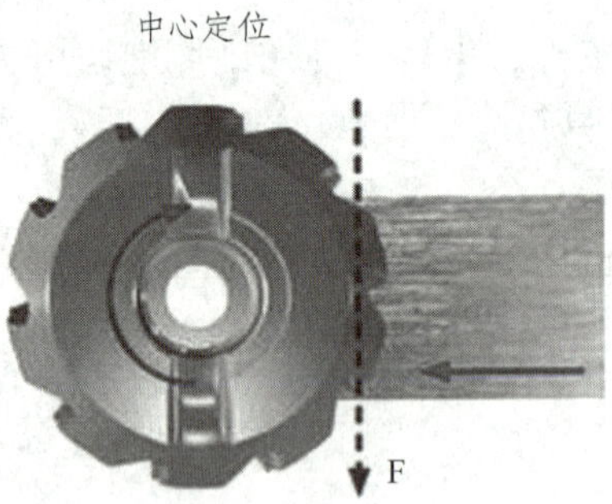

（a）中心定位

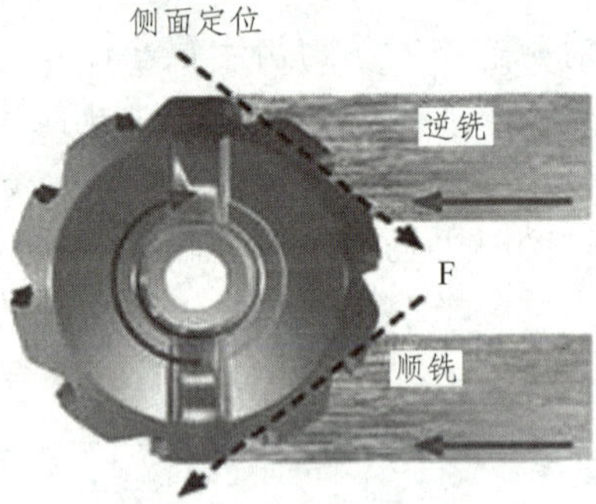

（b）侧面定位

图 3-2-4　中心定位与侧面定位

四、数控加工工艺路线的拟定

数控加工工艺路线的设计，往往不是指从毛坯到成品的整个工艺过程，而仅仅是几道数控加工工序工艺过程的具体描述。在工艺路线的设计中，数控加工工序可能穿插于零件加工的整个工艺过程中。

1. 工序的划分

数控铣床加工零件时是按照设定的程序自动进行的，加工中的所有工序、工步，都需要提前确定，编入程序中。

首先要详细地分析零件的图纸，明确零件的技术要求，拟定出加工方案。

然后确定数控铣削加工的部位，确定工序的内容。加工工序一般可以根据以下原则进行分类。

以一次安装、加工作为一道工序。这种方法适合于加工内容较少的工件，加工完成后，就能到达待检测的状态。

以同一把刀具加工的内容划分工序。有些零件在一次安装中可以加工出很多表面，但是加工表面太多，容易造成加工程序太长，在编制和输入机床的时候容易出错，综合考虑各项因素，以同一把刀具的加工进行划分工序相对较为简单。

以加工部位划分工序。这种工序划分的方法是按照以下顺序进行的：先加工平面、定位面，再加工孔，先加工简单的几何形状，然后加工复杂的几何形状，先加工精度要求比较低的部位，再加工精度要求比较高的部位。

加工工序的划分要根据加工零件的具体情况，周密分析，最后进行综合安排。

2. 确定选择夹具与零件的装夹方法

数控铣床的夹具并不复杂，如果只是要求简单地定位，普通的夹具进行夹紧就可以了。在选择铣削夹具时，应尽量采用组合夹具和标准化通用夹具。小批量生产时常用夹具是台虎钳和压铁。台虎钳和压铁的使用范围广，应用灵活，开放性能好，但是装夹调整时比较费时。当工作批量较大，精度要求较高时，可以设计专用夹具。

数控铣床中装夹零件时要考虑以下几点：

（1）零件定位、夹紧的部位不能妨碍各部位的加工、刀具更换以及重要部位的测量，尤其要注意避免刀具与工件、夹具及机床部件的碰撞。

（2）夹紧工件时，应尽量靠近切削部位并在工件刚性好的地方进行夹持，避免夹紧力作用在被数控加工的孔上。

（3）如果零件需要重复装夹，定位一致性要足够好，以减少对刀时间，提高零件加工的一致性。

3. 确定加工路线

合理的加工路线不但可以提高切削的效率，还可以提高零件的表面精度，确定加工路线时需要考虑以下几个方面。

（1）尽量减少进刀、退刀的时间，减少非加工时间。

（2）铣削零件的轮廓时，要尽量采用顺铣的方式，以提高零件的表面精度。逆铣时，在铣刀的切入过程中，铣刀与工件之间产生强烈摩擦，刀具容易受到磨损，而且工件的表面粗糙度比较差，同时逆铣的时候，有一个抬升工件的力，容易使工件振动。如果采用顺铣的加工方式，切入前铣刀是不与零件产生摩擦的，可以提高刀具的耐用度，降低工件的表面粗糙度。铣削时产生的力是下压的，可以有效增加工件的夹持稳定性。

（3）进刀和退刀的位置应该选在不太重要的位置，而且要使刀具沿着零件的切线方向进刀和退刀，避免产生刀痕。

铣削外轮廓时，铣刀的切入和切出点应沿零件轮廓曲线的延长线的切向切入和切出零件表面，而不应沿法向直接切入零件，以避免加工表面产生划痕，保证零件轮廓光滑，如图 3-2-5 所示。在铣削内表面时，也应该从轮廓的延长线进行切入和切出，如轮廓线无法外延，刀具应尽量在轮廓曲线上两几何元素交点处沿轮廓法向进行切入和切出。

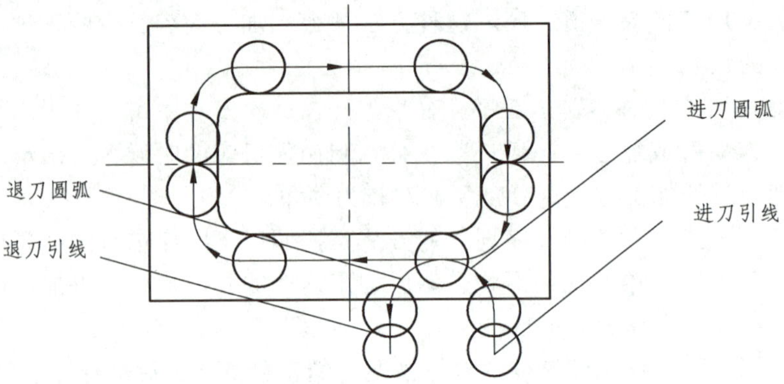

图 3-2-5　铣削外轮廓时刀具切入切出方式

4. 先加工外轮廓，再加工内轮廓

对于位置精度要求较高的孔系加工，特别要注意孔的加工顺序的安排，安排不当，就有可能将坐标轴的反向间隙带入，直接影响位置精度。

加工平底内槽时，一般使用平底铣刀，刀具半径和端部边缘部分的圆角半径应符合内槽的图纸要求。内槽的切削分两步，第一步切出空腔，第二步切轮廓。切轮廓通常又分粗加工和精加工。从内槽轮廓线向里平移铣刀半径 R 并且留出精加工余量，由此得出的多边形是计算粗加工走刀路线的依据，如图 3-2-6 所示。

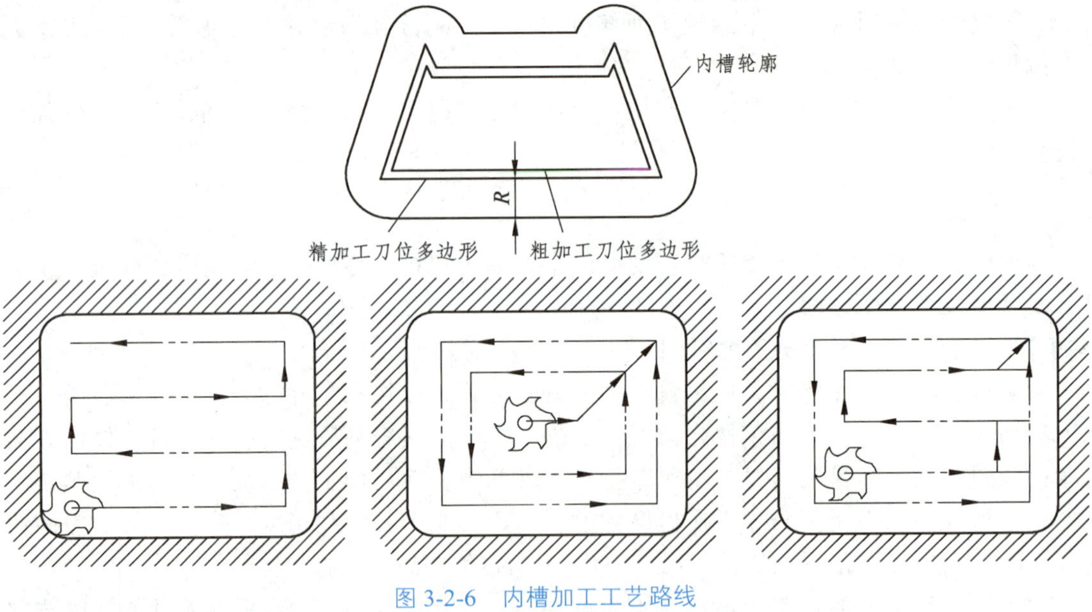

图 3-2-6　内槽加工工艺路线

切削内腔时，环切和行切在生产中都有应用。两种走刀路线都要保证切净内腔中的全部面积，不留死角，不伤轮廓，同时尽量减少重复走刀的搭接量。从走刀路线的长短比较，行切法要略优于环切法。但在加工小面积内槽时，环切的程序量要比行切小。

如图 3-2-7 所示是在一个零件上精镗 4 个孔的两种加工路线，当按图 3-2-7（a）所示路线加工时，由于刀具从孔Ⅲ向孔Ⅳ运动的方向与从孔Ⅰ向孔Ⅱ运动方向相反，X 方向反向间隙会使孔Ⅳ与孔Ⅲ间的定位误差增加，而影响孔Ⅳ的位置精度。当按图 3-2-8（b）所示路线加工时，加工完孔Ⅲ后往上、前多移一段距离，然后折回来加工孔Ⅳ，这样孔Ⅰ、Ⅱ、Ⅲ、Ⅳ定位方向一致，可避免反向间隙的引入，提高孔Ⅲ与孔Ⅳ的位置精度。

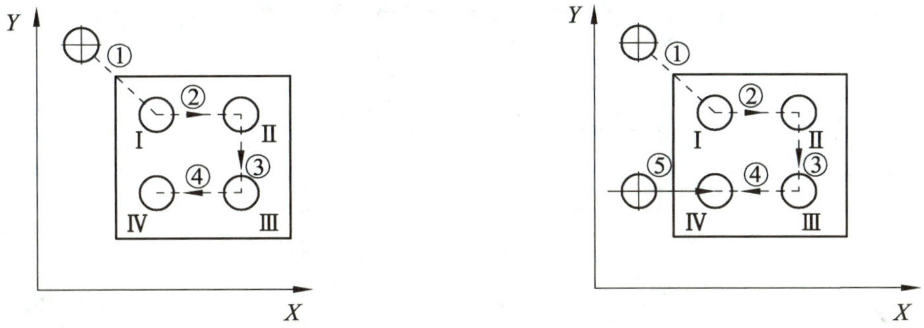

（a）不合理的加工路线　　（b）合理的加工路线

图 3-2-7　镗孔加工工艺路线

加工曲面时可能采取如图 3-2-8 所示的沿参数曲面的 u 向行切、v 向行切和环切三种走刀路线。对于直母线类表面，采用如图 3-2-8（b）所示的方案显然更有利。每次沿直线走刀，刀位点计算简单，程序段少；而且加工过程符合直纹面的形成规律，保证母线的直线度。如图 3-2-8（a）所示的方案，优点是便于在加工后检验形面的准确度。因此，实际生产中常将以上两种方案结合起来。图 3-2-8（c）所示的环切方案常用在内槽加工中；在加工螺旋桨桨叶一类零件时，因工件刚度小，常采用从里到外的环切，有利于减少工件在加工过程中的变形。当工件边界敞开时，为了保证加工的表面质量，应从工件的边界外进刀和退刀，如图 3-2-8（a）、（b）所示。

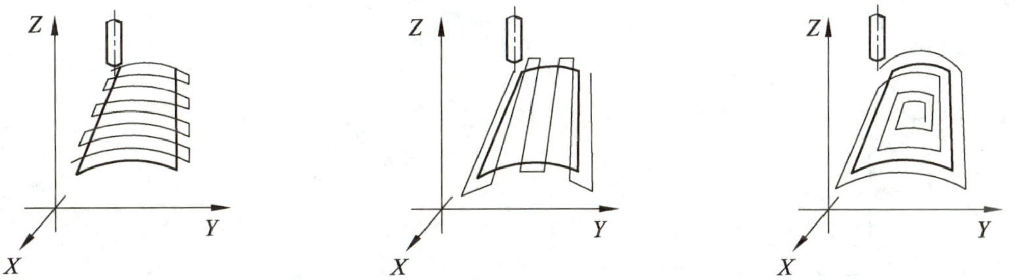

（a）u 向行切　　（b）v 向行切　　（c）环切

图 3-2-8　曲面加工工艺路线

五、切削用量的选择

数控铣床在加工过程中，一般不会调整切削用量和进给量的倍率，所以程序中选择的切削用量应该是最佳、最合理的切削用量。

数控铣床的切削用量包括切削速度 v_e、进给速度 v_f、背吃刀量 a_p 和侧吃刀量 a_c，如图 3-2-9 所示。

切削用量的选择方法主要是考虑刀具的耐用度。优先选取背吃刀量或侧吃刀量，其次确定进给速度，最后确定切削速度。

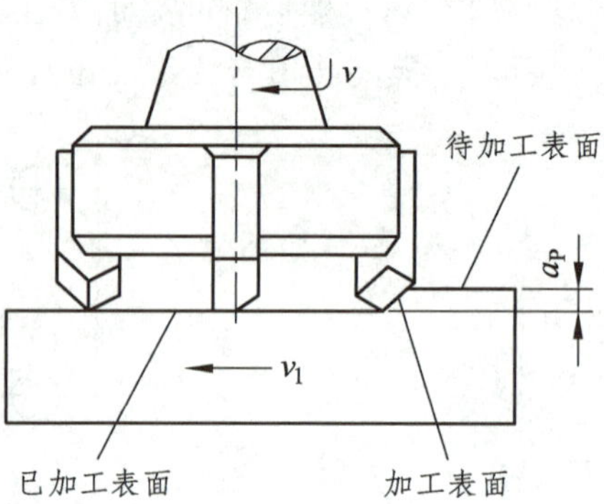

图 3-2-9　铣削时的切削用量三要素

1. 背吃刀量 a_p（端铣）或侧吃刀量 a_c（圆周铣）

背吃刀量为平行于铣刀轴线测量的切削层尺寸，单位符号为 mm。端铣时背吃刀量为切削层深度，圆周铣时的背吃刀量为被加工表面的宽度。侧吃刀量为垂直于铣刀轴线测量的切削层尺寸，单位符号为 mm。端铣时，侧吃刀量为被加工表面宽度，圆周铣时为切削层深度。端铣背吃刀量和圆周铣侧吃刀量的选取，主要由加工余量和工件对表面质量的要求决定，应该选择尽可能大的背吃刀量。在粗加工时，一次走刀应尽可能切除全部粗加工余量，在中等功率机床上，背吃刀量可以达到 8 ~ 10 mm。半精加工时，通常分两次铣削，背吃刀量取为 0.5 ~ 2 mm。精加工时，背吃刀量取 0.1 ~ 1 mm，甚至更小。各铣削方式背吃刀量和侧吃刀量如图 3-2-10 所示。

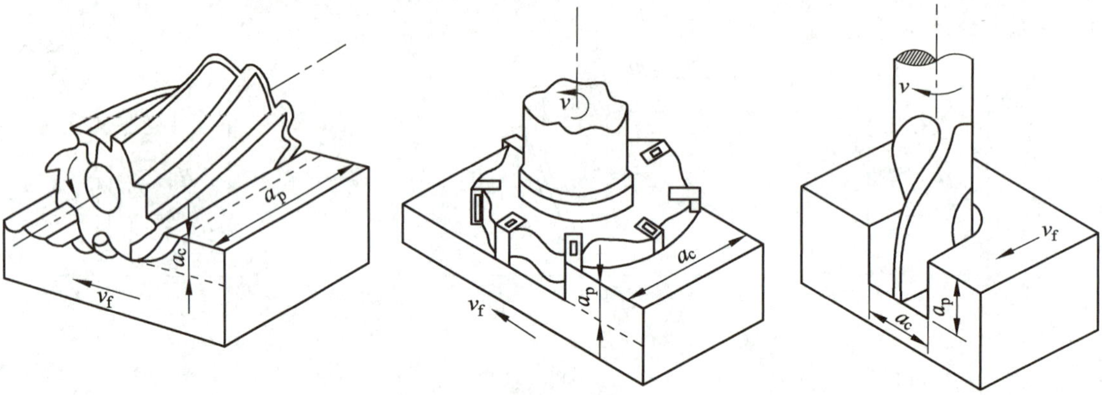

（a）圆周铣削　（b）端铣　（c）铣键槽

图 3-2-10　各铣削方式背吃刀量和侧吃刀量

2. 进给速度 v_f

进给速度指单位时间内工件与铣刀沿进给方向的相对位移，单位符号为 mm/min，进给速度与铣刀的转速 n、铣刀的齿数 Z 和每齿的进给量 f_z 有关，即

$$v_f = f_z Z n$$

每齿的进给量 f_z 的选用主要取决于工件材料和刀具材料的机械性能、工件的表面粗糙度等因素，当工件材料的强度和硬度较高，工件表面粗糙度的要求较高，工件刚性差或刀具强度低时，每齿进给量取小值，如表 3-2-1 所示。

表 3-2-1　铣刀每齿进给量 f_z

工件材料	每齿进给量 f_z/（mm/z）			
	粗铣		精铣	
	高速钢铣刀	硬质合金铣刀	高速钢铣刀	硬质合金铣刀
钢	0.10 ~ 0.15	0.10 ~ 0.25	0.02 ~ 0.05	0.10 ~ 0.15
铸铁	0.12 ~ 0.20	0.15 ~ 0.30		

刀具的材料不同，性能也不同，在选择刀具的时候，可以参看表 3-2-2 选择合适的刀具。

表 3-2-2　常见刀具材料的性能比较

刀具材料	切削速度	耐磨性	硬度	硬度随温度变化
高速钢	最低	最差	最低	最大
硬质合金	低	差	低	大
陶瓷刀片	中	中	中	中
金刚石	高	好	高	小

根据工件的材料、刀具的类型，可以选择合适的铣削速度，如表 3-2-3 所示。

表 3-2-3　铣削速度的选择

工件材料	硬度/HB	铣削速度/（m/min）	
		高速钢铣刀	硬质合金铣刀
低、中碳钢	<220	21 ~ 40	60 ~ 150
	225 ~ 290	15 ~ 36	54 ~ 115
	300 ~ 425	9 ~ 15	36 ~ 75
高碳钢	<220	18 ~ 36	60 ~ 130
	225 ~ 325	14 ~ 21	53 ~ 105
	325 ~ 375	6 ~ 10	35 ~ 45
合金钢	<220	15 ~ 35	55 ~ 120
	225 ~ 325	10 ~ 24	37 ~ 80
	325 ~ 425	5 ~ 9	30 ~ 60
工具钢	200 ~ 250	12 ~ 23	45 ~ 83
灰铸铁	110 ~ 140	24 ~ 36	110 ~ 115
	150 ~ 225	15 ~ 21	60 ~ 110
	230 ~ 290	9 ~ 18	45 ~ 90
	300 ~ 320	5 ~ 10	21 ~ 30
可锻铸铁	110 ~ 160	42 ~ 50	100 ~ 200
	160 ~ 200	24 ~ 36	83 ~ 120
	200 ~ 240	15 ~ 24	72 ~ 110
	240 ~ 280	9 ~ 11	40 ~ 60

续表

工件材料		硬度/HB	铣削速度/（m/min）	
			高速钢铣刀	硬质合金铣刀
铸钢	低碳钢	100～150	18～27	68～105
	中碳钢	100～160	18～27	68～105
		160～200	15～21	60～90
		200～240	12～21	53～75
		180～240	9～18	53～80
铝合金			180～300	360～600

六、编写数控加工技术文件

在确定了数控加工工艺路线之后，就要以技术文件的形式，把相关的内容记录下来，编写与零件相对应的数控加工技术文件。

在确定工艺路线，编写完数控加工的工艺卡片后，就要使用数控铣床的程序进行程序编制。

确定程序后，就可以组织进行首件试切，验证刀具的对刀情况，检验工艺设计是否合理，如果工艺设计中有不合理的地方，要根据情况及时进行调整。

技能训练

请仔细研读零件中的尺寸、形状、位置要求（见图 3-2-11），对工件进行数控加工工艺分析，确定加工中所需要的刀具、工具、量具，以及主轴转速、切削进给量等，编制零件的数控加工工序。

先根据零件图纸，确定毛坯的尺寸。然后再从图中选择出最合适的定位基准，根据数控铣床的加工工艺确定相应的加工路线、切削用量、主轴转速等。

一、确定毛坯尺寸

根据图中零件尺寸，选定零件毛坯的尺寸，并填入表 3-2-4 中。毛坯的尺寸不需要比工件大太多，只要留出足够的加工余量，能够通过加工获得工件需要的尺寸精度、位置精度和表面粗糙度就可以。毛坯尺寸太小，可能导致工件加工余量不够，毛坯尺寸太大，会增加加工时间，造成浪费。形状较为复杂的工件，可以选择铸造毛坯或锻造毛坯。

表 3-2-4　毛坯尺寸

毛坯尺寸	
毛坯材料	
精度要求	

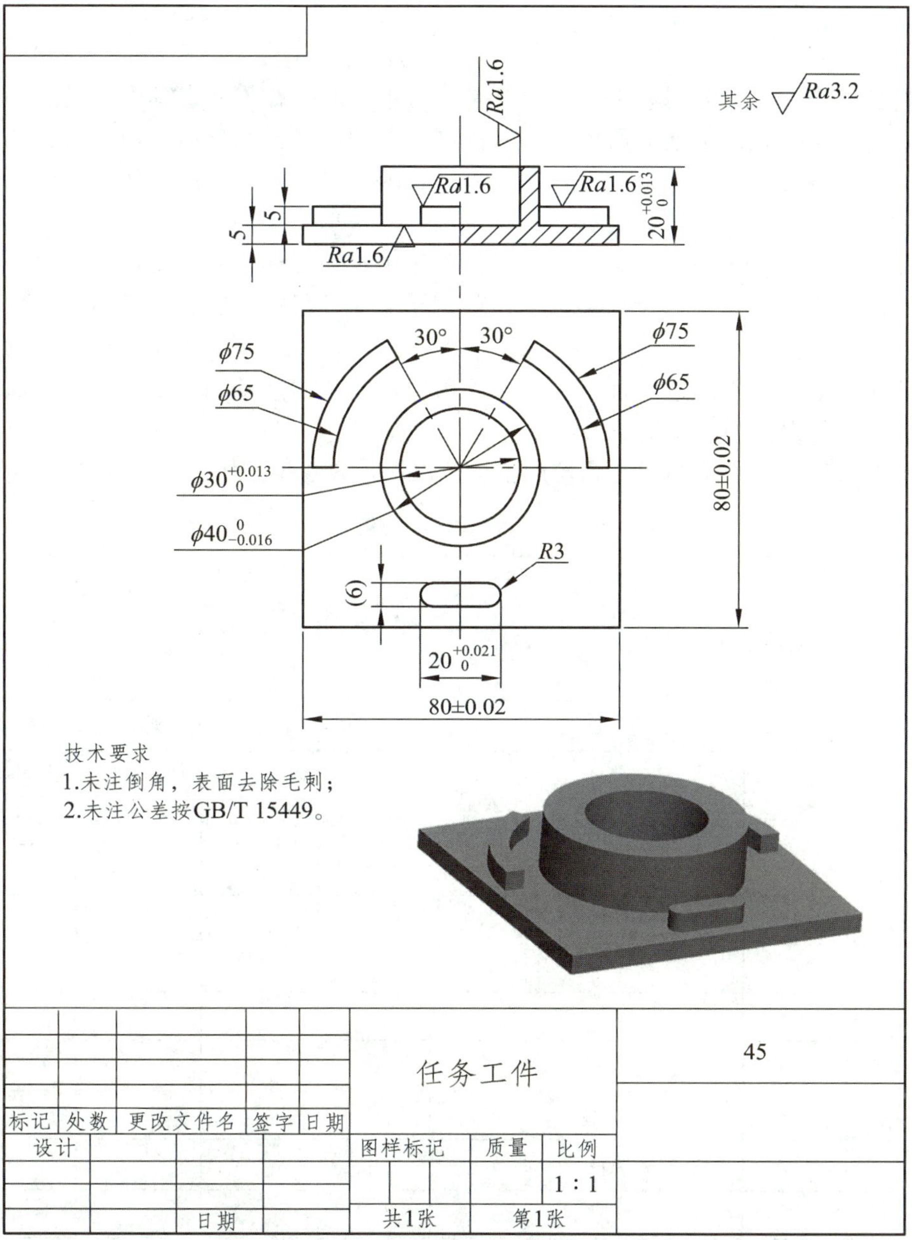

图 3-2-11　任务图纸

二、定位基准

定位基准有粗基准和精基准两种。用没有加工过的毛坯表面作为定位基准的，称为粗基准。用已经加工过的表面作为定位基准的称为精基准。一般来说，第一道工序使用的是粗基准，在后续的加工中，都需要使用精基准进行定位和加工。选择定位基准，一般要遵循基准重合原则，以保证工件的位置精度和形状精度。

对任务图纸中零件的尺寸及相关技术要求进行分析，确定加工过程中的定位基准。

三、确定数控加工工艺路线

在数控加工中，工艺分析和工艺设计都是非常重要的。在编程过程中，无论是自动编程还是手工编程，必须在加工前对所加工的零件进行数控加工工艺分析，拟定出加工方案，确定加工中需要的数控设备、刀具、夹具、量具、切削用量等，最终确定加工的顺序，制定出较为合理的走刀路线。

在编制数控加工程序的过程中，还需要在程序中对需要确定的对刀点、换刀点、刀具补偿等进行相应处理，提前进行设计和确定，避免在加工过程中，因为刀具问题考虑不周，造成零件加工的失误。

数控铣床一般是对平面进行加工，要考虑周边铣削时的顺铣和逆铣情况，考虑周边铣削和端面铣削时可能遇到的一些情况。

请针对本次任务，确定相应的数控加工工艺，填入表 3-2-5 中。

表 3-2-5　数控加工工艺卡片

学习任务	内容			材料牌号			指导教师：			
				零件名称			毛坯尺寸： 机床型号：			
				夹具			切削用量			
工序	工步	程序号	工步内容	刀具号	刀具规格	量、辅具	切削速度/(mm/min)	进给速度/(mm/r)	背吃刀量/mm	备注
							v_c	n		

四、任务评价与总结

在小组内每个人先对任务完成情况进行评价总结，再由小组推荐代表向全班作小组总结。评价完成后，根据其他组成员对本组的评价意见进行归纳总结，完成自评总结的撰写。

教师对各小组任务完成情况分别作评价（见表 3-2-6），找出各组的优点进行点评，对任务完成过程中各组的缺点进行点评，提出改进方法，对整个任务完成中出现的亮点和不足进行点评。

表 3-2-6　任务评价表

班级：　　　　　　　　　　　　　　　学生姓名：

项　目	自我评价（20%）			小组评价（20%）			教师评价（60%）		
	10～9	8～6	5～1	10～9	8～6	5～1	10～9	8～6	5～1
任务实施一、二									
任务实施三									
安全文明									
操作规范性									
协作精神									
纪律观念									
工作态度									
学习主动性									
总结质量									
小计									
总评									

任课教师：　　　　年　　月　　日

任务三　数控铣削编程的基本指令

知识目标

（1）掌握数控铣床的坐标系；
（2）掌握 FANUC 系统常用指令的格式和应用；
（3）掌握数控程序的编制方法；
（4）数控程序的编制。

能力目标

能对简单的铣削工件图纸进行工艺分析，对数控铣床加工部分拟定数控铣削加工工艺路线（选择切入、切出方式，选择铣削方向，选择铣削路线）。根据确定的数控加工工艺路线，选择合适的工具、量具、刀具，确定合理的切削用量；编制数控加工程序，并把程序输入数控机床中，进行模拟加工。

相关知识

一、数控铣床的坐标系

1. 运动方向命名的原则

数控铣床的主运动是刀具的旋转运动。工件或铣刀的移动为进给运动。通过铣刀和工件的移动，可以完成平面、台阶面、沟槽、成形面等的加工，如图 3-3-1 所示。

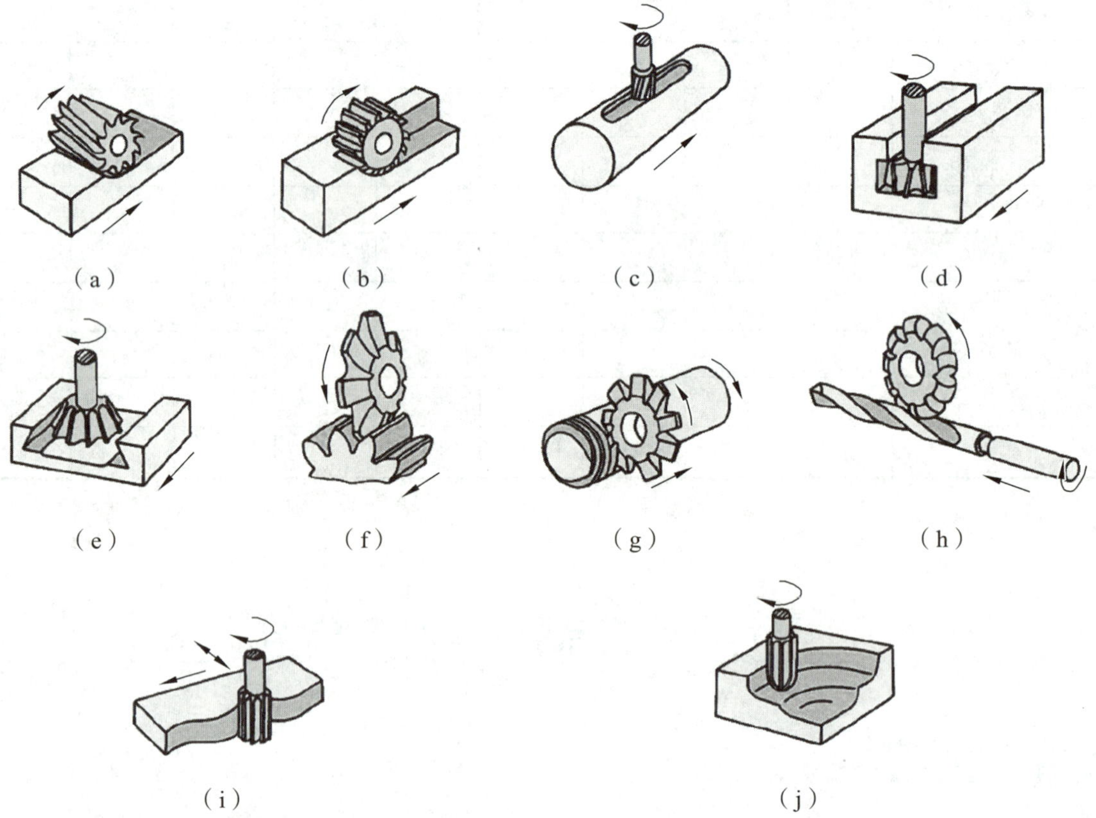

图 3-3-1　数控铣床的加工类型

为了方便根据零件图样进行编程，机床在加工零件时无论是刀具移向工件，还是工件移向刀具，都假定刀具相对于静止的工件运动。

2. 坐标系的规定

为了确定机床的运动方向、移动距离，要在机床上建立一个坐标系，这个坐标系就是标准坐标系。在编制程序时，以该坐标系来规定运动的方向和距离。

数控机床上的坐标系采用右手笛卡儿坐标系，如图 3-3-2 所示。

下面介绍几种常用的坐标系。

（1）机床坐标系。

机床坐标系是机床上固有的坐标系， 机床坐标系的方位是参考机床上的一些基准来确定的。在标准中，规定平行于机床主轴（传递切削力）的刀具运动坐标轴为 Z 轴，取刀具远离工件的方向为正方向（$+Z$）。X 轴为水平方向，垂直于 Z 轴并平行于工件的装夹面。对于刀具做旋转运动的机床（如铣床、镗床），当 Z 轴为水平时，沿刀具主轴后端向工件方向看，向右的方向为 X 的正方向；如 Z 轴是垂直的，则从主轴向立柱看时，对于单立柱机床，X 轴的正方向指向右边；对于双立柱机床，当从主轴向左侧立柱看时，X 轴向的正方向指向右边。在确定了 X、Z 轴的正方向后，可按右手直角笛卡儿坐标系确定 Y 轴的正方向。

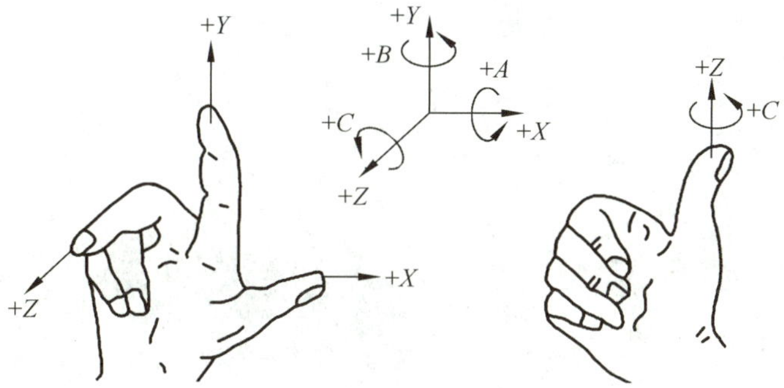

图 3-3-2　右手笛卡儿坐标系

常见机床的坐标方向如图 3-3-3 所示，图中表示的方向为实际运动部件的移动方向。机床原点（机械原点）是机床坐标系的原点，它的位置通常是在各坐标轴的最大极限处。

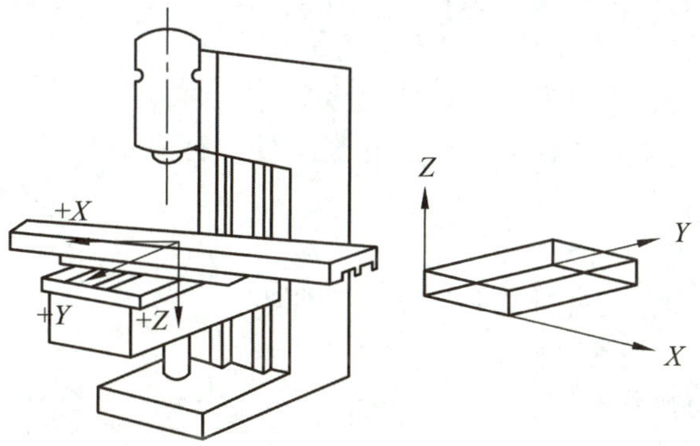

（a）立式数控铣床坐标系

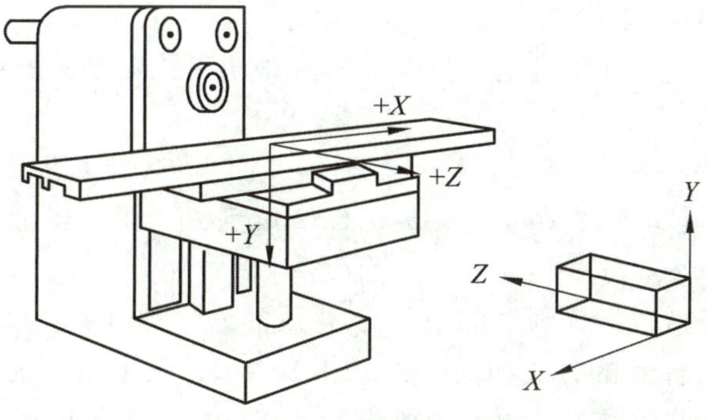

（b）卧式数控铣床坐标系

图 3-3-3　数控铣床坐标系

（2）工件坐标系。

工件坐标系是编程人员在编程和加工时使用的坐标系，是程序的参考坐标系。工件坐标系的位置以机床坐标系为参考点，一般在一个机床中可以设定 6 个工件坐标系。编程人员以工件图样上的某点为工件坐标系的原点，称之为工件原点。而编程时的刀具轨迹坐标点是按工件轮廓在工件坐标系中的坐标确定。在加工时，工件随夹具安装在机床上，这时测量工件原点与机床原点间的距离，这个距离称为工件原点偏置，如图 3-3-4 所示。

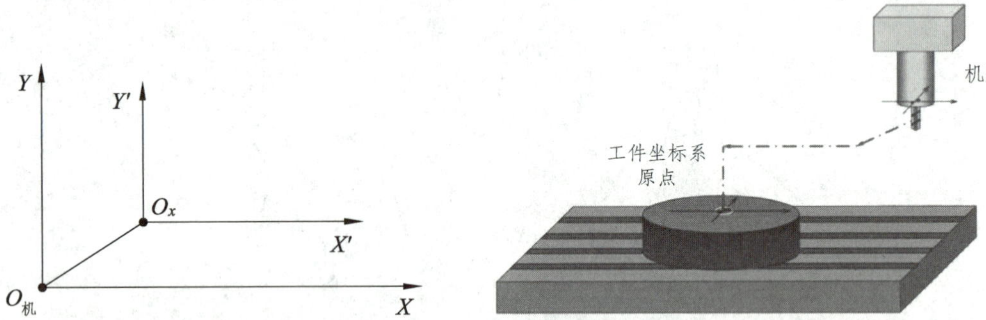

图 3-3-4　工件坐标系与机床坐标系

该偏置值必须在执行加工程序前预存到数控系统中。在加工时，工件原点偏置便能自动加到工件坐标系上，使数控系统可按机床坐标系确定加工时的绝对坐标值。因此，编程人员可以不考虑工件在机床上的实际安装位置和安装精度，而利用数控系统的原点偏置功能，通过工件原点偏置值，补偿工件在工作台上的位置误差。

① 可用 G92 指令建立工件坐标系。G92 指令通过设定刀具起点相对于工件原点的相对位置来建立工件坐标系，如图 3-3-5 所示。

指令格式：G92 X_ Y_ Z_;

其中，X_Y_Z_指主轴上刀具的基准点相对于工件原点（程序原点）的坐标值，它是绝对坐标。

如图 3-3-5 所示，可用指令建立工件坐标系：

G92　X30　Y30　Z20;

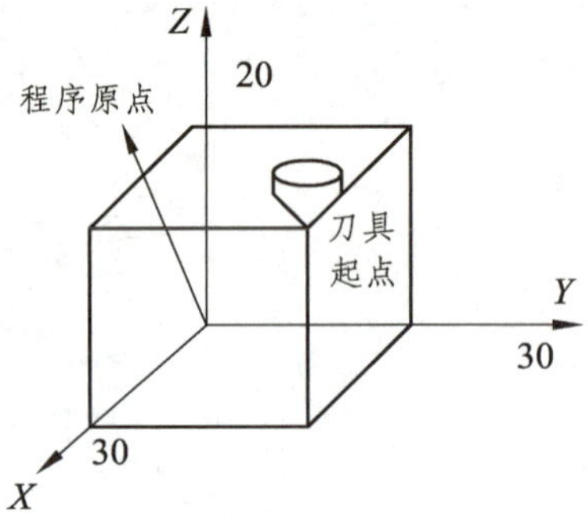

图 3-3-5　G92 建立坐标系

② 用 G54 ~ G59 选择 1 ~ 6 号加工坐标系。

指令格式：G54 G00　X_ Y_ Z_;

执行该指令后工件坐标系即建立，后续程序段中所有绝对坐标值都是相对选定的工件加工坐标系中的位置。

工件坐标系的建立：数控机床一般在开机后需“回零”（即回机床参考点）才能建立机床坐标系。在正确建立机床坐标系后可用 G54 ~ G59 设定 6 个工件坐标系。在一个程序中，最多可设定 6 个工件坐标系，如图 3-3-6（a）所示。

G54~G59 都是模态指令，分别对应 1＃ ~ 6＃预置工件坐标系。

用 G54 建立工件坐标系的方法如图 3-3-6（b）所示，图中表示了工件原点在机床坐标系中的坐标值。当工件装夹后，工件原点与机床参考点的偏移量可以通过测量或对刀来确定，将偏移量通过 CRT/MDI 参数设置方式输入对应的工件坐标系的偏置界面中。G55 ~ G59 设定工件坐标系的方法相同。

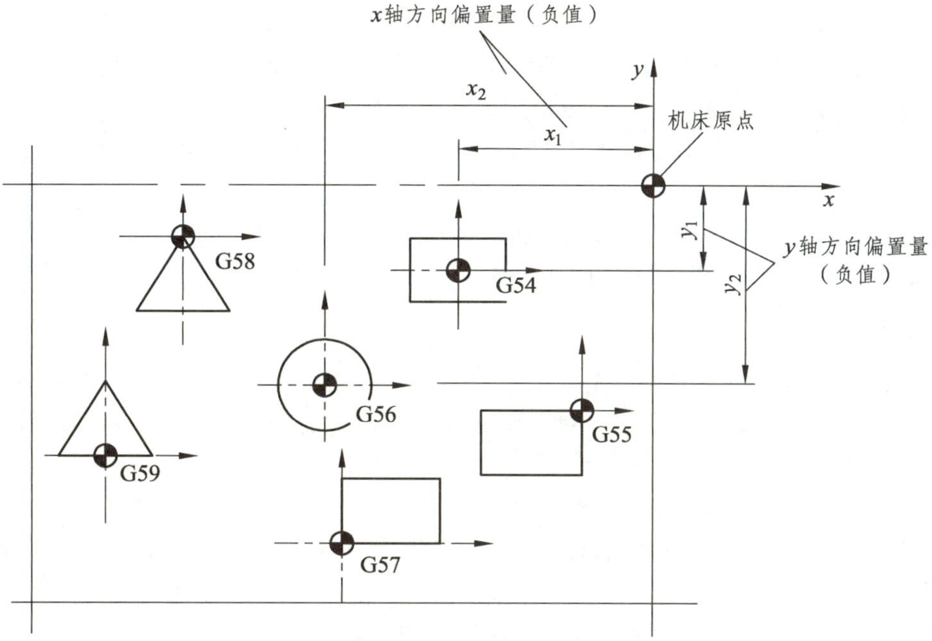

（a）

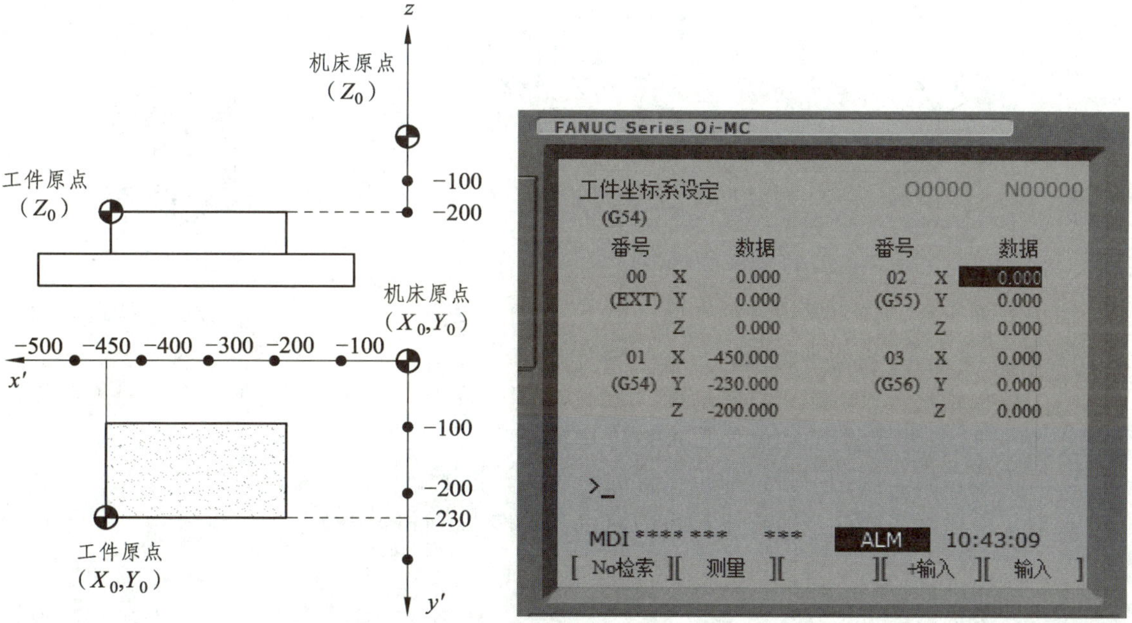

（b）

图 3-3-6　G54 ~ G59 指定工件坐标系

③ G92 与 G55 ~ G59 的区别。

G92 指令是通过单独的一个程序段指定的，其后的位置值与刀具的起始位置有关，在使用 G92 之前必须保证刀具处于加工起始点，执行该程序段只建立工件坐标系，并不产生坐标轴移动；G92 建立的工件坐标系在机床重开机时消失。

使用 G54～G59 建立工件坐标系时，工件原点在机床坐标系中的位置是不变的，与刀具的当前位置无关，机床重新开机后并不消失；该指令可单独指定，也可与其他指令同段，如果该程序段中有位置移动指令（G00、G01），就会在设定的坐标系中运动。

例如：执行 G92 X10 Y10 时，设定工件坐标系，并不产生任何动作，刀具已在加工坐标系中的（10，10）点上。

执行 G54 G01 X10 Y10 F80 时，刀具在选定的工件坐标系中移动，无论刀具当前位置在哪里，它都会移动到加工坐标系中的（10，10）点上。

3. 数控铣床的对刀

对刀的目的是通过刀具或对刀工具确定工件坐标系与机床坐标系之间的空间位置关系，并将对刀数据输入相应的存储位置，对刀是数控加工最重要的操作内容，对刀的准确与否，直接影响零件的加工精度。

对刀操作可以分为 X 向、Y 向、Z 向对刀。可以采用试切法、寻边器对刀、机内对刀仪对刀、自动对刀等，试切法对刀精度较低，加工中常用寻边器和 Z 方向设定器对刀，效率较高，也能保证对刀精度。

以图 3-3-7 中的仿形工件为例，介绍数控铣床的对刀步骤。

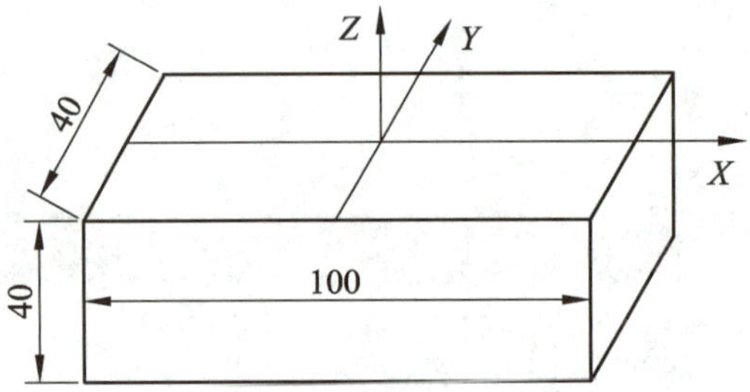

图 3-3-7　数控铣床的对刀

加工中心对刀

（1）主轴正转，铣刀靠工件的左面，记下 X_1 值；提刀，移动到工件的右面，靠近右面，记下 X_2 值；取 X_1 和 X_2 的平均值，写入 G54 中的 X 上。

（2）主轴正转，铣刀靠工件的前面，记下 Y_1 值；提刀，移动到工件的后面，靠近后面，记下 Y_2 值；取 Y_1 和 Y_2 的平均值，写入 G54 中的 Y 上。

（3）主轴正转，用铣刀慢慢靠近工件的上表面，记下 Z 值，并写入 G54 的 Z 上。

此时工件坐标系建立，工件坐标系的原点在工件上表面的中心点。

二、辅助功能 M 代码

数控铣床中辅助功能 M 代码如表 3-3-1 所示。

通常 M 功能除某些有通用性的标准码外（如 M03、M05、M08、M09、M30 等），也可由制造商依据其机械动作要求，设计出不同的 M 指令，以控制不同的开/关动作，或预留 I/O（输入/输出）接点，作为用户自行连接其他外围设备使用。

在同一程序段中若有两个 M 代码出现时，虽其动作不相冲突，但排列在最后面的 M 代码有效，前面的 M 代码被忽略而不执行。

表 3-3-1　常用 M 指令

代码	功　能		代码	功　能	
M00	程序停止	A	M07	切削液开（雾状）	W
M01	选择停止	A	M08	切削液开	W
M02	程序结束	A	M09	切削液关	A
M03	主轴正转	W	M19	主轴准停	A
M04	主轴反转	W	M30	程序结束并返回	A
M05	主轴停止	A	M98	调用子程序	A
M06	自动换刀	W	M99	子程序结束，并返回主程序	A

一般数控机床的 M 代码的前导零可省略，如 M01 可用 M1 表示，M03 可用 M3 表示，以此类推，这样可节省内存空间及减少键入的字数。

M 代码分为前指令码（表 3-3-5 中标 W）和后指令码（表 3-3-5 中标 A），前指令码和同一程序段中的移动指令同时执行，后指令码在同段的移动指令执行完后才执行。例如下面所示的程序结构，注意 M 代码执行的时间：

```
G00 ……   M03;        （在快速定位的同时主轴正转）
G01 ……   M08;        （切削液开，刀具靠近工件准备加工）
    ……
G01 ……   M09;        （刀具离开工件，切削液关）
G00 ……   M05;        （刀具快速移动后主轴停）
```

三、主轴功能 S、进给功能 F 和刀具功能 T

1. 主轴功能 S

主轴功能表示机床主轴的转速大小，由 S 和后面的数字组成。

指令格式：M03 S600；主轴以 600 r/min 的速度正转。

2. 进给功能 F

进给功能表示刀具中心运动时的进给速度，由 F 和其后的若干数字组成。数字的单位取决于数控系统所采用的进给速度的指定方式。

每分钟进给量指令格式：G94　F…

说明：G94 为数控机床的初始状态。

每转进给量指令格式：G95　F…

进给速度的值可由下列公式计算而得，即

$$f_m = f_r \times n = f \times Z \times n$$

式中，f_m 为每分钟的进给量；f_r 为每转的进给量；f 为每齿进给量；n 为主轴转速；Z 为铣刀的刀刃数。

【例 3-3-1】使用 ϕ75 mm、6 齿的面铣刀铣削碳钢表面，已知切削速度 $v_c = 100$ m/min，$f = 0.08$ mm/z，求主轴转速 n 及 f_m。

解：$n = v_c/\pi D = 1\,000 \times 100/(3.14 \times 75) = 425$（r/min）

$f_m = fZn = 0.08 \times 6 \times 425 = 204$（m/min）

3. 刀具功能 T

数控铣床因无自动换刀装置（ATC），必须用人工换刀，所以 T 功能只用于加工中心。T 代码由地址 T 及接在后面的两位数字组成。

加工中心的刀具库有两种：一种是圆盘型，另一种为链条型。换刀的方式有无机械手式和机械手式两种。无机械手式换刀方式是刀具库靠向主轴，先卸下主轴上的刀具，刀库再旋转至欲换的刀具位置，上升装上主轴。此种刀具库以圆盘型较多，且是固定刀号式（即 1 号刀必须插回 1 号刀套内），故换刀指令的书写方式如下：

M06　T02;

执行该指令时，主轴上的刀具先装回刀库，再旋转至 2 号刀，将 2 号刀装上主轴。

有机械手式换刀大都配合链式刀库且是无固定刀号式，即 1 号刀不一定插回 1 号刀套内。其刀库上的刀号与设定的刀号由控制器的 PLC 管理。此种换刀方式的 T 指令后面所接数字代表欲调用刀具的号码。当 T 代码被执行时，被调用的刀具会转至准备换刀位置（称为选刀），但无换刀动作，因此 T 指令可在换刀指令 M06 之前即设定，以节省换刀时等待刀具的时间。有机械手式换刀程序的指令常书写如下：

T01;　　　　（1 号刀转至换刀位置）

⋮

M06;　　　　（将 1 号刀换到主轴上）

T03;　　　　（将 3 号刀转至换刀位置）

执行刀具交换时，并非刀具在任何位置均可交换，各制造厂商依其设计不同，均在一安全位置实施刀具交换动作，以避免与机床工作台、工件发生碰撞。*Z* 轴的机床原点位置是远离工件最远的安全位置，故一般以 *Z* 轴先返回机床原点后，才能执行换刀指令。但有些制造厂商除了 *Z* 轴先返回机床原点外，还必须用 G30 指令返回第二参考点。

四、程序编制的基础

数控编程的方法有两种：自动编程和手工编程。一个数控加工程序由三部分组成：程序的开始部分、程序内容、程序的结束部分。

在数控编程中，数字单位分为两种，一种是以毫米为单位，一种是以脉冲当量为单位，现在大多数机床的脉冲当量为 0.001 mm。在输入数字的时候，有的系统可以省略掉小数点，如 X50.0 可以写成 X50。有的系统不能省略小数点。多数系统可以实现英制和米制的切换，G21 指令表示米制，G20 指令表示英制。

格式：G20——英制尺寸输入。线性轴：英寸；旋转轴：度。

G21——公制尺寸输入。线性轴：毫米；旋转轴：度。

G22——脉冲当量。线性轴：脉冲当量；旋转轴：脉冲当量。

这 3 个 G 代码，必须在程序的开头坐标系设定之前用单独的程序段指令或通过系统参数设定，程序运行中，不能进行切换。

当机床的坐标系及工件坐标系确定以后，会产生三个平面：*XY* 平面、*XZ* 平面、*YZ* 平面。这三个平面分别用代码：G17（*XY* 平面）、G18（*XZ* 平面）、G19（*YZ* 平面）来表示，如图 3-3-8 所示。

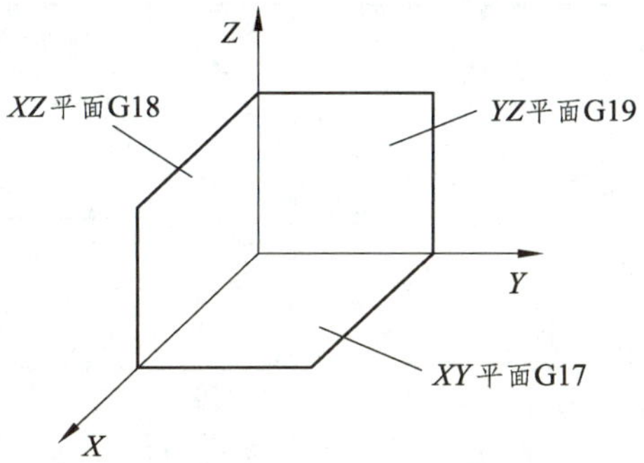

图 3-3-8　机床的工作平面

编程中可以使用增量值进行编程，也可以使用绝对值进行编程。

G90 指令为绝对值编程，调用 G90 指令，程序中绝对坐标功能字后面的坐标是以工件坐标原点为基准的，表示刀具终点的绝对坐标。

调用 G91 指令，表示程序中坐标功能字后面的坐标是以刀具起刀坐标为基准的，表示刀具终点坐标相对于起点坐标的增量。

例如：G90 G01 X40 Y30 F90;　　　相对于工件坐标原点

　　　G91 G01 X40 Y50 F80;　　　相对于刀具起点坐标

五、常用准备功能 G 代码

G 功能是命令机械准备以何种方式切削加工或移动，以地址 G 后面接两位数字组成，其范围为 G00 ~ G99。不同的 G 代码代表不同的意义与不同的动作方式，如表 3-3-2 所示是常用的 G 功能代码。

1. 基本移动指令

基本移动指令包括快速定位、直线插补和圆弧插补三个指令。

1）快速定位指令 G00

指令格式：G00 X__ Y__ Z__;

指令功能：使刀具以快速的速率移动到指定的位置，刀具先联动走最短的坐标值，然后走其余的坐标值，理想的路线和刀具实际移动路线不同，如图 3-3-9 所示。

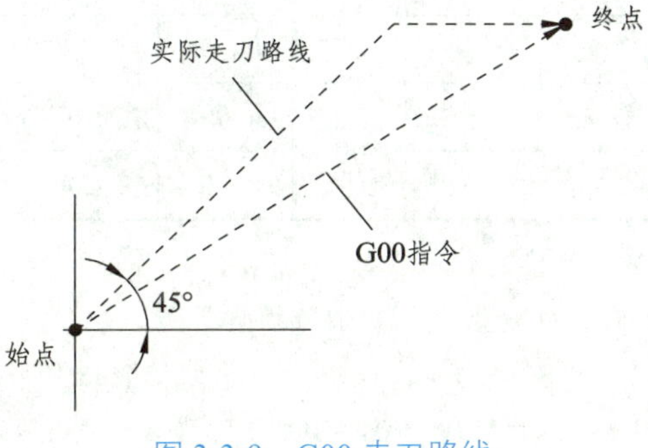

图 3-3-9　G00 走刀路线

表 3-3-2　准备功能（FANUC 0i-M）

代码	功　能	组别	代码	功　能	组别
★G00	快速定位	01	★G54	选择第 1 工件坐标系	12
G01	直线插补		G55	选择第 2 工件坐标系	
G02	顺时针圆弧插补		G56	选择第 3 工件坐标系	
G03	逆时针圆弧插补		G57	选择第 4 工件坐标系	
G04	暂停	00	G58	选择第 5 工件坐标系	
G09	准确停止检验		G59	选择第 6 工件坐标系	
G10	自动程序原点补正，刀具补正设定		G61	准确停止方式	15
★G17	*XY* 平面选择	02	G62	自动拐角倍率	
G18	*ZX* 平面选择		G63	攻螺纹方式	
G19	*YZ* 平面选择		★G64	切削方式	
G20	英制单位输入	06	G65	宏程序调用	00
G21	米制单位输入		G73	高速深孔啄钻循环	09
★G27	参考点返回检票	00	G74	攻左螺纹循环	
G28	参考点返回		G76	精镗孔循环	
G29	由参考点返回		★G80	取消固定循环	
G30	第 2、3、4 参考点返回		G81	钻孔循环	09
G33	螺纹切削	01	G82	沉头钻孔循环	
★G40	取消刀具半径补偿	07	G83	深孔啄循环	
G41	左刀补		G84	攻右螺纹循环	
G42	右刀补		G85	铰孔循环	09
G43	刀具长度正补偿	08	G86	背镗循环	
G44	刀具长度负补偿		★G90	绝对坐标编程	03
★G49	取消刀具长度补偿		G91	增量坐标编程	
★G50	比例缩放取消	11	G92	设定工件坐标系	00
G51	比例缩放有效		★G94	每分钟进给量	05
G52	局部坐标系统	00	★G98	在固定循环中使 *Z* 轴返回到起点	11
G53	选择机床坐标系		G99	在固定循环中使 *Z* 轴返回到 *R* 点	

注：① 标有★的 G 代码为电源接通时的状态。

② “00” 组的 G 代码为非续效指令，其余为续效代码。

③ 如果同组的 G 代码出现在同一程序段中，则最后一个 G 代码有效。

④ 在固定循环中（09 组），如果遇到 01 组的 G 代码时，固定循环被自动取消。

指令说明：

① 非直线插补定位，刀具轨迹一般不是直线。

② X、Y、Z：终点坐标。

③ G00 指定刀具相对于工件以各轴预先设定的速度，从当前位置快速移动到程序段指令的定位目标。移动速度由机床参数设定，不能用 F 指定。

④ G00 用于加工前、后的快速进刀和退刀，不能用于切削。

2）直线插补指令 G01

指令格式：G01 X__ Y__Z__F__；

指令功能：刀具从当前位置移动到指定的位置，其轨迹是一条直线，F_指定了刀具沿直线运动的速度，单位为 mm/min（*X*、*Y*、*Z* 轴）。第一次出现 G01 指令时，必须指定 F 值，否则机床报警。

G01 指令刀具联动，按 F 规定的值进行移动，从当前位置直线插补到指定位置。编程的路径就是实际进给路径。

3）圆弧插补指令 G02/G03

该指令控制刀具在指定坐标平面内以给定的进给速度从当前位置（圆弧起点）沿圆弧移动到指令给出的目标位置（圆弧终点）。G02 为顺时针圆弧插补指令，G03 为逆时针圆弧插补指令。因加工零件均为立体的，在不同平面上其圆弧切削方向（G02 或 G03）如图 3-3-10 所示。其判断方法为：在右手直角笛卡儿坐标系统中，从垂直于圆弧所在平面轴的正方向往负方向看，顺时针为 G02，逆时针为 G03。

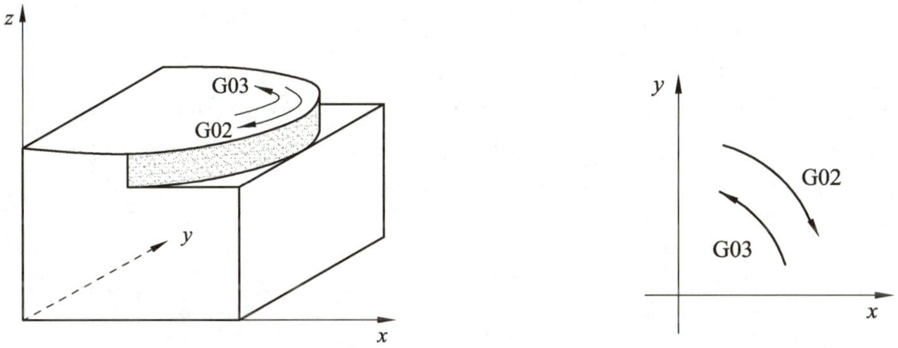

（a）*XY* 平面 G17

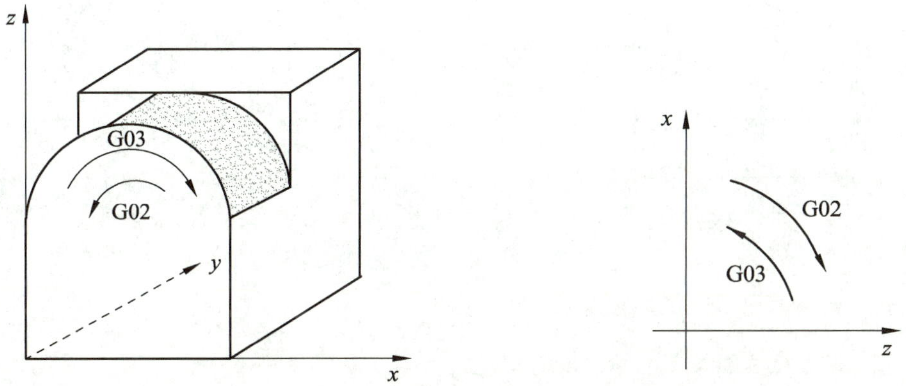

（b）*XZ* 平面 G18

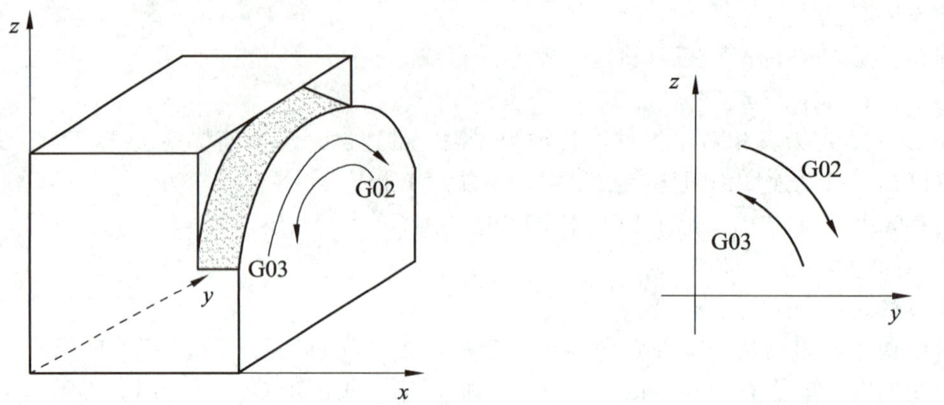

（c）*YZ* 平面 G19

图 3-3-10 圆弧切削方向与平面的关系

指令格式有三种情况。

在 *XY* 平面：

G17 { G02 / G03 } X__ Y__ { (I__ J__) / R__ } F__;

在 *XZ* 平面：

G18 { G02 / G03 } X__ Z__ { (I__ K__) / R__ } F__;

在 *YZ* 平面：

G19 { G02 / G03 } Y__ Z__ { (J__ K__) / R__ } F__;

其中：

① X、Y、Z 值为圆弧终点坐标。

② I、J、K 值为圆心分别在 *x*、*y*、*z* 轴相对圆弧起点的增量坐标（简称为 IJK 编程），如图 3-3-11（a）所示；R 为圆弧半径（简称为 R 编程），如图 3-3-11（b）所示。

③ 整圆加工时，不能采用 R 编程。

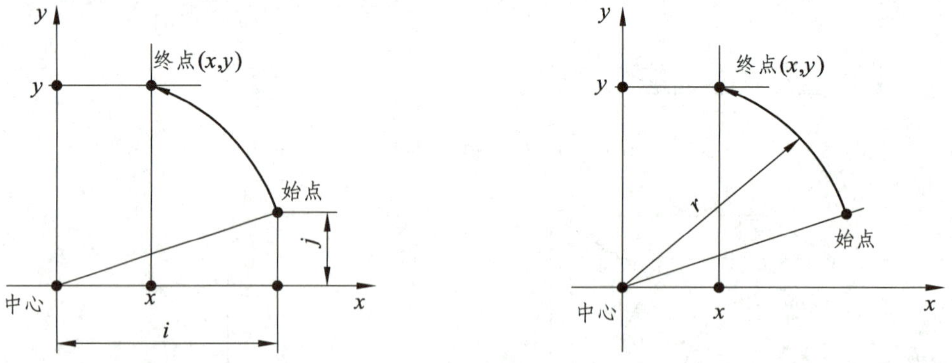

（a）IJK 编程　　（b）R 编程

图 3-3-11 IJK 编程和 R 编程

2. G27、G28、G29、G30 指令

1）返回参考点检查 G27

数控机床通常是长时间连续运转，为了提高加工的可靠性及保证工件尺寸的正确性，可

用 G27 指令来检查工件原点的正确性。

指令格式：G90（G91）G27 X__Y__Z__；

其中，在 G90 方式下，X、Y、Z 值表示机床参考点在工件坐标系的绝对坐标；在 G91 方式下，X、Y、Z 值表示机床参考点相对刀具目前所在位置的增量坐标。

该指令的用法如下：当执行加工完成一循环，在程序结束前执行 G27 指令，则刀具将以快速定位（G00）移动方式自动返回机床参考点，如果刀具到达参考点位置，则操作面板上的参考点返回指示灯亮；若工件原点位置在某一轴向有误差，则该轴对应的指示灯不亮，且系统将自动停止执行程序，发出报警提示（No.92 报警）。

使用 G27 指令时，若先前建立了刀具半径或长度补偿，则必须先用 G40 或 G49 将刀具补偿取消后，才可使用 G27 指令。例如，对于加工中心可编写以下程序：

```
…
M06 T01;                                    （换 1 号刀）
…
G40 G49;                                    （取消刀具补偿）
G27 X385.612   Y210.812   Z421.226;         （返回参考点检查）
…
```

2）自动返回参考点 G28

该指令可使坐标轴自动返回参考点。

指令格式：G28 X__Y__Z__；

G91 方式编程：G91 G28 X100 Y150；

G90 方式编程：G90 G54 G28 X300 Y250；

指令说明：

① X、Y、Z 为指定的中间点位置，如图 3-3-12 所示。

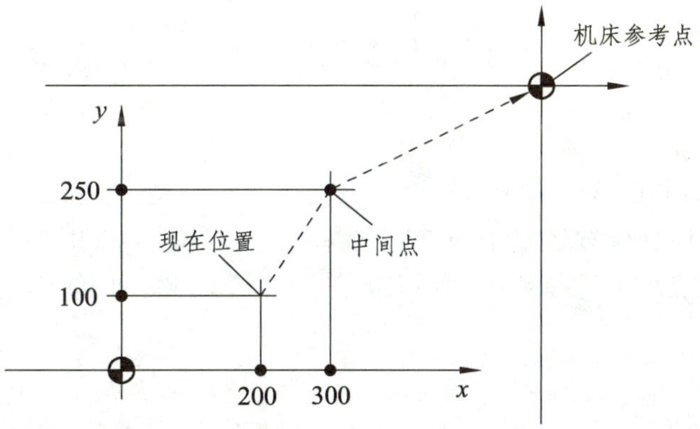

图 3-3-12　G28 编程

② 执行 G28 指令时，各轴先以 G00 的速度快速移动到程序指令的中间点位置，然后自动返回参考点。

③ 使用时，经常把 *XY* 和 *Z* 分开，先用 G28 Z_，使得刀具回到 *Z* 轴参考点位置，然后用 G28 X_ Y_回到 *XY* 方向的参考点位置。

④ G28 指令一般用于自动换刀，在使用该指令时应首先取消刀具补偿功能。

⑤ G28 为非模态指令。

3）从参考点返回 G29

该指令的功能是使刀具由机床参考点经过中间点到达目标点。

指令格式：G29 X__Y__Z__；

其中，X、Y、Z 后面的数值是指刀具的目标点坐标。

这里经过的中间点就是 G28 指令所指定的中间点，故刀具可经过这一安全通路到达欲切削加工的目标点位置。所以用 G29 指令之前，必须先用 G28 指令，否则 G29 指令因不知道中间点的位置而发生错误。其使用方法如图 3-3-13 所示，程序编写如下：

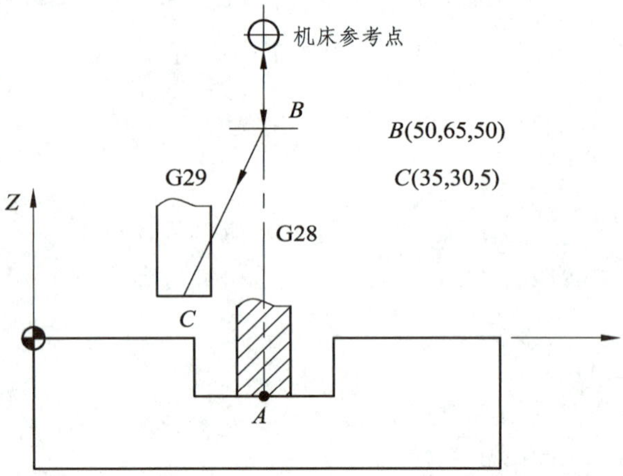

图 3-3-13　G28、G29 编程

M06 T02；

…

G90 G28 Z50；　　　　（由 *A* 点经中间点 *B* 回到 *Z* 轴机床参考点）

M06 T03；

G29 X35 Y30 Z5；　　（3 号刀由机床参考点经中间点 *B* 快速定位至 *C* 点）

…

…

4）第 2、3、4 参考点返回 G30

该指令是由刀具所在位置经过中间点回到参考点。G30 与 G28 指令类似，差别在于 G28 指令是回归第 1 参考点（机床原点），而 G30 是返回第 2、3、4 参考点。

指令格式：

$$\left\{ \text{G30} \begin{array}{c} \text{P2} \\ \text{P3} \\ \text{P4} \end{array} \right\} \text{X\_\_Y\_\_Z\_\_；}$$

其中，P2、P3、P4 即选择的第 2、3、4 参考点，选择第 2 参考点时可省略不写 P2；X、Y、Z 后面的数值是指中间点位置坐标。

第 2、3、4 参考点的坐标位置在参数中设定。G30 指令通常在自动换刀时使用，如台中精机有机械手式的自动换刀装置在换刀时，除了 *Z* 轴必须返回机床原点外，必须指令 *Y* 轴返回第 2 参考点。

六、数控程序编写的基本格式

以图 3-3-14 中的零件为例，编制数控加工程序，并以这段程序为例，介绍数控程序编写的基本格式（见表 3-3-3）。

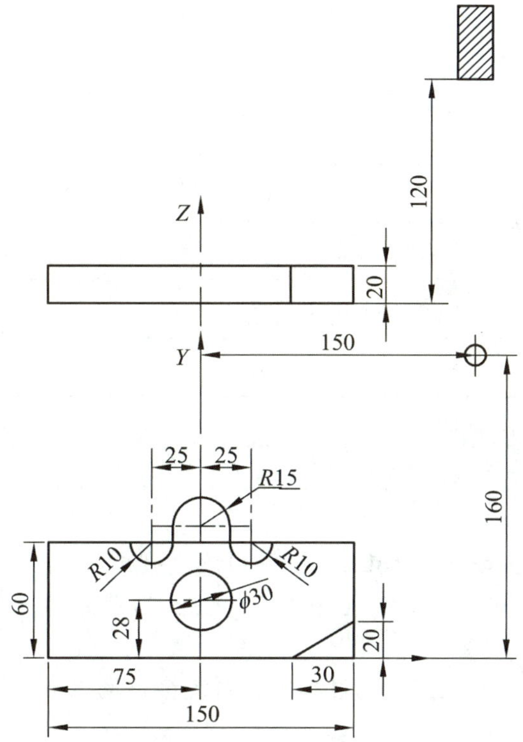

图 3-3-14　程序举例

表 3-3-3　数控程序编写基本格式

O0001；	主程序号	O＋4 位数字
G92 X150 Y160 Z120；	建立工件坐标系，编程零点 W	程序头
G90 G00 X100 Y60；	快速到 X100，Y60	
Z-2 S100 M03；	快速到 Z-2，主轴正转，转速 100	
G01 X75 F100；	直线插补至 X75，Y60	程序主干
X35；	直线插补至 X35	
G02 X15 R10；	顺圆插补至 X15，Y60	
G01 Y70；	直线插补至 X15，Y70	
G03 X-15 R15；	逆圆插补至 X-15，Y70	
G01 Y60；	直线插补至 X-15，Y60	
G02 X-35 R10；	顺圆插补至 X-35，Y60	
G01 X-75；	直线插补至 x-75，Y60	

续表

O0001；	主程序号	O＋4 位数字
G01 Y0；	直线插补至 X-75，Y0	
X45；	直线插补至 X-45，Y0	
X75 Y20；	直线插补至 X75，Y20	
Y65；	直线插补至 X75，Y65	
G00 X100 Y60；	快速退至 X100，Y60	程序尾
Z120；	快速抬刀 Z120	
X150 Y160；	快速退到对刀点	
M05 M30；	程序结束，回到起始位置	

数控铣床中经常要对程序进行操作，包括录入、检索、修改、删除、插入等编辑方式。

在“EDIT”模式下，按下“PROG”键输入程序号（如 O1234），按下软件对应的“检索”，可以搜索相应的程序。

检索到相应的程序后，按下“DELETE”键可以直接删除相应程序。

也可以在“EDIT”模式下，输入“O-9999”，按下“DELETE”键删除数控机床中的全部程序。

顺序号不需要输入，在输入程序的过程中，系统会自动生成顺序号，同时也可以对顺序号进行编辑，中间插入新的顺序号。

技能训练

对图 3-3-15 所示的零件进行数控加工工艺分析，确定数控加工的工艺路线，编制数控加工程序。

一、设计数控加工工艺方案

1. 加工工艺路线

选择切入、切出方式，考虑刀具的进、退刀路线时，刀具的切出或切入点应在沿零件轮廓的切线上，以保证工件的轮廓光滑。避免在工件轮廓面上垂直上、下刀而导致工件表面划伤，同时尽量减少在轮廓加工切削过程中的暂停，避免在工件表面留下刀痕。

选择铣削方向。一般情况下可以采用顺铣的，应采用工件顺时针方向铣削。

选择铣削路线。首先确定粗、精加工的形状轮廓，然后确定其他加工过程。请把你设计的铣削路线画到图 3-3-16 中。

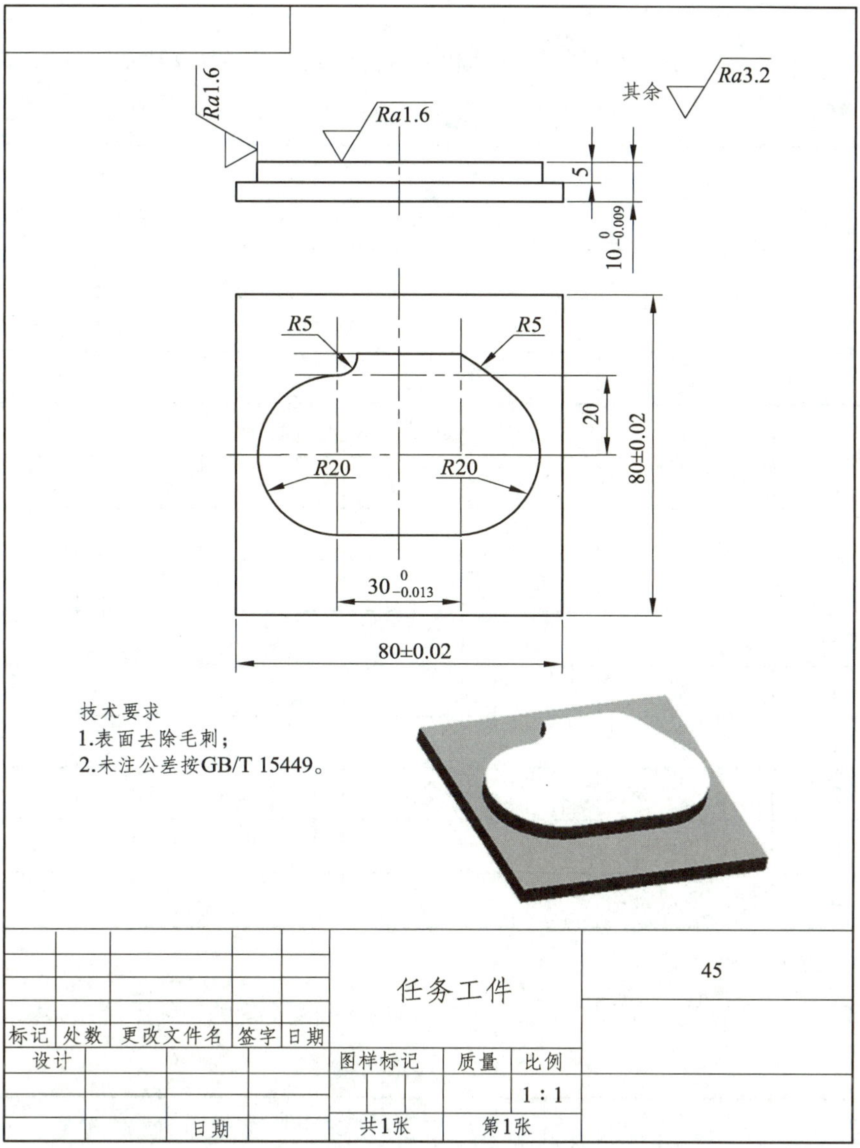

图 3-3-15　零件图纸

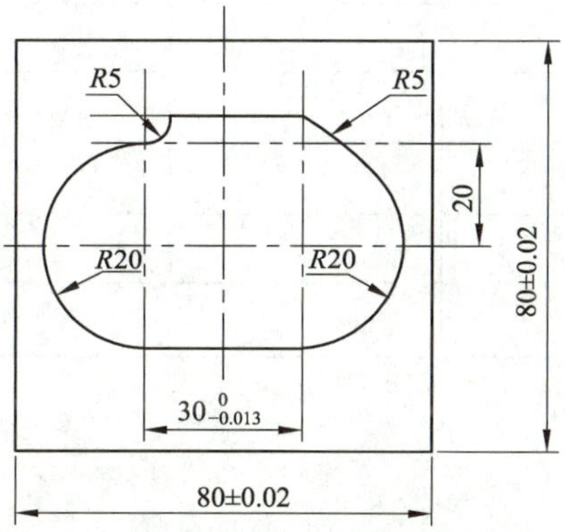

图 3-3-16　任务图纸

2. 选择工具、量具、刀具

根据零件图纸，选择合适的工具、量具和刀具，并填入表 3-3-4 中。

表 3-3-4　工具、量具、刀具选择

工具、量具、刀具清单							
种类	序号	名　称	规　格	精度	单位	数量	备注
工具	1						
	2						
	3						
	4						
	5						
量具	1						
	2						
	3						
	4						
刀具	1						
	2						
	3						
	4						

3. 选择合理的切削用量

在确定了数控加工的工艺路线之后，请按照工步内容确定合理的切削用量，并填入表 3-3-5 中。

表 3-3-5　切削用量

工步号	工步内容	刀具号	刀具规格	主轴转速 /（r/min）	进给速度 /（mm/min）	背吃刀量 /mm
1						
2						
3						
4						
5						

二、编写数控加工程序

参照数控铣床的编程规则和指令格式，编写本次任务工件的数控加工程序，填入表 3-3-6 中。

表 3-3-6　数控加工程序

顺序号	程序段	注释

三、任务评价与总结

在小组内每个人先对任务完成情况进行评价总结，再由小组推荐代表向全班作小组总结。评价完成后，根据其他组成员对本组的评价意见进行归纳总结，完成自评总结的撰写。

教师对各小组任务完成情况分别作评价（见表 3-3-7），找出各组的优点进行点评，对任务完成过程中各组的缺点进行点评，提出改进方法，对整个任务完成中出现的亮点和不足进行点评。

表 3-3-7　任务评价表

班级：　　　　　　　　　　　　　学生姓名：

项　目	自我评价（20%）			小组评价（20%）			教师评价（60%）		
	10～9	8～6	5～1	10～9	8～6	5～1	10～9	8～6	5～1
任务实施一									
任务实施二									
安全文明									
操作规范性									
协作精神									
纪律观念									
工作态度									
学习主动性									
总结质量									
小计									
总评									

任课教师：　　　　年　　月　　日

复习思考题

一、判断题

1. 数控铣床属于直线控制系统。（　　）

2. 在数控机床上加工零件，应尽量选用组合夹具和通用夹具装夹工件，避免采用专用夹具。（　　）

3. 数控铣床主要分为三大类：数控立式铣床、数控卧式铣床、数控立卧两用转换铣床。（　　）

4. 在机床接通电源后，通常都要做回零操作，使刀具或工作台退离到机床参考点。（　　）

5. 粗铣削与精铣削的主轴转速应相同。（　　）

6. 被加工零件轮廓上的内转角尺寸要尽量统一。（　　）

7. 圆弧插补中，对于整圆，其起点和终点相重合，用 R 编程无法定义，所以只能用圆心坐标编程。（　　）

8. 四坐标数控铣床是在三坐标数控铣床上增加一个数控回转工作台。（　　）

9. 能进行轮廓控制的数控机床，一般也能进行点位控制和直线控制。（　　）

二、选择题

1. 数控机床工作时，当发生任何异常现象需要紧急处理时应启动（　　）。

A. 程序停止功能　B. 暂停功能　C. 紧停功能　D. 故障检测功能

2. 在铣削工件时，若铣刀的旋转方向与工件的进给方向相反，称为（　　）。

A. 顺铣　B. 逆铣　C. 横铣　D. 纵铣

3. 加工中心与数控铣床的主要区别是（　　）。

A. 数控系统复杂程度不同　B. 机床精度不同

C. 有无自动换刀系统

4. 立式数控铣床的升降台上下运动坐标轴是（　　）。

A. X 轴　B. Y 轴　C. Z 轴

5. 立式数控铣床的拖板前后运动坐标轴是（　　）。

A. X 轴　B. Y 轴　C. Z 轴

6. 要做好数控机床的维护与保养工作，必须（　　）清除导轨副和防护装置的切屑。

A. 每周　B. 每小时　C. 每天　D. 每月

7. 铣刀直径为 50mm，铣削铸铁时其切削速度为 20m/min，则其主轴转速为每分钟（　　）。

A. 60 转　B. 120 转　C. 240 转　D. 480 转

三、简答题

1. 数控铣床由哪些部分组成？数控装置的作用是什么？

2. 简述数控铣削加工半径补偿的作用。

3. 什么是顺铣？什么是逆铣？

4. G90 X20.0 Y15.0 与 G91 X20.0 Y15.0 有什么区别？

项目四　数控铣床、加工中心编程方法及加工

任务一　平面铣削的编程方法及加工

知识目标

（1）掌握平面铣削的基本方法及切削用量的选择；
（2）掌握平面铣削的加工程序编写方法；
（3）了解平面铣削的注意事项；
（4）能够正确操作数控机床。

能力目标

能够掌握平面铣削的基本方法，选择合适的切削用量，确定走刀路线，能够根据零件图纸编写出平面铣削的加工程序，并能够正确操作数控机床。

相关知识

一、工件的装夹

工件在用平口虎钳装夹时，要注意毛坯表面的情况，如果毛坯表面比较粗糙或有硬皮，必须在两个钳口垫紫铜皮；对于粗糙度值小的平面，在夹到钳口内时，垫薄的铜皮。为了便于加工，还要选择适当厚度的垫铁，垫在工件下面，使得工件的加工面高出钳口，高出的尺寸，便于把加工余量切除。

在操作过程中，必须把虎钳底面和工作台面擦拭干净，以保证工件的加工精度。

二、刀具的选择

1. 面铣刀

面铣刀主要用于粗加工，也可用于精加工。面铣刀的主切削刃分布在铣刀的圆柱面上或圆锥面上，副切削刃分布在铣刀的端面上。面铣刀按结构可以分为整体式面铣刀、硬质合金

整体焊接式面铣刀、硬质合金机夹焊接式面铣刀。图 4-1-1 所示为面铣刀。

面铣刀的齿数对铣削生产率和加工质量有直接影响，齿数越多，效率越高，加工的表面质量越好。

2. 立铣刀

立铣刀广泛应用于数控铣床加工中，主要用于立式铣床上加工，用于加工凹槽、台阶面和成型面等。立铣刀的主切削刃分布在铣刀的圆柱面上，副切削刃分布在铣刀的端面上，并且端面中心有中心孔，一般只能沿铣刀的径向做进给运动。立铣刀有粗齿和细齿之分，粗齿的刀齿为 3 ~ 6 个，一般都是用于粗加工，细齿的刀齿为 5 ~ 10 个，可以用于精加工。立铣刀的直径范围一般在 2 ~ 80 mm，如图 4-1-2 所示。

图 4-1-1　面铣刀

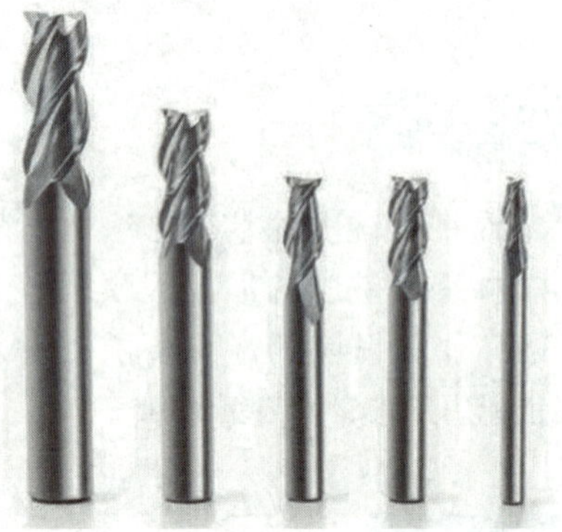

图 4-1-2　立铣刀

三、刀具长度补偿

数控铣床或加工中心所使用的刀具，因每把刀具的长度都不相同，同时由于刀具的磨损或其他原因会引起刀具长度发生变化，使用刀具长度补偿指令可使每一把刀加工出来的深度尺寸都正确。

刀具长度补偿使得刀具垂直于进给平面，偏移一个刀具长度修正值，这样在编程的时候，可不考虑刀具的长度。

由于把编程时设定的刀具长度的值和实际加工所使用的刀具长度值的差，设定在补偿存储器中，无须更改程序，就可以对刀具长度值进行补偿。

刀具长度的补偿在使用前，必须先对刀具参数进行设置。

刀具长度补偿的建立，使用 G43 和 G44 指令。

指令格式：G43 Z_H_

G44 Z_H_

或　G43 H_

G44 H_

Z 轴移动的终点位置加上（G43）或减去（G44）补偿存储器中设定的补偿值，如图 4-1-3 所示。

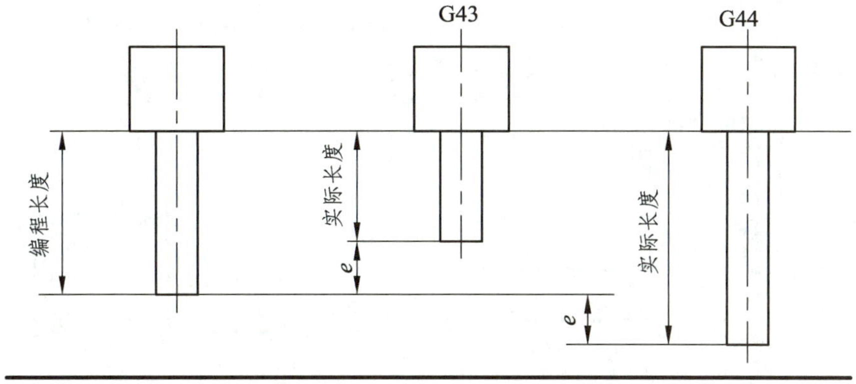

图 4-1-3　G43 和 G44 指令

G43 为正侧补偿，G44 为负侧补偿，最终计算结果的坐标值为终点，如图 4-1-4 所示。当补偿值的符号为负时，变为反方向。G43 和 G44 为模态指令，直到同一组的其他 G 代码出现之前，都是有效的。

取消刀具长度补偿可以使用 G49 或 H00 指令。一旦设定 G49 或 H00，刀具长度补偿立刻取消。

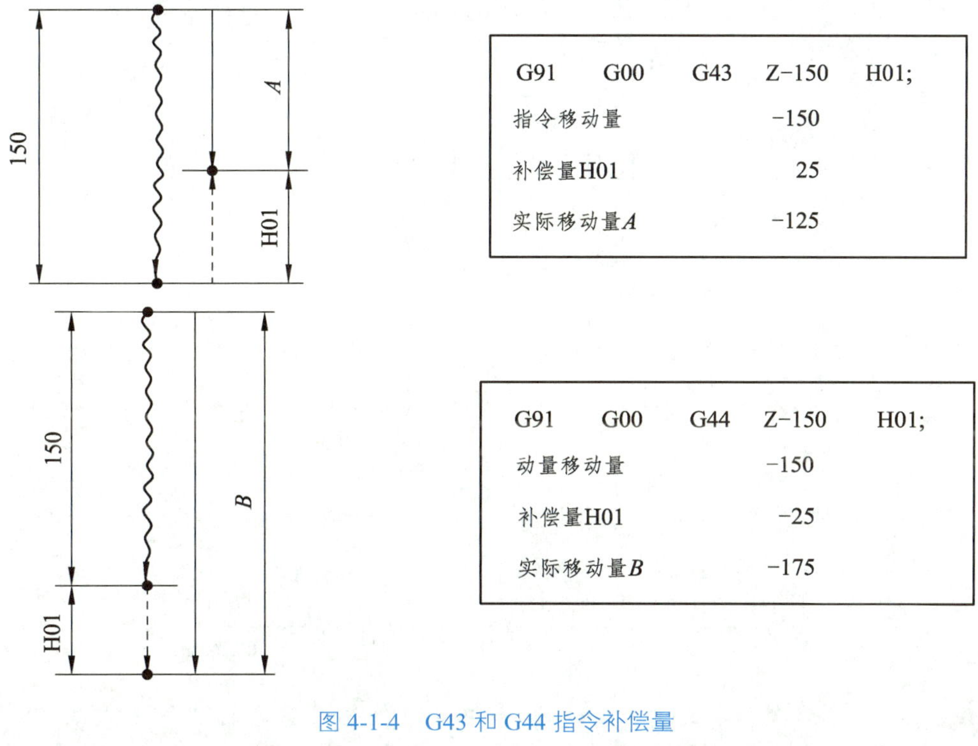

图 4-1-4　G43 和 G44 指令补偿量

四、平面检测的常用量具

1. 用游标卡尺进行测量

目前，常用的游标卡尺是双面量爪游标卡尺，测量范围一般为 0 ~ 150 mm 或者更大。游标卡尺可以用来测量内表面和外表面，也可以用来测量深度，如图 4-1-5 所示。有的游标卡尺上面带有数字显示装置，可以直接进行读数。

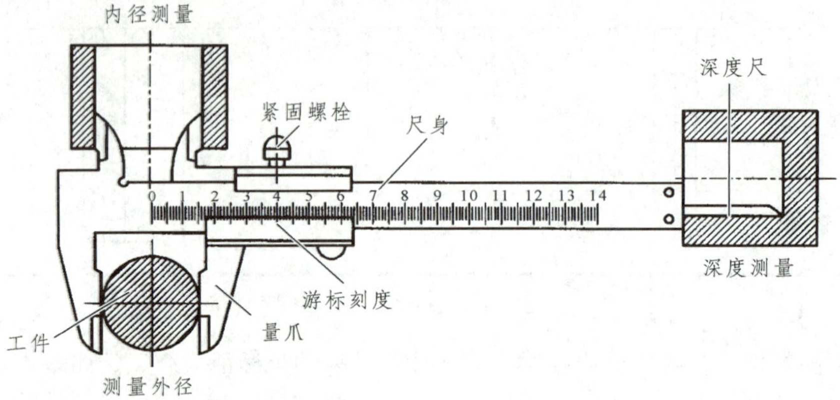

图 4-1-5　游标卡尺的使用

游标卡尺的精度有 10 分度，精度为 0.1 mm；有 20 分度，精度为 0.05 mm；有 50 分度，精度为 0.02 mm，如图 4-1-6 所示。目前常用的为 50 分度游标卡尺。读数的时候，先看游标卡尺的精度，然后读出主尺上的读数，最后读出游标上的读数，游标上与主尺上刻度相对齐的刻度与精度的乘积，就是游标上的读数。

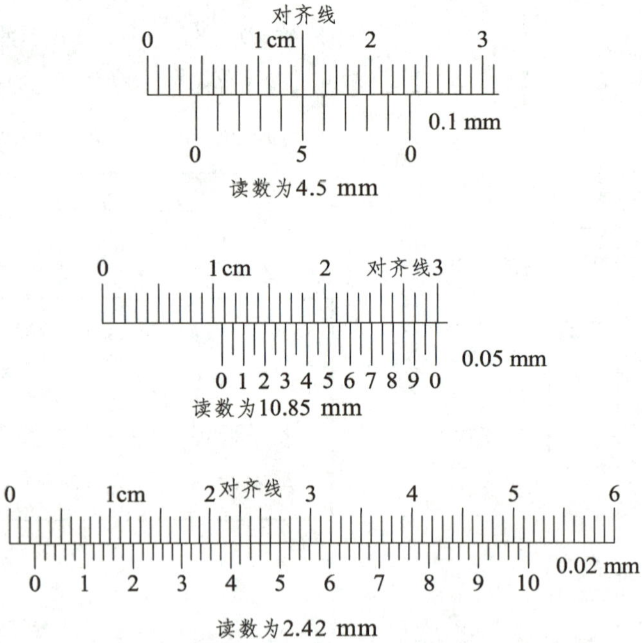

图 4-1-6　游标卡尺的读数

2. 用千分尺进行测量

千分尺的精度比游标卡尺高。千分尺的规格繁多，按用途进行分类，有外径千分尺、内径千分尺、深度千分尺等。从读数的方式来分，有普通式、带表式和电子数显式三种。这里只介绍常用的外径千分尺。图 4-1-7 所示为 0 ~ 15 mm 的外径千分尺。

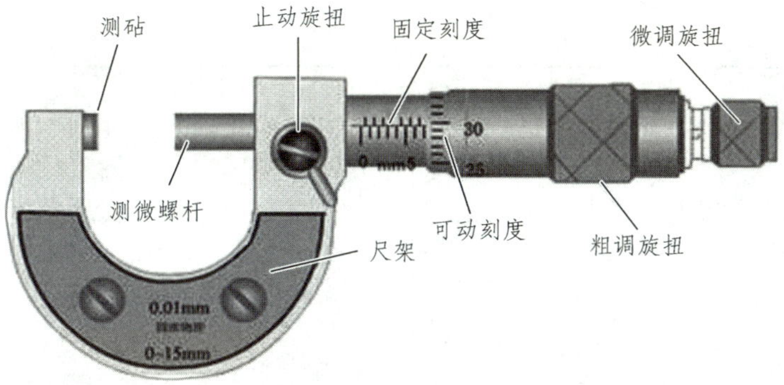

图 4-1-7　外径千分尺

测量的时候，要先检验千分尺的零位是否准确。

读数的时候，以微分套筒的基准线为基数，先读取左边固定套筒的刻度值，然后以固定套筒基准线读取微分套筒刻度线上与基准线对齐的刻度，每个刻度为 0.01 mm，按照微分套筒上的刻度读出对应数值。图 4-1-7 中读数为 7.29 mm（即固定刻度 7 加可动刻度 0.29）。

技能训练

图 4-1-8 所示的零件图纸是一个立方台阶形工件，请对该工件进行数控加工工艺分析，选择合适的刀具、量具、工具，编制数控加工程序。选择合适的夹具，夹持工件后，完成对刀，建立工件坐标系，加工完成后，对加工出来的工件进行检测。

一、填写工艺卡片

在认真读取零件图纸后，首先要进行数控加工工艺分析，填写工艺卡片。本次零件需要对 6 个平面进行精加工，每个面做一次铣削加工，请填入表 4-1-1 中。

表 4-1-1　数控加工工艺卡片

<table>
<tr><td rowspan="3">学习任务</td><td rowspan="3" colspan="3"></td><td>材料牌号</td><td colspan="2"></td><td colspan="4">指导教师：</td></tr>
<tr><td>零件名称</td><td colspan="2"></td><td colspan="4">毛坯尺寸：　　　　机床型号：</td></tr>
<tr><td>夹　具</td><td colspan="2"></td><td colspan="3">切削用量</td><td></td></tr>
<tr><td rowspan="2">工序</td><td rowspan="2">工步</td><td rowspan="2">程序号</td><td rowspan="2">工步内容</td><td rowspan="2">刀具号</td><td rowspan="2">刀具规格</td><td rowspan="2">量、辅具</td><td>切削速度/(mm/min)</td><td>进给速度/(mm/r)</td><td>背吃刀量/mm</td><td>备注</td></tr>
<tr><td>v_c</td><td>n</td><td></td><td></td></tr>
<tr><td rowspan="4"></td><td></td><td></td><td></td><td></td><td></td><td></td><td></td><td></td><td></td><td></td></tr>
<tr><td></td><td></td><td></td><td></td><td></td><td></td><td></td><td></td><td></td><td></td></tr>
<tr><td></td><td></td><td></td><td></td><td></td><td></td><td></td><td></td><td></td><td></td></tr>
<tr><td></td><td></td><td></td><td></td><td></td><td></td><td></td><td></td><td></td><td></td></tr>
<tr><td rowspan="2"></td><td></td><td></td><td></td><td></td><td></td><td></td><td></td><td></td><td></td><td></td></tr>
<tr><td></td><td></td><td></td><td></td><td></td><td></td><td></td><td></td><td></td><td></td></tr>
</table>

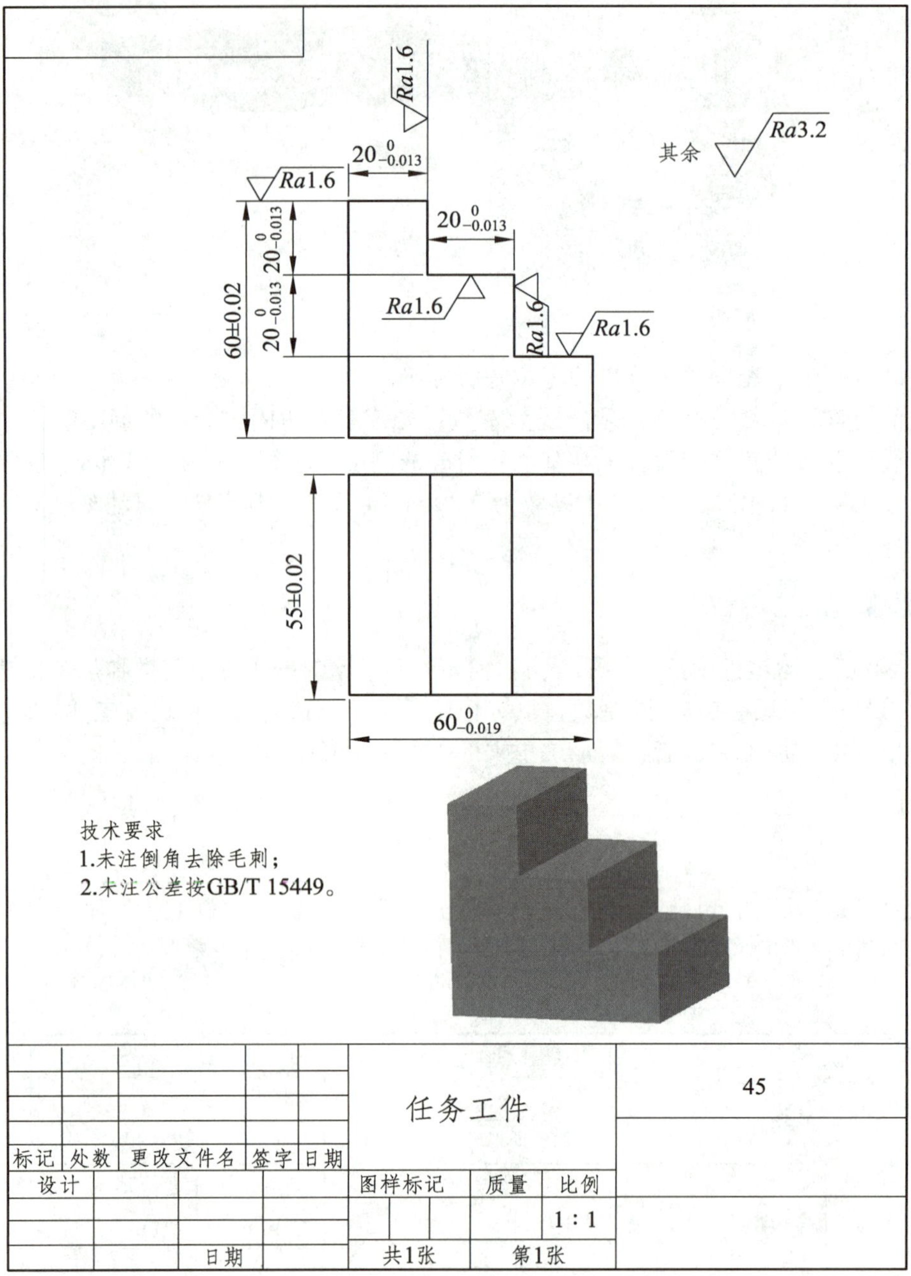

图 4-1-8　任务图纸

二、编写加工程序

通过数控加工工艺分析，确定工件坐标系的原点，然后根据所学的指令，编写数控加工程序，并填入表 4-1-2 中。

表 4-1-2　程序单

程序号	程序段	注释

三、加工工件

在编制完加工程序以后，输入数控机床，进行模拟加工，在确保程序无误之后，进行对刀操作，最后进行数控加工。对比表 4-1-3 中的质量要求，对加工出来的工件进行检测和评价。

表 4-1-3　质量检测单

序号	工件尺寸	评分标准	分值	备注
1	55±0.02	超差 0.01 扣 3 分	10	
2	60±0.02	超差 0.01 扣 3 分	10	
3	$20_{-0.013}^{0}$（4 处）	超差 0.01 扣 3 分	40	
4	$60_{-0.019}^{0}$	超差 0.01 扣 3 分	10	
5	表面粗糙度 *Ra*1.6（4 处）	不合格不得分	20	
7	安全文明生产	遵照安全生产规则，工具、量具有序摆放，无事故	10	

四、任务评价与总结

在小组内每个人先对任务完成情况进行评价总结，再由小组推荐代表向全班作小组总结。评价完成后，根据其他组成员对本组的评价意见进行归纳总结，完成自评总结的撰写。

教师对各小组任务完成情况分别作评价（见表 4-1-4），找出各组的优点进行点评，对任务完成过程中各组的缺点进行点评，提出改进方法，对整个任务完成中出现的亮点和不足进行点评。

表 4-1-4　任务评价表

班级：　　　　　　　　　　　　学生姓名：

项　目	自我评价（20%）			小组评价（20%）			教师评价（60%）		
	10～9	8～6	5～1	10～9	8～6	5～1	10～9	8～6	5～1
任务实施一、二									
任务实施三									
安全文明									
操作规范性									
协作精神									
纪律观念									
工作态度									
学习主动性									
总结质量									
小计									
总评									

任课教师：　　　　年　　月　　日

任务二　外形铣削的编程方法及加工

知识目标

（1）掌握外形铣削的基本方法及切削用量的选择；

（2）掌握外形铣削的加工程序编写方法；

（3）了解外形铣削的注意事项；

（4）能够正确操作数控机床完成零件加工。

能力目标

外轮廓工件的加工需要进行数控加工的工艺分析，划分出粗加工、精加工阶段，对工件的几何尺寸进行计算，考虑刀具的直径，编制出合理的数控加工程序，在机床上完成对刀操作和工件加工。

相关知识

外轮廓零件的加工，不能一次切削完成，常常需要划分成几个阶段。数控铣削的加工阶段可以划分为粗加工阶段、半精加工阶段、精加工阶段、光整加工阶段。

在数控铣床上加工的工件，一般按工序集中原则划分工序。

数控铣削加工工序通常按照下面的原则进行安排：

（1）基面先行原则。作为精基准的表面应该优先加工出来。

（2）先粗后精原则。各个表面的加工顺序按照粗加工→半精加工→精加工→光整加工的顺序依次进行。

（3）先主后次原则。零件的主要工作表面、装配基面应先加工，次要表面穿插进行。

（4）先面后孔原则。对于箱体、支架类零件，平面轮廓尺寸较大，一般先加工平面，然后再加工孔等。

一、铣削内外轮廓的加工路线

铣削内孔轮廓的时候，一般采用立铣刀的侧刃进行切削，当工具切入工件的时候，为了避免工件加工中出现接刀痕影响工件的表面质量，轮廓精铣时刀具一般采用沿切线切入、沿切线切出的方式，如图 4-2-1 所示。如果不能采用切线的方式，可以采用切圆切入和切圆切出的方式；两种方式都不行时，可以采用远离轮廓节点的点作为切入点。

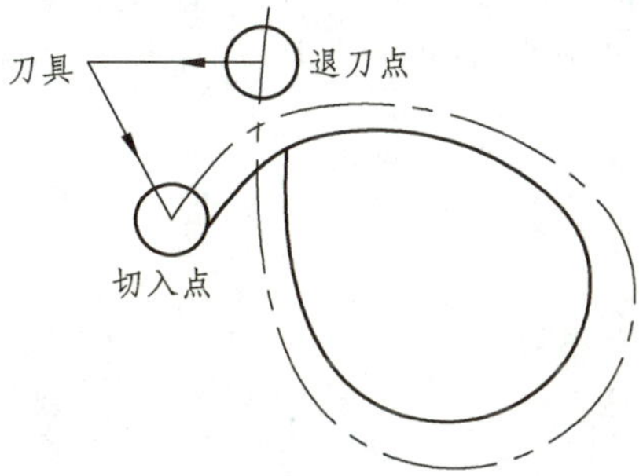

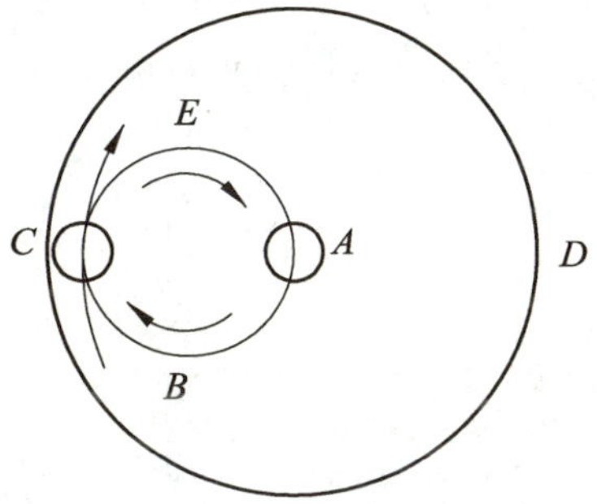

图 4-2-1　内外轮廓的切入、切出

二、刀具半径补偿

数控加工过程中，指令坐标所控制的是刀具中心的轨迹，但实际编程是按零件轮廓编制加工程序，因而为了加工所需的零件轮廓，必须利用机床半径补偿功能。

1. 刀具半径补偿的建立

G41：刀具左补偿指令；

G42：刀具右补偿指令。

指令格式：G41 G00/G01 X_ Y_ D_;

　　　　　G42 G00/G01 X_ Y_ D_;

指令说明：

① X__ Y__表示刀具中心开始偏移后的起始点坐标值。

② D_为刀具半径补偿寄存器，用来存放刀具的半径值。

③ 如图 4-2-2（a）所示，沿刀具进给方向看，刀具中心在零件轮廓左侧，则为刀具半径左补偿，用 G41 指令。

④ 如图 4-2-2（b）所示，沿刀具进刀方向看，刀具中心在零件轮廓右侧，则为刀具半径右补偿，用 G42 指令。

⑤ 通过 G00 或 G01 运动指令建立刀具半径补偿。

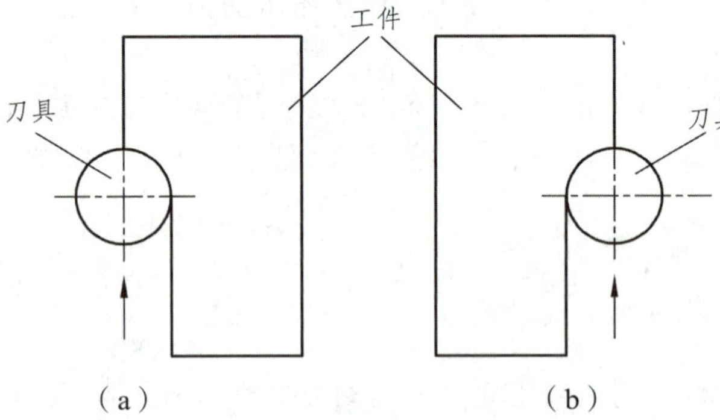

图 4-2-2　刀具半径补偿位置判断

如图 4-2-3 所示，刀具由 *O* 点至 *A* 点，采用刀具半径左补偿指令 G41 后，刀具将在直线插补过程中向左偏置一个半径值，使刀具中心移动到 *B* 点；使用刀具半径右补偿指令 G42 后，刀具将在直线插补过程中向右偏置一个半径值，使刀具中心移动到 *C* 点。

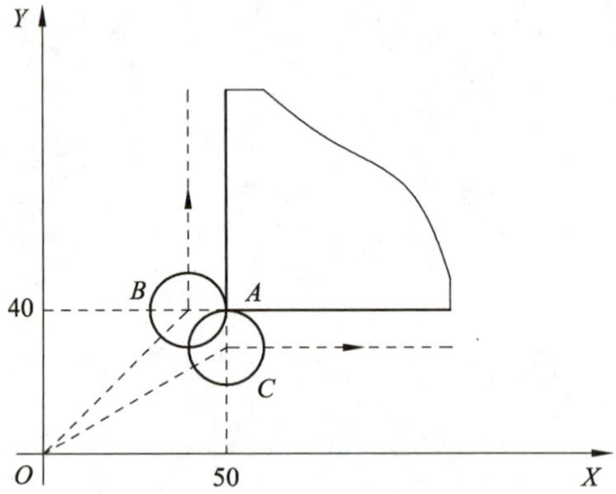

图 4-2-3　刀具半径补偿示例

2. 取消刀具半径补偿 G40

指令格式：G00/G01 G40　X__ Y__;

指令说明：

① 指令中的 X__ Y__表示刀具轨迹中取消刀具半径补偿点的坐标值。

② 通过 G00 或 G01 运动指令取消刀具半径补偿。

③ G40 必须和 G41 或 G42 成对使用。

三、程序举例

以图 4-2-4 为例，编写平面铣削的加工程序。

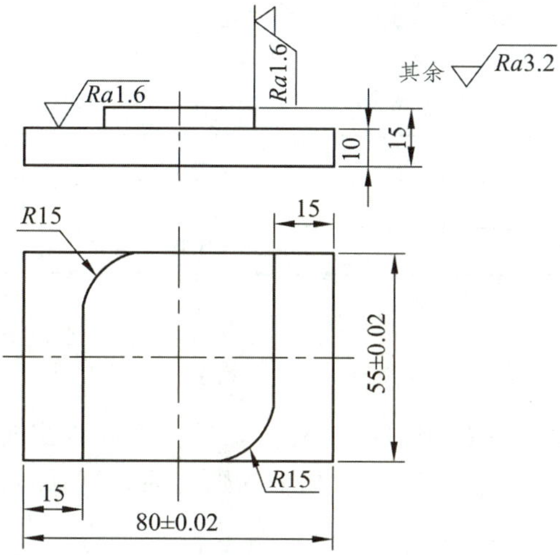

图 4-2-4　编程举例

加工视频

图 4-2-4 中，有阶梯面，有两个圆角，可以选择两把刀具，进行铣削加工，用 $\phi 16$ 的立铣刀加工外部轮廓及工件的阶梯面。

在编程过程中，以工件俯视图中的左下角为 *XY* 的原点，以工件的上表面为 *ZO*，建立工件坐标系，设计加工路线。

编写程序如表 4-2-1 中所列。

表 4-2-1　程序列表

程序号	程序段	注　释
N10	G92 X-20 Y-20 Z100;	建立坐标系
N20	M03 S500;	主轴正转
N30	M06 T01;	刀具
N40	G00 G43 Z-20 H01;	*Z* 方向进给
N50	G01 G41 X0 Y-8 D01 F100;	准备切削
N60	Y55;	切出外轮廓
N70	X80;	
N80	Y0;	
N90	X-10;	
N100	G00 X-20 Y-20;	退刀
N110	G43 Z-5;	*Z* 向进刀
N120	G01 X15;	台阶面轮廓加工
N130	Y55;	
N140	X65;	
N150	Y0;	
N160	X15;	

续表

程序号	程序段	注　释
N170	Y40；	台阶面轮廓加工
N180	G02 X30 Y55 R15；	
N190	G01 X65；	
N200	Y15；	
N210	G02 X50 Y0 R15；	
N220	G00 G40 X-20 Y-20 Z100；	退刀
N230	M30；	程序结束

技能训练

对图 4-2-5 进行数控加工工艺分析，选择相应的刀具、量具、工具，编制数控加工程序，完成数控加工。该工件只有一个台阶，凸台的形状简单，由几个圆弧组成，圆弧彼此对称，设计好加工路线，切除多余材料，即可完成零件的加工。

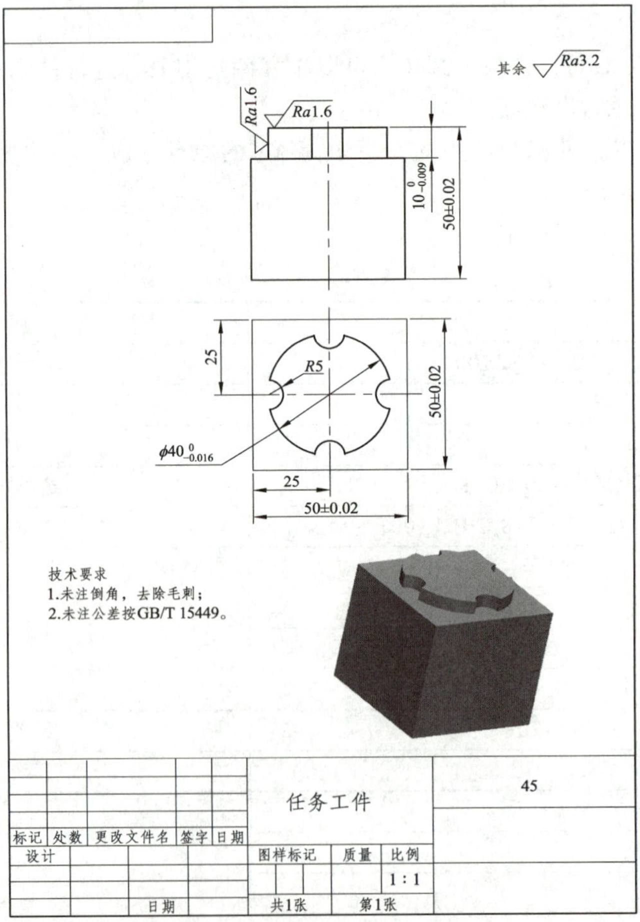

图 4-2-5　任务图纸

一、填写工艺卡片

在认真读取零件图纸后，首先要进行数控加工工艺分析，划分加工的工序和工步，确定刀具和夹具，填写数控加工工艺卡片。

本次零件需要对外轮廓面进行粗加工和精加工，请填入表 4-2-2 中。

表 4-2-2　数控加工工艺卡片

学习任务				材料牌号			指导教师：			
				零件名称			毛坯尺寸： 机床型号：			
				夹　具			切削用量			
工序	工步	程序号	工步内容	刀具号	刀具规格	量、辅具	切削速度/(mm/min)	进给速度/(mm/r)	背吃刀量/mm	备注
							v_c	n		

二、编写加工程序

通过数控加工工艺分析，确定工件坐标系的原点，编写数控加工程序，并填入表 4-2-3 中。

表 4-2-3　程序单

程序号	程序段	注释

三、加工工件

在编制完加工程序以后，输入数控机床，进行模拟加工，在确保程序无误之后，完成对刀操作，然后进行数控加工。工件加工完成后，对照表 4-2-4 对工件进行检测。

表 4-2-4　质量检测单

序号	工件尺寸	评分标准	分值	备注
1	50±0.02（3 处）	超差 0.01 扣 3 分	30	
2	表面粗糙度 $Ra1.6$（6 个面）	超差不得分	20	
3	25±0.01	超差 0.01 扣 3 分	10	
4	$\phi40_{-0.016}^{\ 0}$	超差 0.01 扣 3 分	10	
5	$R5$（4 处）	尺寸不合格不得分	20	
6	安全文明生产	遵照安全生产规则，工具、量具有序摆放，无事故	10	

四、任务评价与总结

在小组内每个人先对任务完成情况进行评价总结，再由小组推荐代表向全班作小组总结。评价完成后，根据其他组成员对本组的评价意见进行归纳总结，完成自评总结的撰写。

教师对各小组任务完成情况分别作评价（见表 4-2-5），找出各组的优点进行点评，对任务完成过程中各组的缺点进行点评，提出改进方法，对整个任务完成中出现的亮点和不足进行点评。

表 4-2-5　任务评价表

班级：　　　　　　　　　　　　学生姓名：

项　目	自我评价（20%）			小组评价（20%）			教师评价（60%）		
	10～9	8～6	5～1	10～9	8～6	5～1	10～9	8～6	5～1
任务实施一、二									
任务实施三									
安全文明									
操作规范性									
协作精神									
纪律观念									
工作态度									
学习主动性									
总结质量									
小计									
总评									

任课教师：　　　　年　　月　　日

任务三　钻削的编程方法及加工

知识目标

（1）掌握钻削的基本方法；
（2）掌握切削用量的选择；
（3）能够正确操作数控机床。

能力目标

分析零件图，确定数控加工工艺路线，选择刀具、量具、工具，编制出合理的数控加工程序，完成工件加工。

相关知识

一、孔系加工用刀具及其选择

钻孔的工具有很多，应该根据工件材料、加工尺寸及加工指令要求进行选用。在加工中心上钻孔，大多采用麻花钻，麻花钻有高速钢和硬质合金两种。

麻花钻有标准型和加长型，为了提高钻头的刚性，应尽量选用较短的钻头。需要注意的是：麻花钻的工作部分必须大于孔的深度。

麻花钻主要由工作部分、颈部和柄部组成。工作部分包括切削部分和导向部分，分别承担切削和引导切削方向的作用，柄部有直柄和莫氏锥柄两种，用于定心夹持和传递扭矩。图 4-3-1 所示为麻花钻的组成。麻花钻的切削部分主要承担切削工作，螺旋槽的一部分为前刀面，钻头的顶锥面为主后刀面。麻花钻导向部分的作用是当切削部分切入工件以后起导向作用，也是切削部分的后备部分。

1. 麻花钻的几何参数

麻花钻的主要几何角度有 4 个：顶角、前角、后角、横刃斜角。

顶角是两主切削刃之间的夹角，如图 4-3-1（c）中的 2ϕ。顶角的大小影响钻头的强度和轴向阻力。顶角越大，麻花钻的强度越大，但是切削式的轴向力也越大。减小顶角，会增大主切削刃的长度，但是相同条件下切削刃单位长度上的负荷减轻，切削轴向切削分力减小，容易切入工件，但是过小的顶角又会使钻头的强度降低。因此，顶角需要根据工件的材料进行选择，标准麻花钻的顶角为 $2\phi=118°\pm2°$。

由于前刀面是螺旋面，因而主切削刃上各点的前角是变化的。钻头外径边缘处前角最大，约为 30°，从外缘向中心逐渐减小，到钻头半径处前角为 0°，外往内前角为负数，靠近横刃处前角约为-30°，横刃上的前角为-50°～-60°，也就是前角内小外大。

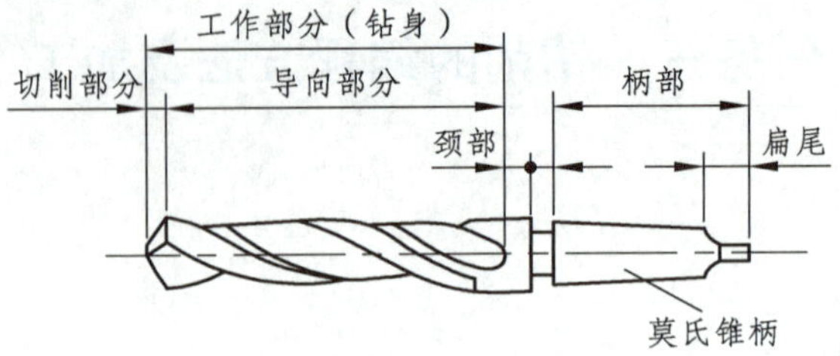

（a）莫氏锥柄麻花钻

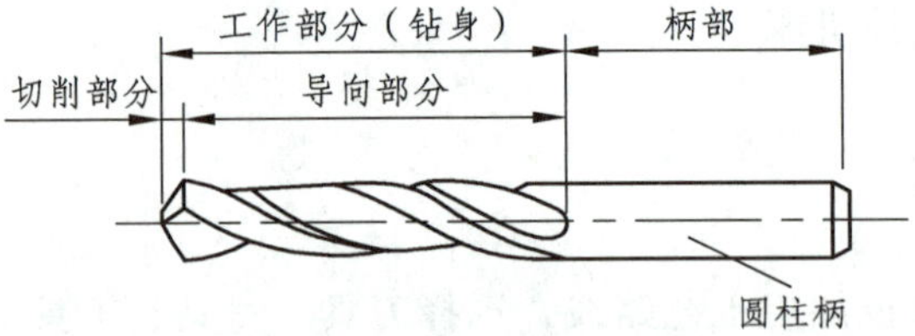

（b）圆柱柄麻花钻

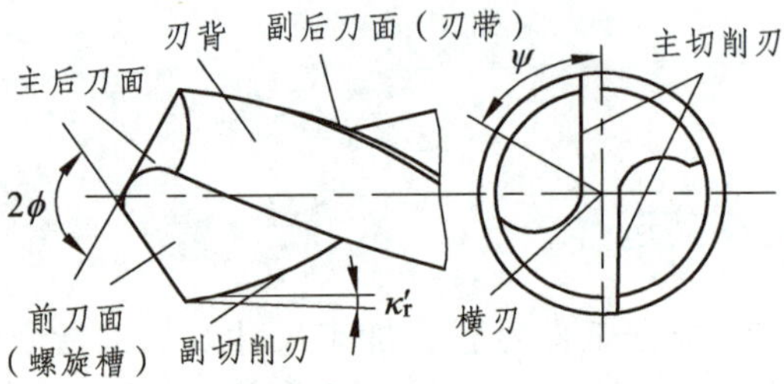

（c）切削部分

图 4-3-1　麻花钻的组成

由于后刀面也是曲面，因而主刃上各点的后角也不相等，它与前角恰恰相反，在外缘处最小（8°～14°），越靠近中心后角越大，即后角内大外小。钻心处的后角为 20°～26°，横刃处的后角为 30°～36°。

横刃斜角是横刃与主切削刃在端面上投影所夹锐角，标准麻花钻的横刃斜角 ψ 为 50°～55°，横刃斜角越小，横刃就越长。横刃太长，则钻削时轴向力增大，对钻削不利。

2. *麻花钻的刃磨*

麻花钻在使用中很容易磨损，必须经常进行刃磨保持锋利。若无钻模导向，刃磨质量不高，很容易引起钻孔偏斜，因此必须提高刃磨质量。

麻花钻在刃磨前要摆好位置，不能盲目刃磨。麻花钻刃磨的一般要求是：顶角大小要符合要求，并被钻头中心线平分，工件材料硬度低的，顶角可小些，两条主刃长度要相等，否则钻出的孔径会偏大或呈多角形。

麻花钻的刃磨方法与步骤：

① 刃磨前，钻头主切削刃放置在砂轮中心水平面或稍高一些，钻头中心线与砂轮外圆柱面母线在水平面内的夹角等于顶角的一半（ϕ = 59°），同时钻尾向下倾斜，如图 4-3-2（a）所示。

② 刃磨时，右手握住钻头前端作支点，左手握钻尾上下摆动并略带旋转，但是不能转动过多或上下摆动太大，以防止磨成副后角或把另一面主切削刃抹掉，在刃磨小麻花钻时要特别注意，如图 4-3-2（b）所示。

③ 磨完一个主切削刃后，把钻头转过 180°，用相同的方法磨另一主切削刃，为达到两刃对称的目的，人和手要保持原来的位置和姿势。

（a）刃磨前　　（b）刃磨时

图 4-3-2　标准麻花钻的刃磨方法

刃磨麻花钻时需要注意以下事项：

① 磨钻头时，钻尾向上摆动，不得高出水平线，以防磨出负后角，钻尾向下摆动也不能太多，以防磨掉另一条主刀刃。

② 随时检查两主切削刃的刃长及与钻头轴心线的夹角是否对称。

③ 刃磨时必须注意随时冷却，以防钻头刃口发热退火，降低硬度。

麻花钻刃磨不正确对工件的影响如图 4-3-3 所示。

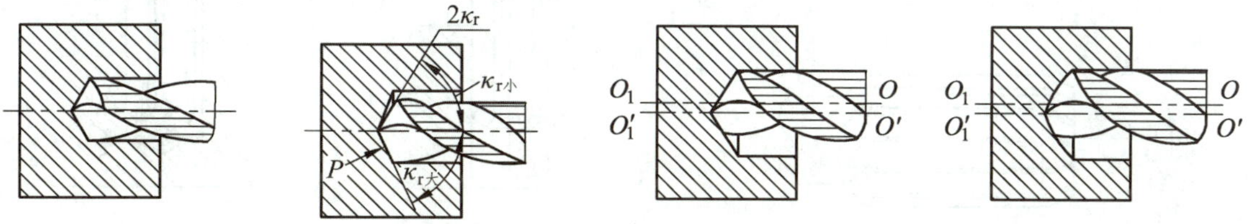

（a）刃磨正确　　（b）顶角不对称　　（c）主切削刃长度不等　　（d）顶角和主切削刃长度不对称

图 4-3-3　麻花钻刃磨不正确对工件的影响

麻花钻在钻孔时，由于钻头刚性差、容易变形，容易造成钻偏或孔径扩大。钻孔的精度一般只能达到 IT12。由于钻头的主切削刃全长都参与切削，切屑流速相差大，易卷成螺旋形，堵塞螺旋槽，常划伤已经加工好的表面，因此钻孔的表面粗糙度仅为 12.5 μm，钻孔仅属于粗加工。

3. 麻花钻的使用方法

麻花钻在钻削的时候，要先确定进给量。钻孔时，工件每转一圈，钻头沿轴向相对位移的距离为进给量，单位为 mm/r。在机床上用手动方式缓慢转动尾座手轮来实现进给运动，当选用直径为 ϕ12 ~ ϕ30 mm 的钻头钻削钢料时，一般取 f = 0.15 ~ 0.35 mm/r。选用直径越小的钻头，进给量也要相应减小，否则钻头可能会折断。图 4-3-4 所示为麻花钻的运动。

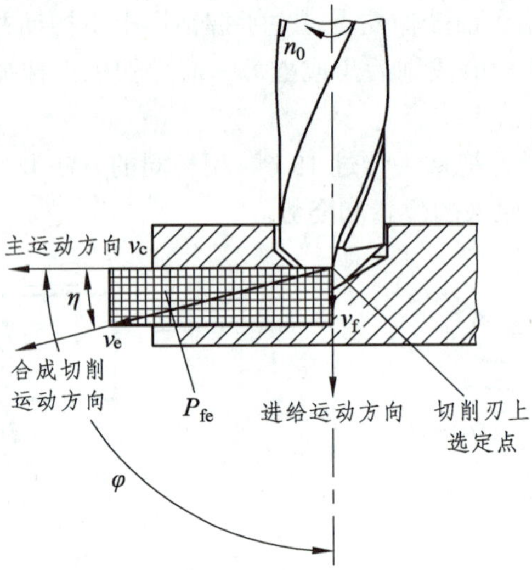

图 4-3-4　麻花钻的运动

扩孔大多采用扩孔钻，也可采用镗刀扩孔。铰孔一般采用通用的标准铰刀。用铰刀加工通孔和盲孔如图 4-3-5 所示。

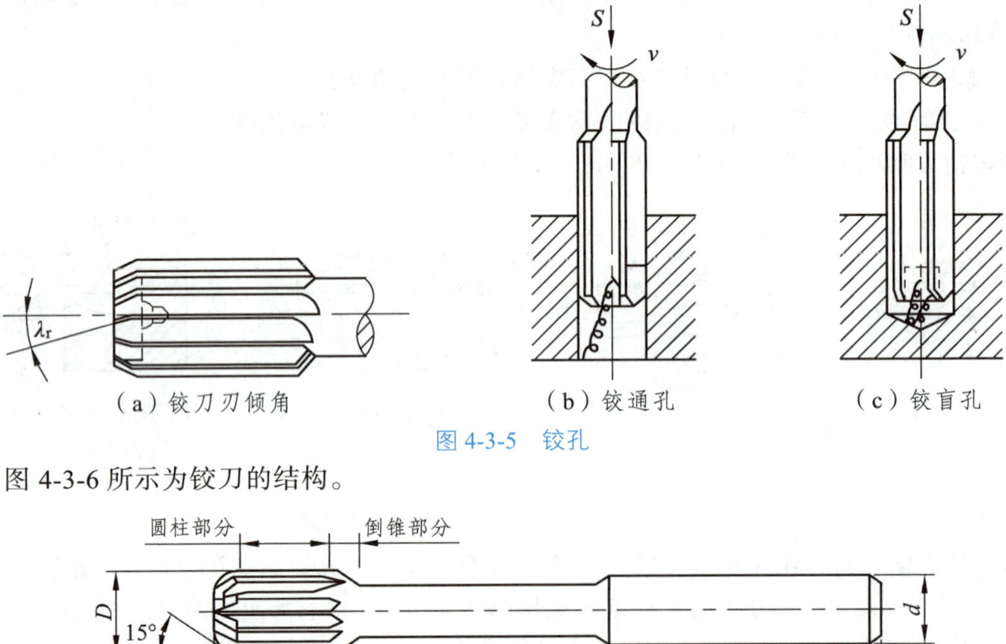

（a）铰刀刃倾角　（b）铰通孔　（c）铰盲孔

图 4-3-5　铰孔

图 4-3-6 所示为铰刀的结构。

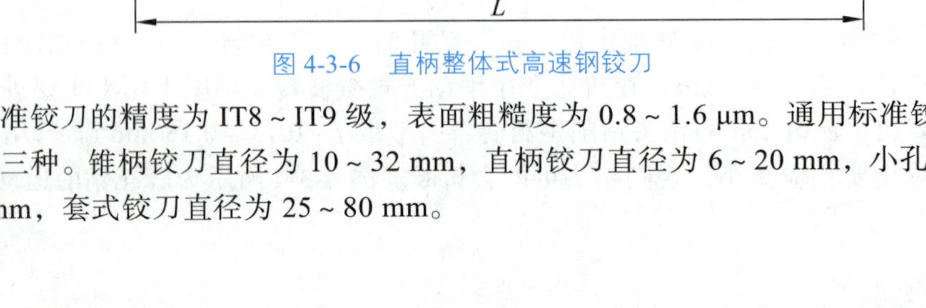

图 4-3-6　直柄整体式高速钢铰刀

通用标准铰刀的精度为 IT8 ~ IT9 级，表面粗糙度为 0.8 ~ 1.6 μm。通用标准铰刀有直柄、锥柄和套式三种。锥柄铰刀直径为 10 ~ 32 mm，直柄铰刀直径为 6 ~ 20 mm，小孔直柄铰刀直径为 1 ~ 6 mm，套式铰刀直径为 25 ~ 80 mm。

二、切削液的选用

切削液主要用来润滑和冷却，加入特殊的添加剂后，还可以起到清洗和防锈的作用。

切削液有水溶液、乳化液、合成切削液、切削油、挤压切削油、固体润滑剂等。

切削液的种类繁多，性能不同，在加工过程中，要根据加工的性质、工艺特点、工件和刀具材料等具体条件合理选用。

粗加工时优先选用冷却作用为主的乳化液。精加工时，为了获得较好的表面粗糙度，一般选择润滑性能较好的切削油或者高浓度乳化液。如果是半封闭加工，比如钻孔、铰孔、深孔加工等，排屑和散热条件都非常差，不仅使得刀具磨损严重，容易退火，而且切削容易损伤已加工表面，所以要选择黏度较小的乳化液或切削油，同时加大切削液的压力和流量。

三、孔加工的进给路线

加工中心很适合加工多孔类零件，在设计加工路线的时候，尽量使进给路线缩短，减少刀具空行程时间，提高加工效率，如图 4-3-7 所示。

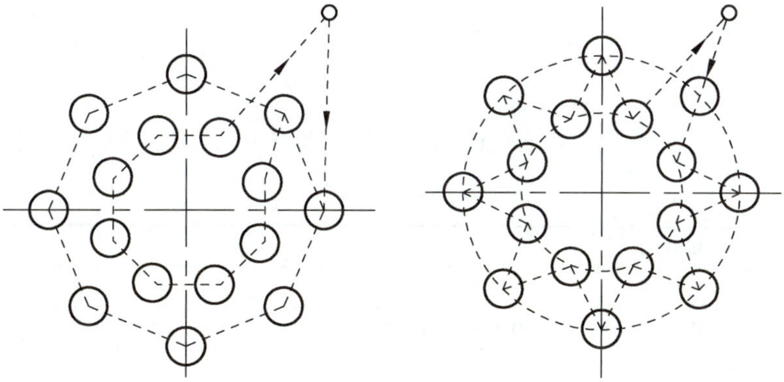

图 4-3-7　孔加工路线

四、孔加工指令

1. 极坐标

极坐标编程主要用于以半径与角度形式标示的零件，以及圆周分布的孔类零件，如图 4-3-8 所示。

指令格式：G16　极坐标系生效；

G15　极坐标系取消。

指令说明：

（1）极坐标半径：当使用 G17、G18、G19 选择好加工平面后，用所选的平面的第一轴地址来指定，该值用正值表示。

（2）极坐标角度：用选择平面的第二坐标地址来指定极坐标角度，极坐标的零度方向为第一坐标轴的正向，逆时针为正。

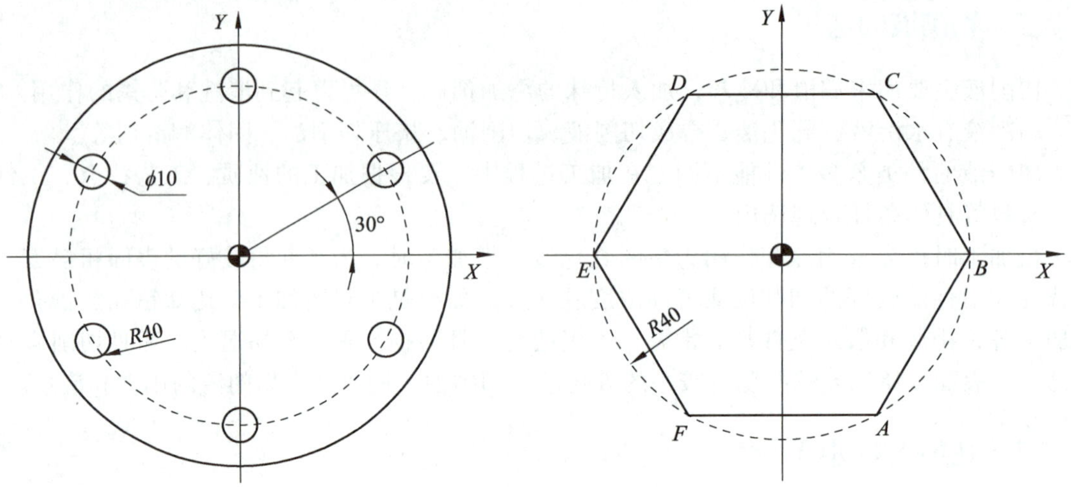

图 4-3-8　极坐标

例如：

G16；

G01 X_ Y_ F_；

G15；

以图 4-3-8 为例，极坐标加工正六边形，铣削深度 3 mm，相关程序如表 4-3-1 所示。

表 4-3-1　程序举例

程序名	O1000；	
程序号	程　序	注　释
N10	G90 G17 G54 G0 X0 Y0 S1500 M03；	选择坐标系，快速移动刀具，主轴正转
N20	G43 Z100 H1；	刀具补偿
N30	Z10；	
N40	X40 Y-60；	
N50	G01 Z-3 F300；	
N60	G41 Y-43 D01；	刀具补偿
N70	G16；	建立极坐标
N80	G01 X40 Y240；	
N90	Y180；	
N100	Y120；	
N110	Y60；	
N120	Y0；	
N130	Y-60；	
N140	G15；	取消极坐标
N150	G40 X40 Y-60；	
N160	G0 Z100；	
N170	M05；	主轴停
N180	M30；	程序结束，回到起始位置

2. 钻镗孔固定循环指令

钻镗孔固定循环指令主要用于加工平面上的多个孔，其主要指令如表 4-3-2 所示。

表 4-3-2 钻镗孔固定循环指令

G 指令	动作 3：加工动作 Z 向	动作 4：在孔底部的动作	动作 5：回退动作 Z 向	用 途
G73X_Y_Z_R_Q_K_F_L_;	间歇进给		快速进给	高速钻深孔
G74 X_Y_Z_R _F_L_;	切削进给	主轴正转	切削进给	反转攻螺纹
G76 X_Y_Z_R _F_L_;	切削进给	主张定向停止	快速进给	精镗循环
G80;				取消固定循环
G81X_Y_Z_R_F_L_ ;	切削进给		快速进给	定点钻循环
G82X_Y_Z_R_P_F_L_;	切削进给	暂停	快速进给	钻盲孔
G83X_Y_Z_R_Q_K_F_L_;	间歇进给		快速进给	深钻孔
G84 X_Y_Z_R _F_L_;	切削进给	主轴反转	切削进给	攻螺纹
G85 X_Y_Z_R _F_L_;	切削进给		切削进给	镗循环
G86 X_Y_Z_R _F_L_;	切削进给	主轴停止	切削进给	镗循环
G87 X_Y_Z_R _Q_F_L_;	切削进给	主轴停止	手动或快速	反镗循环
G88 X_Y_Z_R _P_F_L_;	切削进给	暂停、主轴停止	手动或快速	镗循环
G89 X_Y_Z_R _P_F_L_;	切削进给		切削进给	镗循环

指令格式：G98 (G99) G_X_Y_Z_R_Q_P_K_F_L_;

指令说明：

① G98：返回初始平面（执行循环指令前刀具所在的高度位置即视为初始点）。

② G99：返回安全（*R* 点）平面（*R* 点平面是刀具下刀时由快进转为工进的转换起点），距工件表面的距离主要考虑工件表面尺寸的变化，一般可取 2~5 mm。

③ 第二个 G 代码为孔加工方式，即固定循环代码 G73、G74、G76 和 G81~G89 中的任何一个。

④ X_Y_表示孔的位置坐标值。

⑤ Z_为孔底数据，G90 时，Z_为孔底坐标值，G91 时，Z_为孔底相对于 *R* 点的坐标值。

⑥ R_为安全平面位置，G90 时，R_为刀具下刀时由快进转为工进转换起点的坐标值，G91 时，R_为刀具下刀时由快进转为工进转换起点相对于初始点的坐标值。

⑦ Q_在 G73 或 G83 时指定每次进给深度，在 G76 或 G87 时指定刀具的让刀量，是增量值。

⑧ K_在 G73 时指定每次退刀量，K_在 G83 时为每次退刀后，再次进给时，由快速进给转换为切削进给时距上次加工面的距离，$K>0$。

⑨ P_指定刀具在孔底的暂停时间，单位为秒（s）。

⑩ F_为切削进给速度。

⑪ L_指定固定循环的次数。

固定循环指令参数说明：

① G73 ~ G89 中的 Z、R、P、Q、F、L 都是模态代码，即为了简化程序。若某些参数相

同时，则可不必重复。

② G80、G01 ~ G03 等代码可以取消固定循环。

1）高速深孔啄钻循环指令 G73

指令格式：G73　X__Y__Z__R__Q__F__K__；

指令说明：执行此指令时如图 4-3-9 所示，钻头先快速定位至 *XY* 平面所指定的坐标位置，再快速定位到 *R* 点，接着以 F 的进给速度向 *Z* 轴下钻 *Q* 所指定的距离 *q*（*q* 值必为正值，用增量值表示），再快速退回 *d* 距离（*d* 值由参数设定，通常为 0.1 mm），依此方式一直钻孔直到 *Z* 所指定的孔底位置。这种通过 *Z* 轴的间断进给可以比较容易地实现断屑与排屑且冷却润滑效果佳。

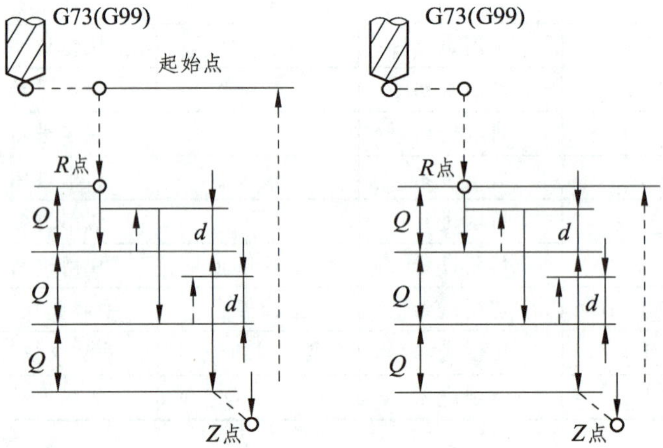

图 4-3-9　G73 的动作

2）攻左旋螺纹循环指令 G74

指令格式：G74　X__Y__Z__R__F__ K__；

指令说明：此指令用于攻左旋螺纹，故需先使主轴反转，再执行 G74 指令。执行此指令时如图 4-3-10 所示，刀具先快速定位至 *XY* 所指定的坐标位置，再快速定位到 *R* 点，接着以 *F* 所指定的进给速率攻螺纹至 *Z* 所指定的坐标位置后，主轴转换为正转且同时向 *Z* 轴正方向退回至 *R* 点，退至 *R* 点后主轴恢复原来的反转。

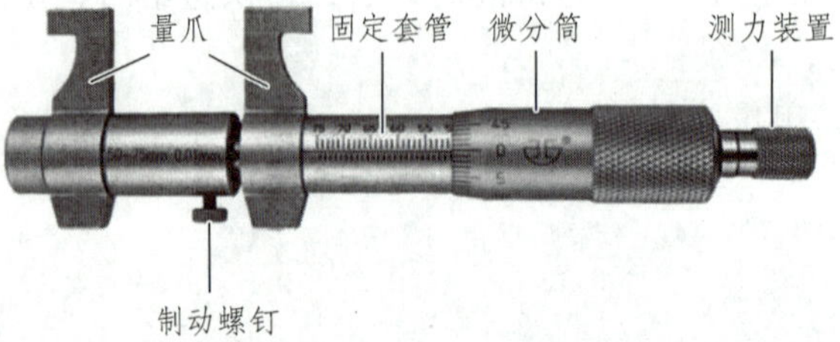

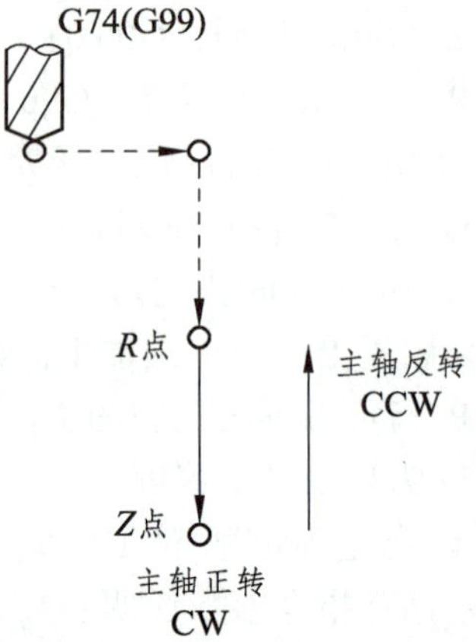

图 4-3-10　G74 的动作

攻螺纹的进给速度：

$$v_f\,(\mathrm{mm\cdot min^{-1}}) = \text{螺纹导程}\ P\,(\mathrm{mm}) \times \text{主轴转速}\ n\,(\mathrm{r\cdot min^{-1}})$$

3）精镗孔循环指令（G76）

指令格式：G76　X__Y__Z__R__Q__P__F__K__;

指令说明：孔加工动作如图 4-3-11 所示。图中 P 表示在孔底有暂停，OSS 表示主轴准停，Q 值表示刀具移动量。采用这种方式镗孔可以保证提刀时不划伤内孔表面。

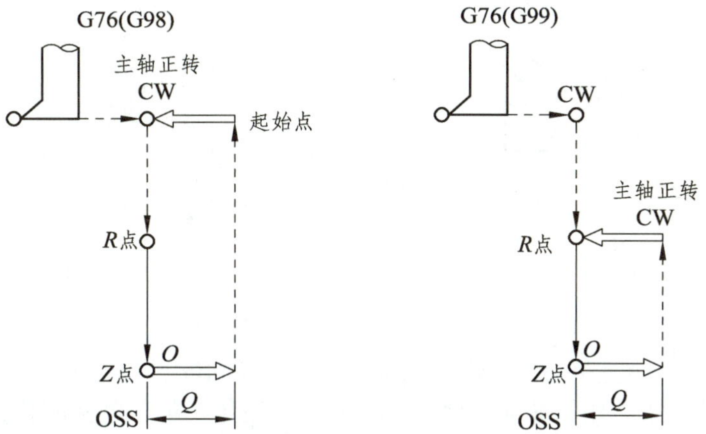

图 4-3-11　G76 的动作

执行 G76 指令时，镗刀先快速定位至 XY 所指定的坐标点，再快速定位到 R 点，接着以 F 指定的进给速度镗孔至 Z 指定的深度后，主轴准停（定向停止），使刀尖指向一固定的方向后，镗刀中心偏移使刀尖离开加工孔面，这样镗刀以快速定位退出孔外时，不至于碰撞孔面。当镗刀退回到 R 点或起始点时，刀具中心即恢复原来位置，且主轴恢复转动。

偏移量 Q 值一定是正值，偏移方向可用参数设定选择$+x$、$+y$、$-x$ 及$-y$ 的任何一个方向。FANUC 0i-MC 在参数 No.5101 的#4（RD1）和#5（RD2）中设定偏移方向，一般设定为$+x$ 方向。指定 Q 值时不能太大，以避免碰撞工件。

这里要特别指出的是，镗刀在装到主轴上后，一定要在 CRT/MDI 方式下执行 M19 指令使主轴准停后，检查刀尖所处的方向，如图 4-3-12 所示，若与图中位置相反（相差 180°）时，需重新安装刀具使其按图中的定位方向定位。

4）钻孔循环指令 G81

指令格式：G81　X__Y__Z__R__F__K__;

指令说明：孔加工动作如图 4-3-13 所示，钻头先快速定位至 XY 所指定的坐标位置，再快速定位至 R 点，接着以 F 所指定的进给速度向下钻削至 Z 所指定的孔底位置，最后再快速退刀至 R 点或起始点完成循环。此指令属于一般孔钻削加工固定循环指令。

5）沉孔钻孔循环指令 G82

指令格式：G82　X__Y__Z__R__P__F__K__;

指令说明：G82 与 G81 的动作轨迹一样，仅在孔底增加了“暂停”时间，因而可以得到准确的孔深尺寸，表面更光滑，适用于锪孔或镗阶梯孔。

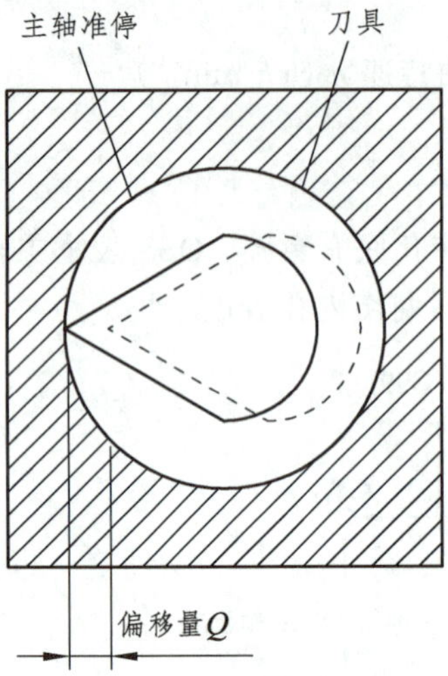

图 4-3-12　主轴准停与偏移

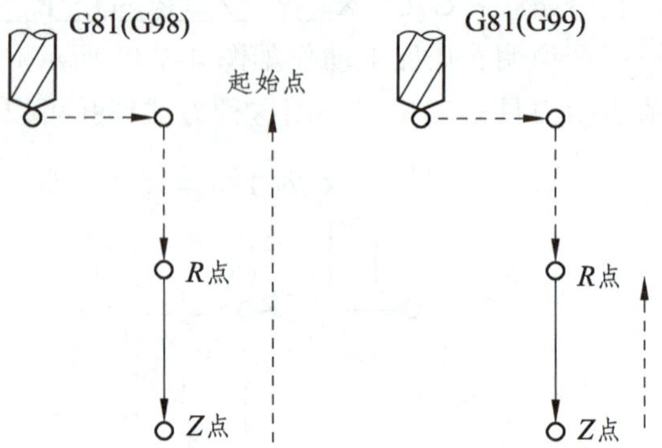

图 4-3-13　G81 的动作

6）深孔啄钻循环指令 G83

指令格式：G83　X__Y__Z__R__Q__K__;

指令说明：孔加工动作如图 4-3-14 所示，此指令适用于加工较深的孔，与 G73 不同的是每次刀具间歇进给后退至 *R* 点，可把切屑带出孔外，以免切屑将钻槽塞满而增加钻削阻力及切削液无法到达切削区。图中的 *d* 值由参数设定（FANUC 0i-MC 由参数 No.5101 设定），当重复进给时，刀具快速下降，到 *d* 值规定的距离时转为切削进给，*q* 为每次进给的深度。

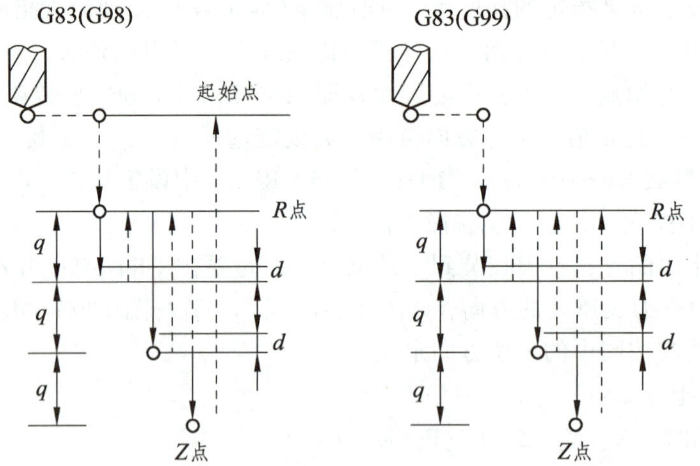

图 4-3-14　G83 的动作

7）攻右旋螺纹循环指令 G84

指令格式：G84　X__Y__Z__R__F__K__;

指令说明：此指令用于攻右旋螺纹，故需先使主轴正转，再执行 G84 指令。其与 G74 类似，但主轴旋转方向相反，其循环动作如图 4-3-15 所示，先快速定位至 *XY* 所指定的位置，再快速定位到 *R* 点，接着以 *F* 所指定的进给速度攻螺纹至 Z 所指定的孔底位置，主轴转换为反转且同时向 *Z* 轴正方向退回至 *R* 点，退至 *R* 点后主轴恢复原来的正转。

在 G74、G84 攻螺纹循环指令执行过程中，操作面板上的进给率调整旋钮无效，即使按下进给暂停键，循环在恢复动作结束之前也不会停止。

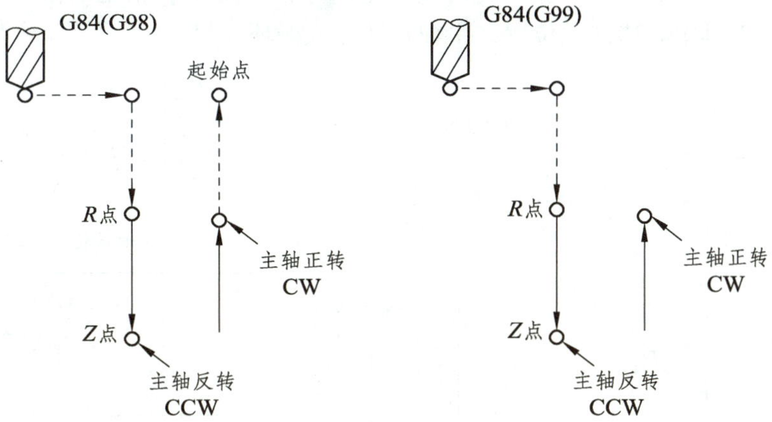

图 4-3-15　G84 的动作

8）铰孔循环指令 G85

指令格式：G85　X__Y__Z__R__F__K__;

指令说明：孔加工动作与 G81 类似，铰刀先快速定位至 *XY* 所指定的坐标位置，再快速定位至 *R* 点，接着以 *F* 所指定的进给速度向下铰削至 *Z* 所指定的孔底位置后，在返回行程中，仍以切削进给方式向上退回，以保证孔壁光滑，其循环动作如图 4-3-16 所示。此指令适宜铰孔。

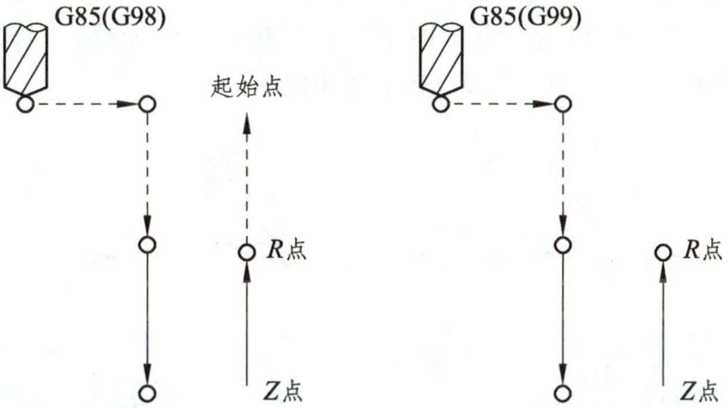

图 4-3-16　G85 的动作

9）镗孔循环指令 G86

指令格式：G86　X__Y__Z__R__F__K__;

指令说明：此指令属于一般孔镗削加工固定循环，指令的刀具动作，除了在孔底位置主轴停止并快速返回到 R 点或起始点后主轴再启动外，其余与 G81 完全相同，其循环动作如图 4-3-17 所示。

10）背镗孔循环 G87

指令格式：G87　X__Y__Z__R__Q__F__K__;

指令说明：执行此指令的刀具动作如图 4-3-18 所示，镗刀快速定位至 *XY* 所指定的坐标位置后主轴定向停止，使刀尖指向一固定方向，背镗刀中心偏移 Q 所指定的偏移量使刀尖离开加工孔面，接着快速定位至 R 所指定的位置，此时刀具沿刀尖方向偏移，主轴正转，沿 Z 轴进行正方向镗孔，直到 Z 坐标位置，此时主轴定向停止并偏移 Q 指定的偏移量，接着快速定位至起始点后，刀具中心移回原位置，主轴正转完成循环。

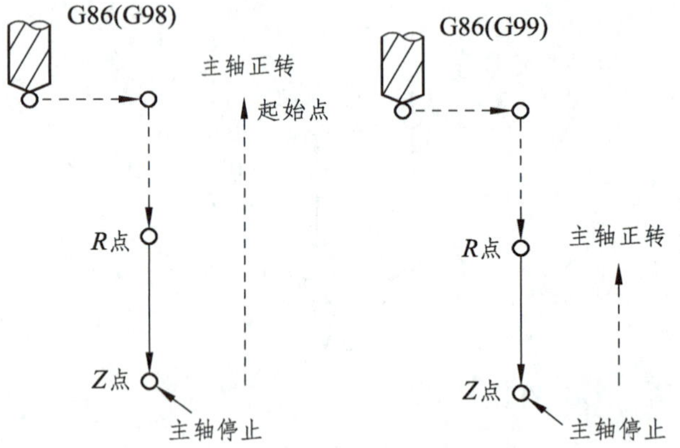

图 4-3-17　G86 的动作

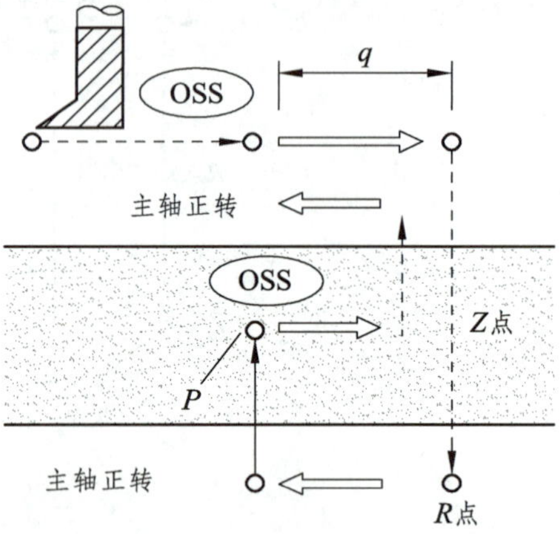

图 4-3-18　G87 的动作

11）镗孔循环 G88

指令格式：G88　X__Y__Z__R__P__F__K__;

指令说明：执行此指令时如图 4-3-19 所示，除了在底孔暂停 P 所指定的时间且主轴停止转动外，操作者可用手动微调方式（操作模式要高于 MPG）将刀具偏移后提升。欲恢复程控时，则将操作模式高于“自动执行”下再按下“程序执行”键即可，但此时只有 Z 轴退回至 R 点或起始点，X、Y 坐标不会返回，其余与 G82 相同。

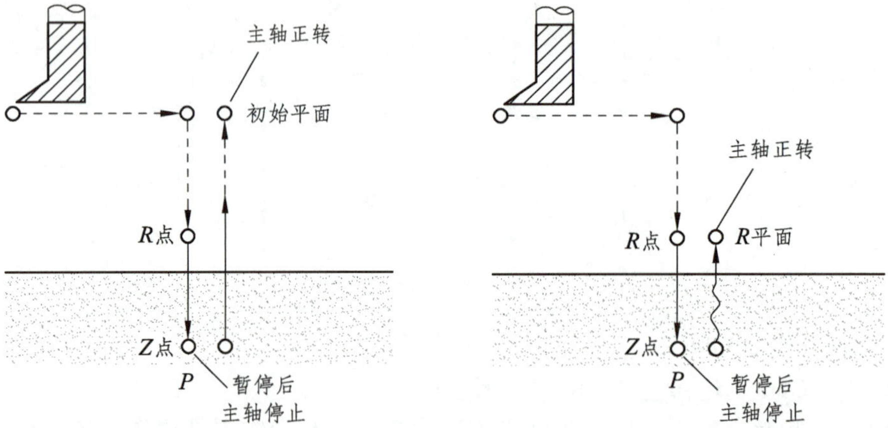

图 4-3-19　G88 的动作

12）镗孔循环 G89

指令格式：G89　X__Y__Z__R__P__F__K__;

指令说明：执行 G89 指令时如图 4-3-20 所示，除了在底孔位置暂停 P 所指定的时间外，其余与 G85 相同。

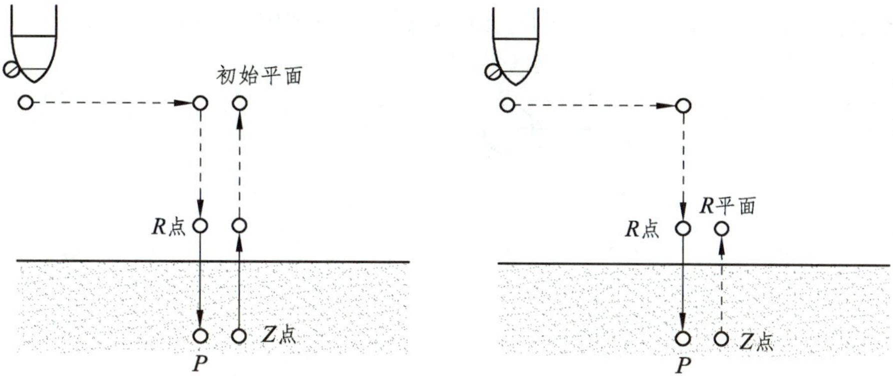

图 4-3-20　G89 的动作

13）取消固定循环指令 G80

指令格式：G80；

指令说明：当循环指令不再使用时，应用 G80 指令取消循环，而恢复到一般基本指令状态（如 G00、G01、G02、G03 等），此时循环指令中的孔加工数据（如 Z 点、R 点值等）也被取消。

【例 4-3-1】 以图 4-3-8 为例，极坐标钻 6 个孔，钻孔深度 25 mm，工件的加工表面是 Z_0。编制的程序如表 4-3-3 所示。

表 4-3-3　程序举例

程序名	O1000；	
程序号	程　序	注　释
N10	G90 G17 G54 G0 X0 Y0 S800 M03；	
N20	G43 Z100 H1；	
N30	Z10；	初始点坐标值
M40	G16；	
N50	G90 G98 G73 X40 Y30 Z-25 R2 Q10 K3 F60；	第一个孔，每次钻深 10 mm，刀具退 3 mm，钻到要求深度 25 mm，刀具退到安全平面
N60	Y90；	第二个孔
N70	Y150；	第三个孔
N80	Y210；	第四个孔
N90	Y270；	第五个孔
N100	Y330；	第六个孔
N110	G15；	
N120	G40 X0 Y0；	
N130	G0 Z100；	
N140	M05；	
N150	M30；	

【**例 4-3-2**】以图 4-3-21 为例，加工所示的 5 个孔，分别用 G81 和 G83 编程。

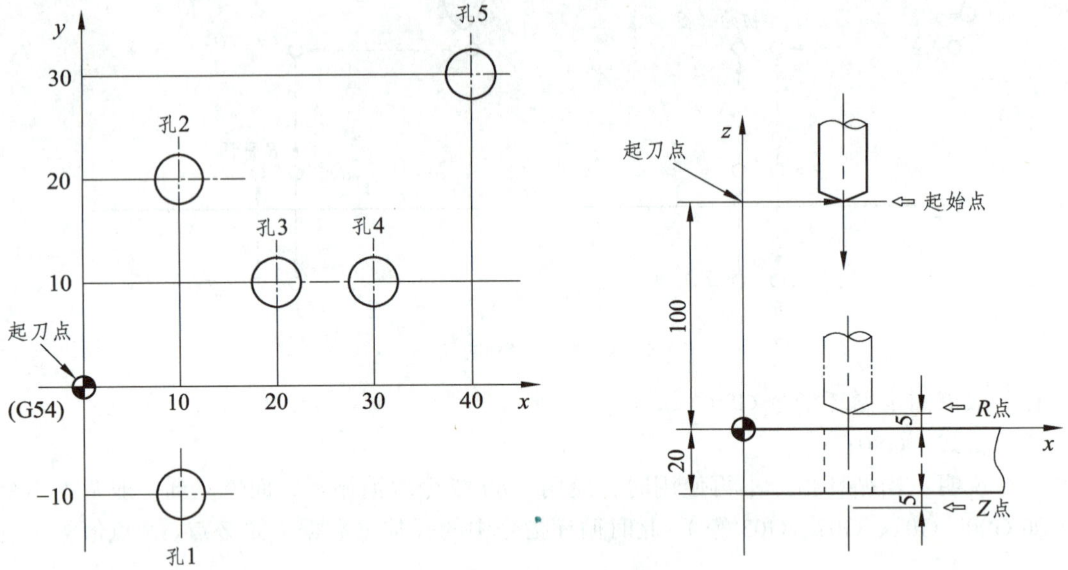

图 4-3-21　加工 5 孔

孔加工视频

G81 增量坐标方式如表 4-3-4 所示。

表 4-3-4　程序举例

程序名	O1001；	
程序号	程　序	注　释
N10	G90 G54；	建立工件坐标系
N20	G91 G00 S200 M03；	增量坐标方式，主轴正转
N30	G99 G81 X10 Y-10 Z-30 R-95 F150；	G81 钻孔循环加工孔 1，返回 *R* 点
M40	Y30；	钻孔 2
N50	X10 Y-10；	钻孔 3
N60	X10；	钻孔 4
N70	G98 X10 Y20；	钻孔 5，返回起始点
N80	G80 X-40 Y-30 ；	取消循环，快速返回刀具起刀点位置
N90	M05；	主轴停止
N100	M30；	程序结束

G83 绝对坐标方式如表 4-3-5 所示。

表 4-3-5　程序举例

程序名	O1002；	
程序号	程　序	注　释
N10	G90 G54 G00 S200 M03；	绝对坐标方式，建立工件坐标系，主轴正转
N20	G99 G83 X10Y-10 Z-25 R5 Q5 F150；	G82 循环加工孔 1，返回 *R* 点
N30	Y20；	钻孔 2
M40	X20 Y10；	钻孔 3
N50	X30；	钻孔 4
N60	G98 X40 Y30；	钻孔 5，返回起始点
N70	G80 X0 Y0 M05；	取消循环，快速返回刀具起刀点位置
N80	M05；	主轴停止
N90	M30；	程序结束

五、孔的测量

孔的测量可以使用游标卡尺、内径千分尺（见图 4-3-22）和内径百分表，也可以使用塞规进行测量。当塞规的通端能塞入孔内，而止端进不去，说明孔尺寸合格。

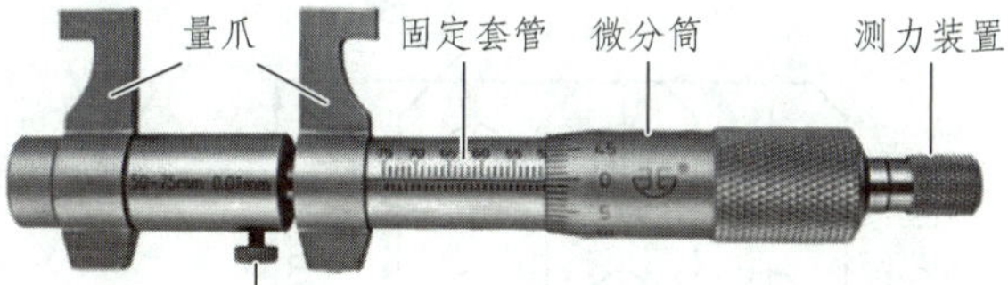

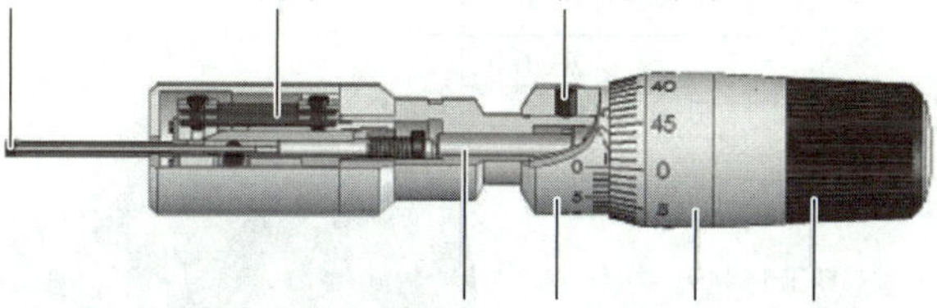

图 4-3-22　内径千分尺

内径千分尺在测量时，必须用尺寸最大的接杆与测微头连接，依次顺接到测量触头，减少连接后的轴线弯曲。

内径千分尺在测量时位置要正确，每一个截面至少要在相互垂直的两个方向上进行测量，深孔测量时要适当增加截面的数量。

对于大批量生产，也可以使用专门的测量工具，对孔进行测量。塞规就可以用来进行大批量检测。塞规有两端，一端为通端，另一端为止端，如图 4-3-23

图 4-3-23　塞规

所示。合格的孔，通端能够进入孔内，止端不能进入。测量时不再需要读数，只需要用塞规的两端进行测量即可，大大减少了测量的误差和工作量。

技能训练

图 4-3-24 以工件的钻削加工为主。在工件中有两个台阶，在台阶上有 9 个通孔，表面粗糙度为 *Ra*1.6。型面规则，加工简单。

需要对工件进行数控加工工艺路线分析，确定出加工台阶和孔使用的刀具，并确定相应的主轴转速和切削进给量，编制数控加工程序，按照图纸要求加工出工件。

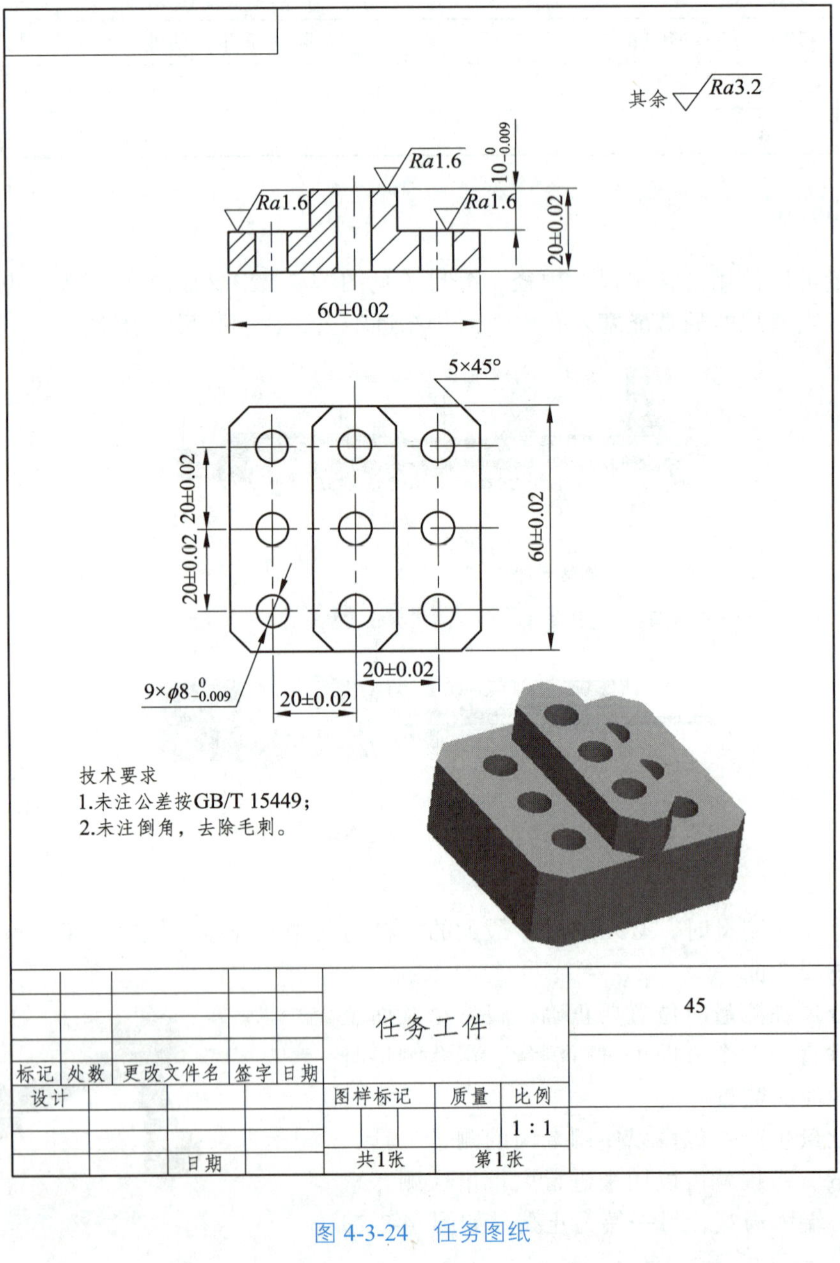

图 4-3-24 任务图纸

一、填写工艺卡片

在认真读取零件图纸后，进行数控加工工艺分析，划分出零件加工的工序和工步，确定刀具、夹具、量具，并编制数控加工工艺卡片，请填入表 4-3-6 中。

表 4-3-6　数控加工工艺卡片

学习任务				材料牌号			指导教师：			
				零件名称			毛坯尺寸： 机床型号：			
				夹　具			切削用量			
工序	工步	程序号	工步内容	刀具号	刀具规格	量、辅具	切削速度/(mm/min)	进给速度/(mm/r)	背吃刀量/mm	备注
							v_c	n		

二、编写加工程序

通过数控加工工艺分析，确定工件坐标系的原点。编写数控加工程序，并填入表 4-3-7 中。

表 4-3-7　程序单

程序号	程序段	注释

三、加工工件

在编制完加工程序以后，输入数控机床，进行模拟加工，在确保程序无误之后，完成对刀操作，然后进行数控加工。工件加工完成后，对照表 4-3-8 对工件进行检测。

表 4-3-8　质量检测单

序号	工件尺寸	评分标准	分值	备注
1	$10_{-0.009}^{0}$	超差 0.01 扣 3 分	6	
2	20±0.02（5 处）	超差不得分	10	
3	60±0.02	超差不得分	6	
4	$\phi 8_{-0.009}^{0}$（9 处）	超差 0.01 扣 3 分	54	
5	*C*5（8 处）	超差不得分	8	
6	表面粗糙度 *Ra*1.6（3 处）	超差 0.01 扣 3 分	6	
7	安全文明生产	遵照安全生产规则，工具、量具有序摆放，无事故	10	

四、任务评价与总结

在小组内每个人先对任务完成情况进行评价总结，再由小组推荐代表向全班作小组总结。评价完成后，根据其他组成员对本组的评价意见进行归纳总结，完成自评总结的撰写。

教师对各小组任务完成情况分别作评价（见表 4-3-9），找出各组的优点进行点评，对任务完成过程中各组的缺点进行点评，提出改进方法，对整个任务完成中出现的亮点和不足进行点评。

表 4-3-9　任务评价表

班级：　　　　　　　　　　　　学生姓名：

项　目	自我评价（20%）			小组评价（20%）			教师评价（60%）		
	10～9	8～6	5～1	10～9	8～6	5～1	10～9	8～6	5～1
任务实施一、二									
任务实施三									
安全文明									
操作规范性									
协作精神									
纪律观念									
工作态度									
学习主动性									
总结质量									
小计									
总评									

任课教师：　　　　年　　月　　日

任务四　槽铣削的编程方法及加工

知识目标

（1）掌握槽铣削的基本方法及切削用量的选择；
（2）掌握槽铣削的加工程序编写方法；
（3）了解槽铣削的注意事项；
（4）能够正确操作数控机床。

能力目标

根据图样要求确定数控加工工艺，选择合适的刀具、量具、工具，编制数控加工程序，加工出工件并对工件进行质量检测。

相关知识

一、槽的加工工艺

直角沟槽通常采用三面刃铣刀来铣削，也可以用立铣刀、槽铣刀和合成铣刀来铣削。封闭的沟槽可以采用立铣刀或键槽铣刀铣削。

键槽铣刀一般是双刃的，端面刃能直接切入工件，在铣封闭槽之前不必预先进行钻孔，如图 4-4-1 所示。

图 4-4-1　键槽铣刀

立铣刀在铣封闭槽时，需预先钻好落刀孔，对宽度大和深的通槽也大多采用立铣刀来铣削。

槽铣刀的特点是刀齿的两侧一般没有刃口，有的槽铣刀齿背做成铲齿形，这种切削刃在用钝后，刃磨时只能磨前面不磨后面，刃磨后的切削刃形状和宽度都不改变，可以用来加工大批量的沟槽。

二、子程序

程序可以分为主程序和子程序，数控机床一般是按主程序的指令工作的。在程序中把某些固定顺序或重复出现的程序单独编成一个程序，这个程序可以在主程序中调用，这就是子程序。有时也可以把主程序当作子程序调用。

子程序可以被主程序调用，同时子程序也可以调用另一个子程序，称之为子程序的嵌套。程序中可以多重嵌套。不同的数控系统可以嵌套的次数不同，FANUC 系统可以嵌套 4 级。

调用子程序可以使用 M98 指令。

指令格式：M98 PXXXX　LXXXX；

指令说明：P 后面的四位数字为子程序序号，L 后面的四位数字为重复调用的次数。子程序号及调用次数前的 0 可以忽略不写，如果只调用 1 次，L 及后面的数字也可以忽略不写。

例如：M98 P234 L4；表示调用 O0234 号程序 4 次。如果只调用 1 次，就可以写成 M98 P234。

在一次装夹中如果要完成多个相同轮廓形状工件的加工，编程的时候，只要编写一个轮廓形状加工程序，然后通过主程序多次调用就可以完成。

如果总的切削深度较大，要进行分层切削，可以通过辨析刀具轨迹的子程序，多次调用子程序来实现分层切削。

【例 4-4-1】以图 4-4-2 中的零件为例，编写加工程序。

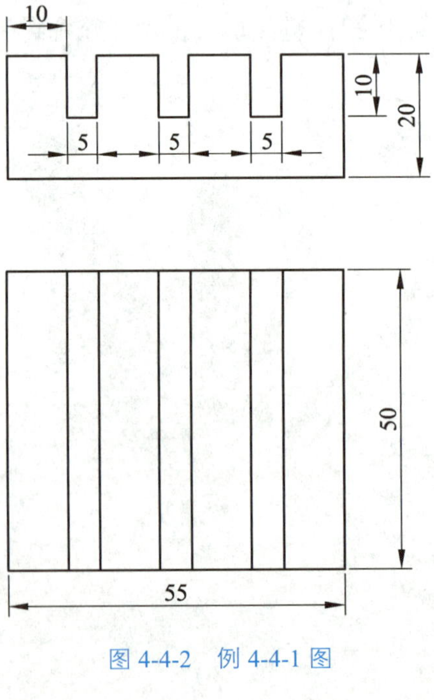

图 4-4-2　例 4-4-1 图

本工件中，有 3 个宽度和深度相同的槽，可以使用子程序，缩短程序的长度，只需要调用 3 次子程序，就可以完成槽的加工。以工件上平面的左下角为坐标原点。

选择 ϕ5 的铣刀，长度补偿号为 H01，半径补偿号为 D01，*Z* 轴每次吃刀 2.5 mm。编制程序如表 4-4-1 所示。

表 4-4-1　程序列表

O1000;	主程序	
程序号	程序段	注　释
N10	G54 G90 G17 G21 G49 T01;	
N20	M03 S800;	
N30	G90 G00 X0 Y-10 M08;	
N40	G43 G01 Z0H01;	
N50	M98 P110 L4;	调用子程序
N60	G49 G90 G00 Z300 M05;	
N70	X0 Y0 M09;	
N80	M30;	
O110	子程序	
N10	G91 G01 Z-2.5 F80;	
N20	M98 P120 L3;	调用子程序
N30	G90 G00 X0 M99;	
O120	子程序	
N10	G91 G00 X12.5;	
N20	Y75;	
N30	Y-75	
N40	X2.5　M99;	返回主程序

【例 4-4-2】图 4-4-3 所示的零件上有 4 个形状尺寸相同的方槽，槽深 2 mm、槽宽 8 mm、未注圆角 *R*4，设工件坐标系于工件左下角的上表面，ϕ8 键槽铣刀的初始位置在（0，0，100）处。用子程序编制 4 个槽的加工程序（见表 4-4-2）。

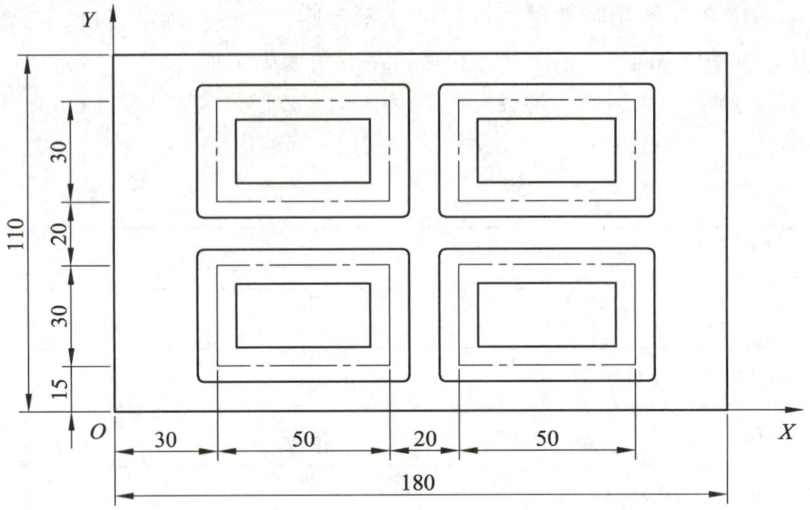

图 4-4-3　凹槽零件

图 4-4-3 铣槽加工视频

表 4-4-2　程序列表

O1000；	主程序	
程序号	程序段	注　释
N10	G54 G90 G17；	
N20	M03 S1000 F200；	
N30	G00 X0 Y0 Z100；	
N40	G43 G00 Z50 H01；	
N50	G00 X30 Y15 Z5；	
N60	M98 P0001；	
N70	G00 X100 Y15；	
N80	M98 P0001；	
N90	G00 X30 Y65；	
N100	M98 P0001；	
N110	G00 X100 Y65；	
N120	M98 P0001；	
N130	G00 X0 Y0；	
N140	G49 G00 Z100；	
N150	M30；	
O0001；	子程序	
N10	G91 G01 Z-7 F100；	
N20	Y30；	
N30	X50；	
N40	Y-30；	
N50	X-50；	

续表

程序号	程序段	注释
N60	Z7;	
N70	G90;	
N80	M99;	

技能训练

图 4-4-4 所示为加工槽的图纸，主要加工任务为两个圆头槽的切削加工。零件的主要加工部位是 6 个表面及两个圆弧槽，对形位公差没有特殊要求，一般的装夹就可以实现。

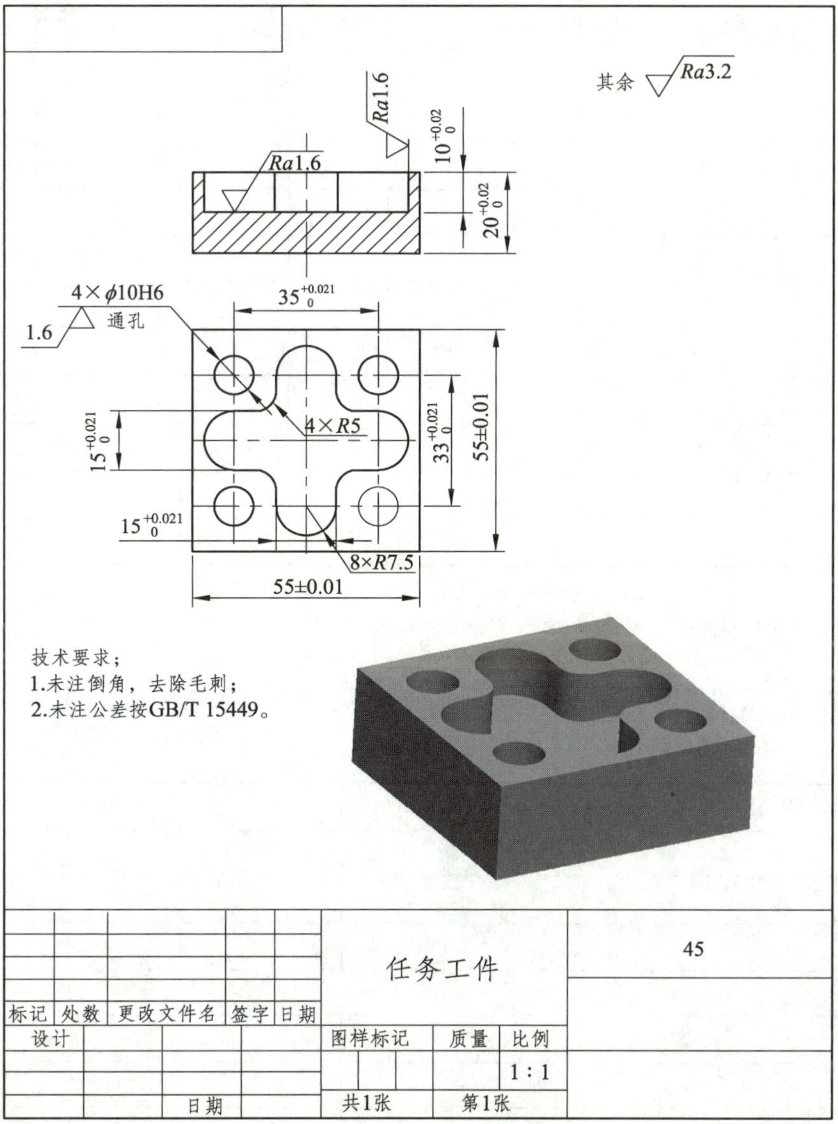

图 4-4-4　任务图纸

一、填写工艺卡片

在认真读取零件图纸后，进行数控加工工艺分析，划分出零件加工的工序和工步，确定刀具、夹具、量具，并编制数控加工工艺卡片，请填入表 4-4-3 中。

表 4-4-3　数控加工工艺卡片

<table>
<tr><td rowspan="3">学习任务</td><td rowspan="3" colspan="3"></td><td colspan="2">材料牌号</td><td></td><td colspan="4">指导教师：</td></tr>
<tr><td colspan="2">零件名称</td><td></td><td colspan="4">毛坯尺寸：
机床型号：</td></tr>
<tr><td colspan="2">夹　具</td><td></td><td colspan="3">切削用量</td><td></td></tr>
<tr><td rowspan="2">工序</td><td rowspan="2">工步</td><td rowspan="2">程序号</td><td rowspan="2">工步内容</td><td rowspan="2">刀具号</td><td rowspan="2">刀具规格</td><td rowspan="2">量、辅具</td><td>切削速度 /(mm/min)</td><td>进给速度 /(mm/r)</td><td>背吃刀量 /mm</td><td>备注</td></tr>
<tr><td>v_c</td><td>n</td><td></td><td></td></tr>
<tr><td rowspan="4"></td><td></td><td></td><td></td><td></td><td></td><td></td><td></td><td></td><td></td><td></td></tr>
<tr><td></td><td></td><td></td><td></td><td></td><td></td><td></td><td></td><td></td><td></td></tr>
<tr><td></td><td></td><td></td><td></td><td></td><td></td><td></td><td></td><td></td><td></td></tr>
<tr><td></td><td></td><td></td><td></td><td></td><td></td><td></td><td></td><td></td><td></td></tr>
<tr><td rowspan="4"></td><td></td><td></td><td></td><td></td><td></td><td></td><td></td><td></td><td></td><td></td></tr>
<tr><td></td><td></td><td></td><td></td><td></td><td></td><td></td><td></td><td></td><td></td></tr>
<tr><td></td><td></td><td></td><td></td><td></td><td></td><td></td><td></td><td></td><td></td></tr>
<tr><td></td><td></td><td></td><td></td><td></td><td></td><td></td><td></td><td></td><td></td></tr>
<tr><td rowspan="2"></td><td></td><td></td><td></td><td></td><td></td><td></td><td></td><td></td><td></td><td></td></tr>
<tr><td></td><td></td><td></td><td></td><td></td><td></td><td></td><td></td><td></td><td></td></tr>
</table>

二、编写加工程序

通过数控加工工艺分析，确定工件坐标系的原点。编写数控加工程序，并填入表 4-4-4 中。

表 4-4-4　程序单

程序号	程序段	注释

三、加工工件

在编制完加工程序以后，输入数控机床，进行模拟加工，在确保程序无误之后，完成对刀操作，然后进行数控加工。工件加工完成后，对照表 4-4-5 对工件进行检测。

表 4-4-5 质量检测单

序号	工件尺寸	评分标准	分值	备注
1	55±0.01（2 处）	超差 0.01 扣 3 分	4	
2	表面粗糙度 *Ra*1.6	超差不得分	4	
3	$20^{+0.02}_{0}$	超差 0.01 扣 3 分	8	
4	$10^{+0.02}_{0}$	超差 0.01 扣 3 分	8	
5	*R*7.5（8 处）	不合格不得分	16	
6	*R*5（4 处）	不合格不得分	12	
7	33±0.01（2 处）	超差 0.01 扣 3 分	12	
8	$15^{+0.021}_{0}$（两处）	超差 0.01 扣 3 分	12	
9	$35^{+0.021}_{0}$	超差 0.01 扣 3 分	6	
10	$33^{+0.021}_{0}$	超差 0.01 扣 3 分	8	
8	安全文明生产	遵照安全生产规则，工具、量具有序摆放，无事故	10	

四、任务评价与总结

在小组内每个人先对任务完成情况进行评价总结，再由小组推荐代表向全班作小组总结。评价完成后，根据其他组成员对本组的评价意见进行归纳总结，完成自评总结的撰写。

教师对各小组任务完成情况分别作评价（见表 4-4-6），找出各组的优点进行点评，对任务完成过程中各组的缺点进行点评，提出改进方法，对整个任务完成中出现的亮点和不足进行点评。

表 4-4-6　任务评价表

班级：　　　　　　　　　　　　学生姓名：

项　目	自我评价（20%）			小组评价（20%）			教师评价（60%）		
	10～9	8～6	5～1	10～9	8～6	5～1	10～9	8～6	5～1
任务实施一、二									
任务实施三									
安全文明									
操作规范性									
协作精神									
纪律观念									
工作态度									
学习主动性									
总结质量									
小计									
总评									

任课教师：　　　　　年　　月　　日

任务五　旋转铣削的编程方法及加工

知识目标

（1）掌握旋转铣削的基本方法及切削用量的选择；
（2）掌握旋转铣削的加工程序编写方法；
（3）能够正确操作数控机床，完成工件加工。

能力目标

对图纸中的零件进行数控加工工艺分析，选择合适的刀具、量具、工具，编制数控加工程序，在数控机床上完成零件的加工，并按照质量检测单，对零件进行检测。

相关知识

一、坐标旋转

对于某些围绕中心旋转得到的特殊轮廓加工，根据旋转后的实际加工轨迹进行编程，可以通过图形旋转功能，大大简化编程的工作量。

坐标旋转可以使用 G68 指令，G69 指令表示图形旋转取消。

指令格式：G17 G68 X_Y_R_；

G69；

指令说明：

① *XY* 值为图形旋转的中心；*R* 表示图形旋转的角度，角度一般取值范围为 0°～360°，旋转角度的零度方向为第一坐标轴的正方向，逆时针方向为角度方向的正向，不足 1°的角度用小数表示，如 30′表示为 0.5°。

② 在坐标系旋转取消指令以后的第一个移动指令必须用绝对值指定，如果采用增量值指令，则不执行正确移动。

③ 比例缩放过程中不缩放角度。

④ 在坐标系旋转方式中，返回参考点指令（G27、G28、G29、G30）和改变坐标系指令（G54～G59、G92）不能指定，如果要指定其中的某一个，必须在取消坐标系旋转指令后指定。

⑤ 数据处理的顺序：程序镜像→比例缩放→坐标旋转→刀具半径补偿 C 方式，所以在指定这些指令时，应按顺序指定，取消时，按相反顺序取消。

例如：G68 X15 Y20 R45；表示图形以坐标点（15, 20）为旋转中心，逆时针旋转 45°。

二、程序举例

以图 4-5-1 中的图形为例，编制加工程序（见表 4-5-1）。

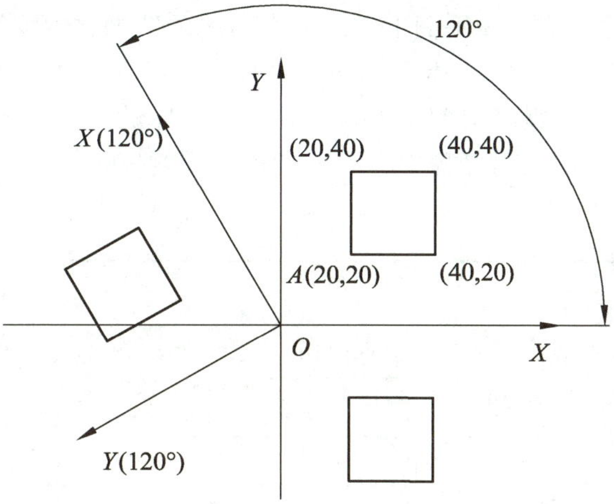

图 4-5-1　编程举例

表 4-5-1　旋转坐标后程序

O0235；	旋转 120°程序	
程序号	程序段	注　释
	G68 X0 Y0 R120；	以（0，0）为中心，逆时针旋转 120°
	G41 G01 X20 Y20；	
	D01 F100；	
	X40；	
	Y40；	
	X20；	
	Y20；	
	Z30；	
	G40 G69；	取消坐标旋转
O0236；	旋转 270°程序	
	G68 X0 Y0 R120；	以（0，0）为中心，逆时针旋转 120°
	G41 G01 X20 Y20；	
	D01 F100；	
	X40；	
	Y40；	
	X20；	
	Y20；	
	Z30；	
	G40 G69；	取消坐标旋转

技能训练

图 4-5-2 所示的零件图要求在平面上铣削 4 个对称的凹槽，型面简单，尺寸精度要求不高。可以使用简单的 G01 和 G02、G03 指令完成零件的编程。但是这 4 个凹槽是对称的，也可以编制一个子程序，通过在主程序中调用子程序，缩短程序的长度。同时还可以通过选择坐标系的方法，来进行编程。在编程过程中，需要考虑刀具的实际加工轨迹，考虑以哪个位置作为工件坐标系原点最为合适。

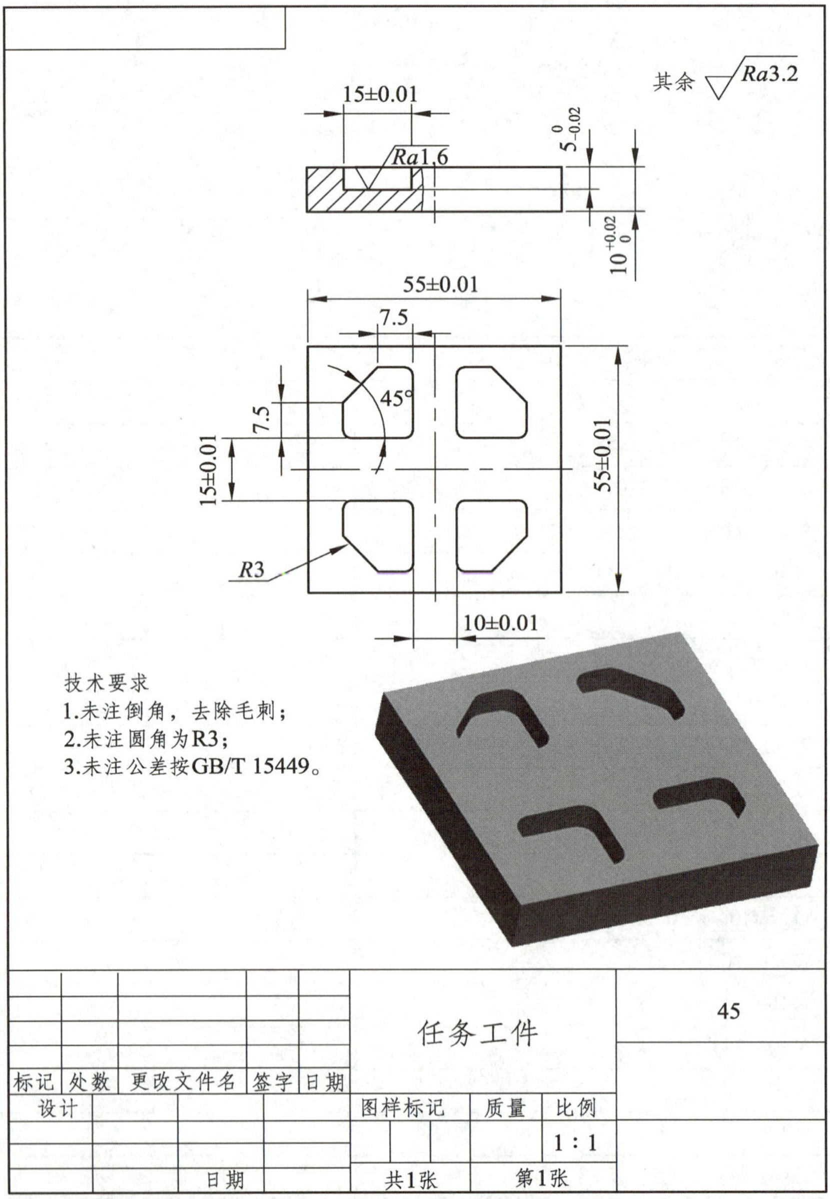

图 4-5-2　任务图纸

一、填写工艺卡片

在认真读取零件图纸后，进行数控加工工艺分析，划分出零件加工的工序和工步，确定刀具、夹具、量具，并编制数控加工工艺卡片，请填入表 4-5-2 中。

表 4-5-2　数控加工工艺卡片

学习任务				材料牌号			指导教师：			
				零件名称			毛坯尺寸： 机床型号：			
				夹具			切削用量			
工序	工步	程序号	工步内容	刀具号	刀具规格	量、辅具	切削速度/(mm/min)	进给速度/(mm/r)	背吃刀量/mm	备注
							v_c	n		

二、编写加工程序

通过数控加工工艺分析，确定工件坐标系的原点。编写数控加工程序，并填入表 4-5-3 中。

表 4-5-3　程序单

程序号	程序段	注释

三、加工工件

在编制完加工程序以后，输入数控机床，进行模拟加工，在确保程序无误之后，完成对刀操作，然后进行数控加工。工件加工完成后，对照表 4-5-4 对工件进行检测。

表 4-5-4　质量检测单

序号	工件尺寸	评分标准	分值	备注
1	55±0.01（2 处）	超差 0.01 扣 3 分	20	
2	15±0.01（3 处）	超差 0.01 扣 3 分	30	
3	10±0.01	超差 0.01 扣 3 分	10	
4	$10^{+0.02}_{0}$	超差 0.01 扣 3 分	5	
5	*R*3（20 处）	不合格不得分	20	
6	$5^{0}_{-0.02}$	超差 0.01 扣 3 分	5	
7	安全文明生产	遵照安全生产规则，工具、量具有序摆放，无事故	10	

四、任务评价与总结

在小组内每个人先对任务完成情况进行评价总结，再由小组推荐代表向全班作小组总结。评价完成后，根据其他组成员对本组的评价意见进行归纳总结，完成自评总结的撰写。

教师对各小组任务完成情况分别作评价（见表 4-5-5），找出各组的优点进行点评，对任务完成过程中各组的缺点进行点评，提出改进方法，对整个任务完成中出现的亮点和不足进行点评。

表 4-5-5　任务评价表

班级：　　　　　　　　　　　　　　　　学生姓名：

项　目	自我评价（20%）			小组评价（20%）			教师评价（60%）		
	10～9	8～6	5～1	10～9	8～6	5～1	10～9	8～6	5～1
任务实施一、二									
任务实施三									
安全文明									
操作规范性									
协作精神									
纪律观念									
工作态度									
学习主动性									
总结质量									
小计									
总评									

任课教师：　　　　　　年　　月　　日

任务六　镜像铣削的编程方法及加工

知识目标

（1）掌握镜像铣削的基本方法及切削用量的选择；
（2）掌握镜像铣削的加工程序编写方法；
（3）能够正确操作数控机床，完成工件加工。

能力目标

对工件进行数控加工工艺分析，选择合适的刀具、量具和工具，编制数控加工程序，完成工件的加工。

相关知识

一、比例缩放

数控编程中，对应坐标轴上的值可以按固定的比例系数进行缩小或放大，为了编程方便，可采用缩放指令进行编程。

指令格式 1：G51　X(I)_ Y(J)_ Z(K)_ P_；

指令说明：格式中的 I、J、K 作用有两个。首先是选择进行比例缩放的轴，I 表示 X 轴，J 表示 Y 轴，K 表示 Z 轴。其次是指定缩放的中心点。P 表示进行缩放的比例系数，但是不能用小数点表示，P 后的数值为实际数值的 1 000 倍。

例如：G51 I0 J20 P3000；表示以点（0，20）为中心，放大 3 倍。G51 X10 Y20 P800；表示以点（10，20）为中心，缩小 0.8 倍。

指令格式 2：G51　X_Y_Z_I_J_K_；

指令说明：以 X、Y、Z 值为中心，各轴以不同比例进行缩放，缩放的比例以 I、J、K 值指定。

例如：G51 X0 Y0 Z0 I1.5 J2；表示以点（0, 0, 0）为坐标原点，进行比例缩放，X 轴上放大 1.5 倍，Y 轴上放大 2 倍，Z 轴不变。

取消缩放指令：G50；

特别说明：

（1）当比例缩放中有圆弧指令时，如果进行等比例缩放，圆弧也缩放相应的比例。如果指定不同的缩放比例，仍将进行圆弧插补，不过圆弧的起点坐标和终点坐标，都按照比例进行缩放，与原来的图形不再一致。

（2）比例缩放对固定循环中的 Q 值和 d 值无效。

（3）比例缩放对刀具偏置值和刀具补偿值无效。

（4）在缩放状态下，不能指定返回参考点的 G 代码（G27、G28、G29、G30），不能指定坐标系的 G 代码（G52、G53、G54、G55、G56、G57、G58、G59、G92），在取消缩放功能后可以指定以上 G 代码。

二、可编程镜像指令

使用数控铣床中的镜像指令进行编程，可以实现沿某一坐标轴或某一坐标点的对称加工。在 FANUC 0i 系统中采用 G51 或 G51.1 来实现镜像加工。

指令格式：G17 G51.1 X_Y_；

G50.1 X_Y_；

指令说明：

① X、Y 值用于指定对称轴或对称点。当 G51.1 指令仅有一个坐标字时，该镜像是以某一坐标轴为镜像轴。

② G50.1 X_Y_表示取消镜像。

③ 在指定平面内执行镜像指令时，如果程序中有圆弧指令，则圆弧的选择方向在必要时做相反处理，如 G02 变成 G03，G03 变成 G02。

④ 在指定平面内执行镜像指令时，如果程序中有刀具半径补偿指令，坐标系旋转方向在必要时做相反处理，即顺时针变成逆时针，逆时针变成顺时针。

⑤ 数据处理的顺序：程序镜像→比例缩放→坐标系旋转，在指定这些指令时，应按顺序指定，取消时，按相反顺序进行取消，在旋转方式或比例缩放方式不能指定镜像指令 G50.1 或 G51.1，但在镜像指令中可以指定比例缩放指令或坐标系选择指令。

⑥ 在可编程镜像指令中，返回参考点指令（G27、G28、G29、G30）和改变坐标系指令（G54 ~ G59、G92）不能指定，如果要指定其中的某一个，则必须取消可编程镜像后制定。

⑦ 在使用镜像功能时，由于数控铣床的 *Z* 轴一般安装有刀具，所以 *Z* 轴一般不进行镜像加工。

例如：G51.1　X10；表示以某一轴线为对称轴，该轴线与 *Y* 轴相平行，且与 *X* 轴在 $X=10$ 处相交。G51.1 X10 Y10；表示以点（10, 10）为对称点进行镜像。

也可以使用 G51 指令进行同时缩放和镜像。

指令格式：G17　G51 X_ Y_ I_ J_；

指令说明：I、J 值为负值，但当值不为–1 时，既进行镜像，又进行缩放。

例如：G17 G51 X0 Y10 I-1 J-1；表示以（0，10）为坐标原点，进行镜像，不缩放。G17 G51 X0 Y10 I-1.5 J-1；表示以坐标点（0，10）为原点，进行镜像，并且 *X* 轴上缩放比例为 1.5 倍，*Y* 轴上缩放比例为 1 倍。

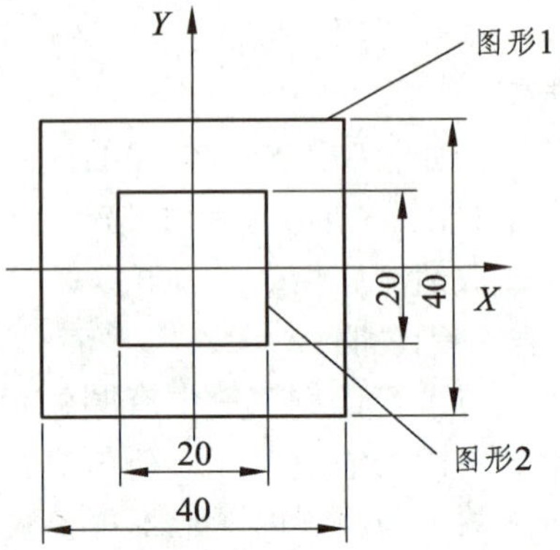

图 4-6-1　程序举例

三、程序举例

如图 4-6-1 所示，图形 1 和图形 2 按比例进行缩放，在 *X* 方向和 *Y* 方向比例相同。使用比例缩放指令编制程序，如表 4-6-1 所示。

表 4-6-1　程序单

顺序号	程序段	注　释
	G51 X0 Y0 P2000;	以（0, 0）为中心，放大 2 倍
	M98 P100;	调用 O0100 子程序
	…	
	O0100;	O0100 程序
	…	
	G00 X-10 Y-10;	
	G01 Z-2;	
	G01 X10;	切削
	Y10;	
	X-10;	
	Y-10;	
	G00 Z10;	*Z* 向退刀
	M99;	返回主程序

以图 4-6-2 为例，使用镜像指令进行编程，如表 4-6-2 所示。

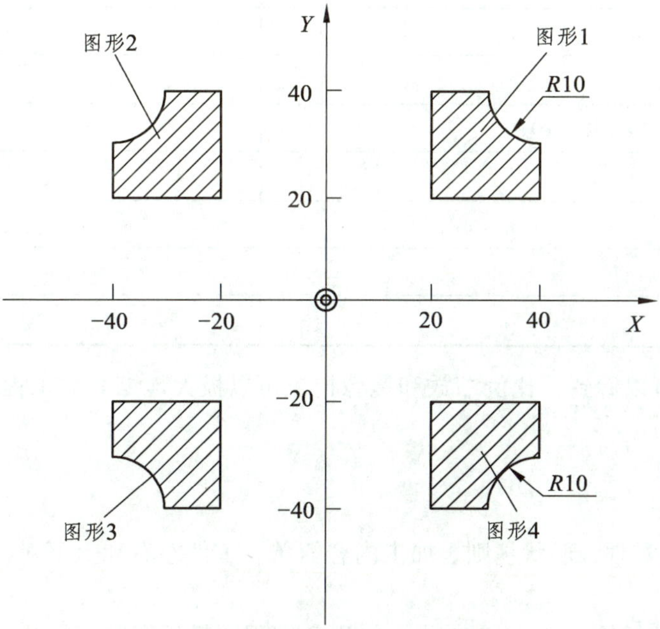

图 4-6-2　程序举例

表 4-6-2　程序举例

程序号	程序段	注　释
	G92 X0 Y0 Z10；	
	G90 G17 M03；	
	M98 P100；	加工图形 1
	G51.1 X0	以 *Y* 轴镜像
	M98 P100；	加工图形 2
	G50.1 X0；	取消 *Y* 轴镜像
	G51.1 X0 Y0；	以（0, 0）为中心进行镜像
	M98 P100；	加工图形 3
	G50.1 X0 Y0；	取消（0, 0）镜像
	G51.1 Y0	以 *X* 轴镜像
	M98 P100；	加工图形 4
	G50.1 Y0；	取消 *X* 轴镜像
	M05；	
	M30；	
	O100；	子程序
	G01 Z-5 F50；	
	G00 G41 X20 Y10 D01；	
	G01 Y40；	
	X30；	
	G03 X40 Y40 R10；	
	Y20；	
	X10；	
	Z10；	
	M99；	

从以上两例中可以看到，比例缩放和镜像指令可以极大地缩短加工程序。

技能训练

图 4-6-3 所示的零件，形状规则，加工内容简单，工件左右和上下对称，可以分为左右或者上下两部分。

可以使用原来学习的 G00 和 G01 指令，逐条编程，最后完成工件的加工，也可以使用坐标旋转的方式进行编程，还可以使用数控铣削程序中的镜像的指令，完成数控编程。

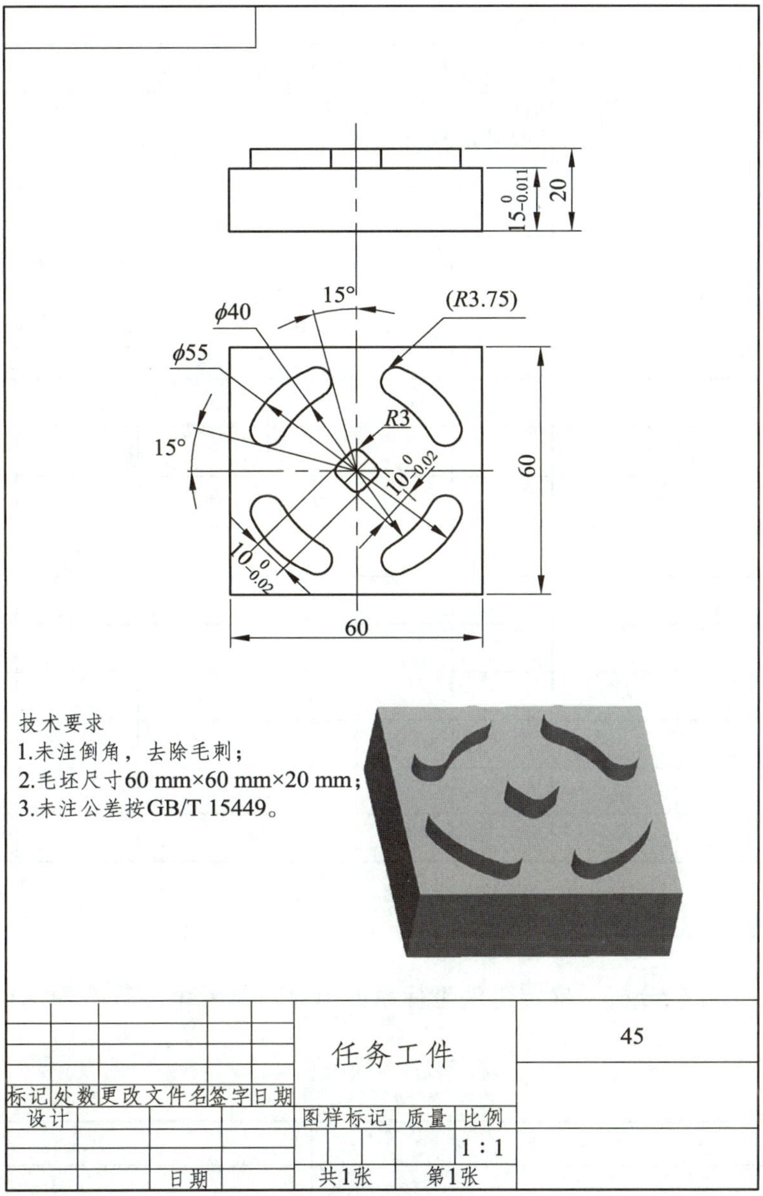

图 4-6-3　任务图纸

一、填写工艺卡片

在认真读取零件图纸后，进行数控加工工艺分析，划分出零件加工的工序和工步，确定刀具、夹具、量具，并编制数控加工工艺卡片，请填入表 4-6-3 中。

表 4-6-3　数控加工工艺卡片

<table>
<tr><td rowspan="3">学习任务</td><td colspan="3" rowspan="3"></td><td colspan="2">材料牌号</td><td></td><td colspan="4">指导教师：</td></tr>
<tr><td colspan="2">零件名称</td><td></td><td colspan="4">毛坯尺寸：
机床型号：</td></tr>
<tr><td colspan="2">夹　具</td><td></td><td colspan="3">切削用量</td><td></td></tr>
<tr><td rowspan="2">工序</td><td rowspan="2">工步</td><td rowspan="2">程序号</td><td rowspan="2">工步内容</td><td rowspan="2">刀具号</td><td rowspan="2">刀具规格</td><td rowspan="2">量、辅具</td><td>切削速度/(mm/min)</td><td>进给速度/(mm/r)</td><td>背吃刀量/mm</td><td rowspan="2">备注</td></tr>
<tr><td>v_c</td><td>n</td><td></td></tr>
<tr><td rowspan="4"></td><td></td><td></td><td></td><td></td><td></td><td></td><td></td><td></td><td></td><td></td></tr>
<tr><td></td><td></td><td></td><td></td><td></td><td></td><td></td><td></td><td></td><td></td></tr>
<tr><td></td><td></td><td></td><td></td><td></td><td></td><td></td><td></td><td></td><td></td></tr>
<tr><td></td><td></td><td></td><td></td><td></td><td></td><td></td><td></td><td></td><td></td></tr>
<tr><td rowspan="4"></td><td></td><td></td><td></td><td></td><td></td><td></td><td></td><td></td><td></td><td></td></tr>
<tr><td></td><td></td><td></td><td></td><td></td><td></td><td></td><td></td><td></td><td></td></tr>
<tr><td></td><td></td><td></td><td></td><td></td><td></td><td></td><td></td><td></td><td></td></tr>
<tr><td></td><td></td><td></td><td></td><td></td><td></td><td></td><td></td><td></td><td></td></tr>
<tr><td rowspan="2"></td><td></td><td></td><td></td><td></td><td></td><td></td><td></td><td></td><td></td><td></td></tr>
<tr><td></td><td></td><td></td><td></td><td></td><td></td><td></td><td></td><td></td><td></td></tr>
</table>

二、编写加工程序

通过数控加工工艺分析，确定工件坐标系的原点。然后编写数控加工程序，并填入表 4-6-4 中。

表 4-6-4　程序单

程序号	程序段	注释

三、加工工件

在编制完加工程序以后，输入数控机床，进行模拟加工，在确保程序无误之后，完成对刀操作，然后进行数控加工。工件加工完成后，对照表 4-6-5 对工件进行检测。

表 4-6-5　质量检测单

序号	工件尺寸	评分标准	分值	备注
1	$10_{-0.02}^{0}$（两处）	超差 0.01 扣 3 分	20	
2	$\phi55$	超差 0.01 扣 3 分	10	
3	$\phi40$	超差 0.01 扣 3 分	10	
4	$R3.75$（8 处）	超差 0.01 扣 3 分	24	
5	$R3$（4 处）	不合格不得分	12	
6	15°（两处）	超差 0.01 扣 3 分	4	
7	安全文明生产	遵照安全生产规则，工具、量具有序摆放，无事故	20	

四、任务评价与总结

在小组内每个人先对任务完成情况进行评价总结，再由小组推荐代表向全班作小组总结。评价完成后，根据其他组成员对本组的评价意见进行归纳总结，完成自评总结的撰写。

教师对各小组任务完成情况分别作评价（见表 4-6-6），找出各组的优点进行点评，对任务完成过程中各组的缺点进行点评，提出改进方法，对整个任务完成中出现的亮点和不足进行点评。

表 4-6-6　任务评价表

班级：　　　　　　　　　　　　　　学生姓名：

项　目	自我评价（20%）			小组评价（20%）			教师评价（60%）		
	10～9	8～6	5～1	10～9	8～6	5～1	10～9	8～6	5～1
任务实施一、二									
任务实施三									
安全文明									
操作规范性									
协作精神									
纪律观念									
工作态度									
学习主动性									
总结质量									
小计									
总评									

任课教师：　　　　年　　月　　日

复习思考题

一、判断题

1. G40 是数控编程中的刀具左补偿指令。（　　）
2. 判断刀具左右偏移指令时，必须对着刀具前进方向判断。（　　）
3. 程序指令 G90 G28 Z5.0；代表 Z 轴移动 5 mm。（　　）
4. 程序中 G04 X1.5；代表暂停 1.5s。（　　）
5. 指令 G43、G44、G49 为刀具半径左、右补正与消除。（　　）
6. 只需根据零件图样进行编程，而不必考虑是刀具运动还是工件运动。（　　）

二、选择题

1. 子程序调用指令 M98 P50412 的含义为（　　）。
   A. 调用 504 号子程序 12 次　　B. 调用 0412 号子程序 5 次
   C. 调用 5041 号子程序 2 次　　D. 调用 412 号子程序 50 次
2. G28、G29 的含义为（　　）。
   A. G28 从参考点返回，G29 返回机床参考点
   B. G28 返回机床参考点，G29 从参考点返回
   C. G28 从原点返回，G29 返回机床原点
   D. G28 返回机床原点，G29 从原点返回
3. 球头铣刀加工内凹曲面时，其球半径通常要（　　）被加工曲面的曲率半径。
   A. 小于　　B. 大于　　C. 等于　　D. 不受限制
4. G91　G00　X50.0　Z-20.0 表示（　　）。
   A. 刀具按进给速度移至机床坐标系 X=50mm，$Z = -20$mm 点
   B. 刀具快速移至机床坐标系 X=50mm，$Z = -20$mm 点
   C. 刀具快速向 X 正方向移动 50mm，再向 Z 负方向移动 20mm
   D. 编程错误
5. 沿刀具前进方向观察，刀具偏在工件轮廓的左边是（　　）指令。
   A. G40　　B. G41　　C. G42
6. 刀具长度正补偿是（　　）指令。
   A. G43　　B. G44　　C. G49
7. 在铣削工件时，若铣刀的旋转方向与工件的进给方向相反，称为（　　）。
   A. 顺铣　　B. 逆铣　　C. 横铣　　D. 纵铣
8. 在数控铣床上，刀具从机床原点快速位移到编程原点上应选择（　　）指令。
   A. G00　　B. G01　　C. G02
9. G19 系选择（　　）。
   A. XY 平面　　B. XZ 平面　　C. YZ 平面　　D. 曲面
10. G90 G28 X_ Z_；其中，X_ Z_的值是表示（　　）。
    A. 复归点坐标　　B. 机械原点坐标
    C. 程序原点坐标　　D. 中间点坐标

11. 孔加工循环结束后，刀具返回参考平面的指令为（　　）。

A. G96　　B. G97　　C. G98　　D. G99

12. 在 G41 和 G42 指令的程序段只能使用的指令是（　　）。

A. G00 或 G01　　B. G02 或 G03　　C. G01 或 G02　　D. G00 或 G03

三、简答题

1. 什么是刀具长度补偿？实现的功能指令是什么？

2. 制定数控铣削加工工序时应遵循哪些基本原则？

项目五 数控车铣综合实例

通过教学与生产实例进行综合练习，进一步掌握数控加工工艺知识、程序编辑和机床操作技能，并应用于实践当中。数控车铣实例难度为中级，内容包括台阶轴、外圆锥、圆弧、沟槽、螺纹、内孔、模具型腔类典型零件加工。其目的是使学生会识读专业机械图，能按图样进行工艺分析、数学处理与程序编辑；掌握数控机床的基本操作，能独立进行零件加工并对质量进行分析处理；为后续专业课程，如夹模具设计、PLC编程等打下必要的基础。

任务一 车削综合练习

知识目标

（1）独立进行工艺分析、数学处理，掌握相应的加工安全技术知识；

（2）掌握中等复杂零件工艺的编制、调试及加工；

（3）完成零件加工，达到零件图所要求的尺寸精度和表面精度。

能力目标

（1）会识读专业机械图，能按图样进行工艺分析、程序编辑；

（2）能解决尺寸异常问题并进行总结；

（3）养成安全文明生产的习惯。

相关知识

一、基本要求

1. 职业守则

遵守国家法律、法规和有关规定；具有高度的责任心，爱岗敬业、团结合作；严格执行相关标准、工作程序与规范、工艺文件和安全操作规程；学习新知识、新技能，勇于开拓创新；爱护机床、系统及工具、夹具、量具；着装整洁，符合规定；保持工作环境清洁有序，文明生产。

2. 基础理论知识

机械制图；工程材料及金属热处理；机电控制；计算机基础；专业英语基础。

3. 机械加工基础知识

机械原理；常用机床（分类、用途、基本结构及维护保养方法）；常用金属切削刀具；典型零件加工工艺；机床润滑和冷却液的使用方法；工具、夹具、量具的使用与维护；普通车床、铣床、钳工基本操作。

二、台阶与圆弧加工

编写如图 5-1-1 所示零件的加工程序，毛坯尺寸为ϕ35 mm×160 mm。

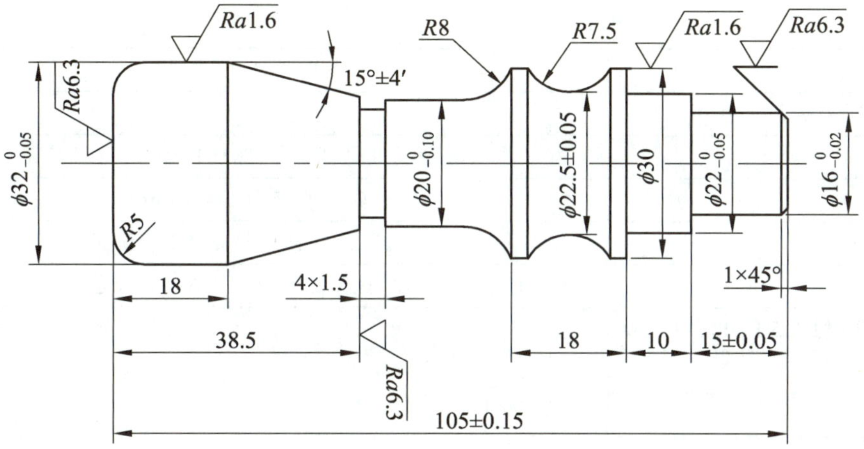

图 5-1-1　零件图

图 5-1-1 仿真加工

1. 分析零件图，确定工件的装夹方式及加工工艺路线

该工件可一次装夹完成所有外形轮廓加工，具体加工工序如下：

工序一：车零件端面并保证总长。以工件左端ϕ35 mm 的外圆毛坯面作为安装基准，工件伸出 115 mm 夹于车床卡盘上进行加工。

工序二：粗车ϕ32 mm×109 mm 外圆→ϕ30 mm×43 mm 外圆→ϕ22 mm×25 mm 外圆→ϕ16 mm×15 mm 外圆→凹圆弧 *R*7.5→*R*8 圆弧、ϕ20、锥度外圆。

工序三：倒角，由右向左精车整个外圆轮廓。

工序四：切槽 4×1.5→左端 *R*5 圆弧→切断。

2. 选择刀具并确定对刀点

（1）外圆轮廓粗精加工及倒角为 35°菱形硬质合金车刀。

（2）切槽与切断为 4 mm 切断刀，选左刀尖作为对刀点。

3. 切削用量的选择（见表 5-1-1）

表 5-1-1　切削用量的选择

加工内容	刀具号	刀具规格	主轴转速 n /（r/min）	进给速度 F /（mm/min）	切削深度 a_p /mm
车端面	T01	35°菱形车刀	500	80	0.5
粗车外圆	T01	35°菱形车刀	500	100	1.6
精车外圆	T01	35°菱形车刀	800	100	0.5
切槽与切断	T02	4 mm	400	80	

4. 设定编程坐标原点，填写加工程序清单

设零件右端面回转中心 O 点为工件坐标系原点，编写加工程序，如表 5-1-2 所示。

表 5-1-2　加工程序

程序内容		程序说明
O0001	/1 号外圆轮廓加工程序/	程序名
N10	T0101;	换 1 号刀并执行 1 号刀补：T0101 为 35°菱形车刀
N20	M03 S500;	主轴正转，转速为 500 r/min
N30	G00 X36 Z5;	快速点定位到程序起点 X36 Z5
N40	G71 U0.8 R1;	轴向粗车循环，X 向背吃刀量为 1.6 mm，退刀 2 mm
N50	G71 P60 Q150 U0.5 F100;	轴向循环起段号 N60 开始，段号 N150 结束。X 向留 0.5 mm 精加工余量、Z 向余量 0 mm。进给速度 F 为 100 mm/min
N60	G01 X14;	
N70	Z0;	
N80	U2 W-1;	
N90	Z-15;	
N100	X22;	
N110	W-10;	
N120	X30;	
N130	Z-80;	
N140	X32;	
N150	Z-110;	
N160	G70 P60 Q150 S800;	轴向精加工各台阶外圆，主轴转速 800 r/mim
N170	G00 X37.5 Z-27.5 S500;	快速点定位到 R7.5 圆弧加工起点，转速 500 r/min
N180	M98 P52001;	调用 O2001 子程序 5 次加工 R7.5 圆弧
N190	G00 X40 Z-43;	快速点定位到 R8 圆弧起点，加工凹圆弧、外圆、锥度
N200	M98 P52002;	调用 O2002 子程序循环 5 次加工 R8 圆弧、ϕ20 外圆、锥度
N210	G00 X80 Z200;	快速退刀至安全位置 X80 Z200
N220	M30;	程序结束

续表

O2001	/2 号子程序 1/	程序名
N10	G01 U-1.5 F80；	X 向进刀 1.5 mm，进给速度为 80 mm/min
N20	G02 U0 W-13 R7.5；	R7.5 凹圆弧加工
N30	G00 U5；	快速 X 向退刀 5 mm
N40	W13；	快速退回到循环起点
N50	U-5；	
N60	M99；	子程序结束
O2002	/2 号子程序 2/	程序名
N10	G01 U-2 F80；	X 向进刀 2 mm，进给速度为 80 mm/min
N20	G02 U-10 W-7.42 R8；	车削 R7.5 凹圆弧
N30	G01 Z-66.5；	车削 ϕ20 外圆
N40	U12 W-20.5；	15°锥度外圆加工
N50	G00 U10；	快速 X 向退刀 10 mm
N60	Z-43；	快速退回到循环起点
N70	U-12；	
N80	M99；	子程序结束
O0003	/3 号切槽、切断程序/	程序名
N10	T0202；	换 2 号刀并执行 2 号刀补，T0202 为 4 mm 切断刀
N20	M03 S400；	主轴正转，转速为 400 r/min
N30	G00 X35 Z-66.5；	快速定位到程序起点 X36 Z5
N40	X22；	X 向快速定位到切槽起点
N50	X17 F80；	切槽 4 mm×1.5 mm，进给速度为 80 mm/min
N60	G00 X35；	快速退刀到 ϕ35
N70	Z-109；	快速定位到 Z-109 切断起点
N80	G01 X20 F80；	切槽到 ϕ20，为加工 R5 圆弧作退刀准备
N90	G00 X33；	快速退刀到 ϕ33
N100	Z-107；	快速定位到 R5 圆弧粗加工起点
N110	G01 X29 F80；	粗加工 R5 圆弧，进给速度为 80 mm/min
N120	X32；	退刀到 ϕ32
N130	Z-104	移动到 R5 圆弧加工起点
N140	G03 U-10 W-5 R5；	精加工 R5 圆弧
N150	G01 X0；	切断工件
N160	G00 X100；	X 向快速点定位退出车刀
N170	Z100；	Z 向快速点定位退出车刀
N180	M30；	程序结束

三、台阶、圆弧和螺纹加工

编写如图 5-1-2 所示零件的加工程序，毛坯尺寸为 ϕ35 mm×112 mm。

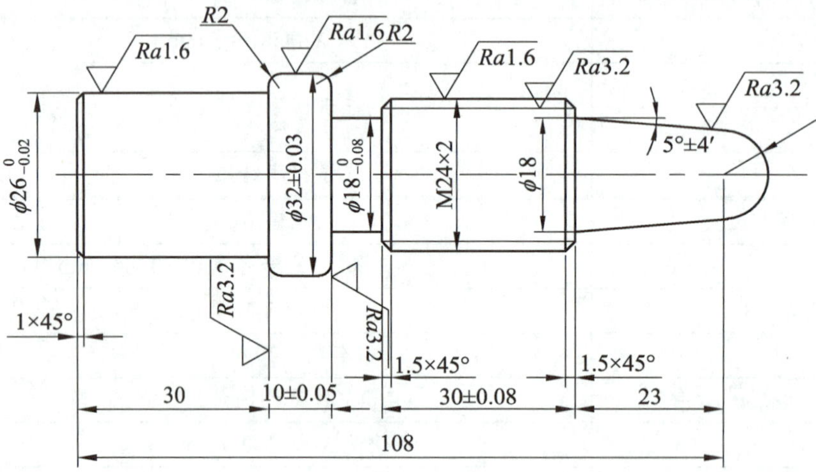

图 5-1-2　零件图　　　　图 5-1-2 仿真加工

1. 分析零件图，确定工件的装夹方式及加工工艺路线

该工件先加工左端 ϕ26 外圆、R2 圆弧及 ϕ32 外圆，再调头加工右端外圆轮廓，具体加工工序如下：

工序一：车零件左端面。以工件 ϕ35 mm 外圆毛坯面作为安装基准，工件伸出 50 mm 夹于车床卡盘上，进行端面加工。

工序二：粗车 ϕ26 mm×30 mm 外圆→ϕ32 mm×40 mm 外圆。

工序三：倒角，由右向左精加工整个外轮廓。

工序四：调头夹持已加工外圆 ϕ26 mm×30 mm，车削端面并保证总长。

工序五：粗车螺纹外圆、锥度、R7 圆弧。

工序六：精加工 R7 圆弧、锥度、倒角、螺纹外圆及 R2 圆弧。

工序七：切削螺纹退刀槽 ϕ18 mm×8 mm。

工序八：粗、精加工 M24×2 三角螺纹。

2. 选择刀具并确定对刀点

（1）外圆轮廓粗精加工及倒角为 90°外圆硬质合金车刀。

（2）切槽与切断为 4 mm 切断刀，选左刀尖作为对刀点。

（3）螺纹车刀为 60°硬质合金车刀。

3. 切削用量的选择（见表 5-1-3）

表 5-1-3　切削用量的选择

加工内容	刀具号	刀具规格	主轴转速 n/(r/min)	进给速度 F/(mm/min)	切削深度 a_p/mm
粗车外圆	T01	90°外圆车刀	500	100	1.6
精车外圆	T01	90°外圆车刀	800	80	0.5

续表

加工内容	刀具号	刀具规格	主轴转速 n/(r/min)	进给速度 F/(mm/min)	切削深度 a_p/mm
切槽与切断	T02	4 mm	400	80	4
螺纹车刀	T03	60° 螺纹车刀	500	2	0.2 ~ 1

4. 设定编程坐标原点，填写加工程序清单

设零件右端面回转中心 O 点为工件坐标系原点，编写加工程序，如表 5-1-4 所示。

表 5-1-4　加工程序

程序内容		程序说明
O0001	/加工左端外圆程序/	程序名
N10	T0101 M03 S500;	换 1 号刀并执行 1 号刀补，T0101 为 90°外圆车刀；主轴正车，转速 500 r/min
N20	G00 X35 Z5;	快速定位到程序起点 X35 Z5
N30	G71 U0.8 R1;	轴向粗车循环，X 向背吃刀量为 1.6 mm，退刀 2 mm
N40	G71 P50 Q110 U0.5 F100;	轴向循环起段号 N50 开始，段号 N110 结束。X 向留 0.5 mm 精加工余量、Z 向余量 0 mm。进给速度为 100 mm/min
N50	G00 X24 S800;	
N60	G01 Z0;	
N70	X26 Z-1;	
N80	Z-40;	
N90	X28;	
N100	G03 X32 W-2 R2;	
N110	G01 Z-60;	
N120	G00 X35 Z5 S800;	确定 G70 循环起点，调整主轴转速 800 r/min
N130	G70 P50 Q110;	轴向精加工各外圆轮廓
N140	G00 X80 Z100;	刀具快速退回至换刀点
N150	M30;	程序结束
O0002	/加工右端轮廓程序/	程序名
N10	T0101 M03 S600;	换 1 号刀并执行 1 号刀补，主轴正转，转速 500 r/min
N20	G00 X35 Z5;	快速定位到程序起点 X35 Z5
N30	G71 U0.8 R1 F100;	轴向粗车循环，X 向背吃刀量为 1.6 mm，退刀 2 mm
N40	G71 P50 Q130 U0.5;	轴向循环起段号 N50 开始，段号 N130 结束。X 向留 0.5 mm 精加工余量、Z 向余量 0 mm。进给速度 F 为 100 mm/min
N50	G00 X0;	
N60	G01 Z0 F80;	
N70	G03 X13.95 Z-6.39 R7;	
N80	G01 X18 Z-30;	
N90	X21;	

续表

O0002	/加工右端轮廓程序/	程序名
N100	X24 W-1.5；	轴向循环起段号 N50 开始，段号 N130 结束。*X* 向留 0.5 mm 精加工余量、*Z* 向余量 0 mm。进给速度 *F* 为 100 mm/min
N110	Z-68；	
N120	X28；	
N130	G03 X32 W-2 R2；	
N140	G00 X35 Z5 S800；	确定 G70 循环起点，调整主轴转速 800 r/min
N150	G70 P50 Q130；	轴向精加工各外圆轮廓
N160	G00 X80 Z200；	刀具快速退回至换刀点
N170	M30；	程序结束
O0003	/切槽加工程序/	程序名
N10	T0202 M03 S400；	换 2 号刀并执行 2 号刀补，主轴正转，转速 400 r/min
N20	G00 X35 Z5；	快速定位到程序起点 X35 Z5
N30	Z-64；	快速定位到切槽起点 X26 Z-64
N40	X26；	
N50	G01 X18 F50；	切槽第一刀至 ϕ18 外圆，进给速度 50 mm/min
N60	G00 X26；	快速退刀
N70	W-4；	向左移动 4 mm 槽宽
N80	GO1 X18；	切槽第二刀 ϕ18 外圆，进给速度 50 mm/min
N90	G00 X26；	快速退刀
N100	G00 X24 Z-62.5；	快速点定位到倒角起点
N110	G01 X21 W-1.5 F50；	倒角 *C*1.5，进给速度 50 mm/min
N120	G00 X100；	*X* 向快速点定位退出车刀
N130	Z200；	*Z* 向快速点定位退出车刀
N140	M30；	程序结束
O0004	/螺纹加工程序/	程序名
N10	T0303 M03 S500；	换 3 号刀并执行 3 号刀补，主轴正转，转速 500 r/min
N20	G00 X35 Z5；	快速定位到程序起点 X35 Z5
N30	Z-20；	快速定位到螺纹加工起点
N40	G92 X23.2 Z-60 F2；	螺纹矩形循环加工，螺距为 2 mm
N50	X22.5；	螺纹切削第二刀
N60	X22.1；	螺纹切削第三刀
N70	X21.8；	螺纹切削第四刀
N80	G00 X80 Z200；	刀具快速退回至换刀点
N90	M30；	程序结束

四、复合零件加工

在数控车床的加工过程中，复合零件是由多种结构组合的，加工工艺较为复杂。在加工过程中，需要经过多次装夹，使用多种刀具，才能完成零件各表面的切削加工。

由于复合零件要求加工形状不一的表面较多，采用的刀具也较多，因而操作者应尽可能发挥每把刀的最大效能，达到“一刀多用”的目的，尽量减少刀具的数目。

在数控车床上加工零件，由于加工对象复杂多样，特别是轮廓曲线的形状及位置千变万化，因而在制定具体零件的加工工艺时，应根据具体条件区别对待、灵活处理，才能达到优质、高效、低成本。

加工如图 5-1-3 所示的零件，编写出加工工艺与加工程序，毛坯尺寸为 ϕ50 mm×75 mm。

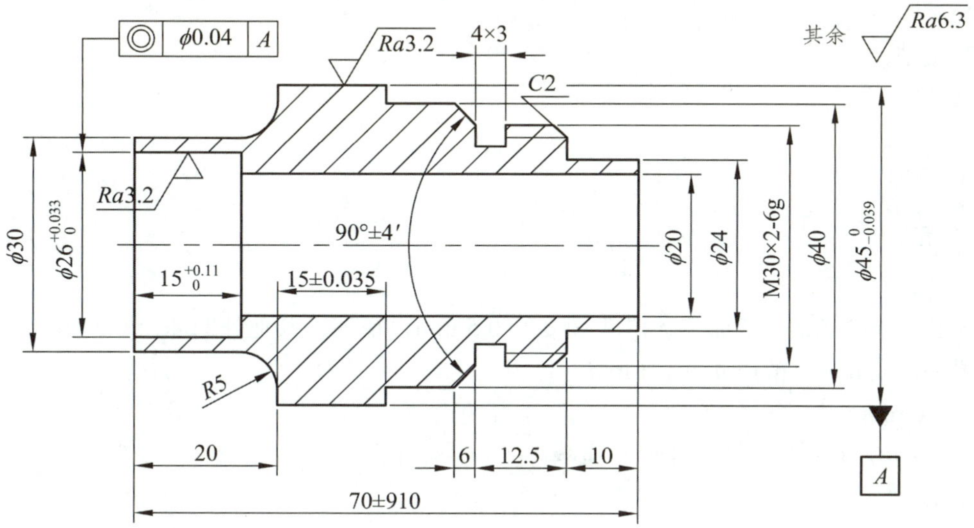

图 5-1-3　复合零件

图 5-1-3 仿真加工

1. 零件分析

该零件主要由外圆、内孔、圆锥、槽、外螺纹等表面构成。其中，尺寸要求高的是左端内孔 ϕ26 与 ϕ45 的外圆，同时 ϕ26 内孔与 ϕ45 外圆有同轴度要求。这两处要求表面粗糙度也是最高的，精度为 *Ra*3.2 μm，其余为 *Ra*6.3 μm。

由此得出：这两处表面应先加工出 ϕ45 外圆，再以其作定位基准加工 ϕ26 内孔，以保证其位置精度。

2. 毛坯设定

根据生产类型为单件生产，加工过程中需要调头，确定的毛坯尺寸为 ϕ50 mm×75 mm，材料为 45 钢。

3. 装夹方案

根据零件图分析，确定装夹方案。

（1）先夹左端至 ϕ45，加工 ϕ40、ϕ24 外圆、槽与螺纹，同时完成内孔 ϕ20 的加工。

（2）调头装夹以 ϕ45 表面为基准，加工 ϕ26 孔及 ϕ30、*R*5 外表面。

4. 加工工艺确定

根据零件表面结构，加工路线如下：

（1）夹左端，加工毛坯面至ϕ46，平端面。

（2）夹左端ϕ46表面，钻通孔ϕ20，从左至右粗精加工ϕ24、ϕ30、圆锥、ϕ40、ϕ45外表面，退刀槽4 mm×3 mm及螺纹。

（3）调头平端面，控制总长至70。

（4）夹ϕ45表面，粗精镗孔ϕ26，粗精加工ϕ30、圆弧$R5$外表面。

5. 刀具选择

（1）90°外圆车刀。

（2）ϕ3中心钻。

（3）ϕ20麻花钻。

（4）内孔镗刀。

（5）4 mm切槽刀。

（6）60°外螺纹刀。

6. 确定切削用量

（1）背吃刀量。

① 粗加工外圆$a_p = 2$ mm，精加工ϕ45表面$a_p = 0.5$ mm，精加工其他外圆$a_p = 0.3$ mm。

② 粗镗内孔$a_p = 1$ mm，精镗$a_p = 0.3$ mm。

③ 钻孔$a_p = 20$ mm。

④ 螺纹按$d_{小} = d_{大} - 1.32P$计算尺寸逐步递减。

（2）进给速度。

粗加工$F = 100$ mm/min，精加工$F = 80$ mm/min。

（3）主轴转速。

粗加工外表面$n = 500$ r/min，精加工$n = 800$ r/min。

7. 填写工艺卡片（见表5-1-5和表5-1-6）

表5-1-5　数控加工刀具卡片

<table>
<tr><td colspan="2">单位</td><td rowspan="2">数控加工刀具卡片</td><td colspan="2">产品名称</td><td colspan="2"></td><td colspan="2">零件图号</td></tr>
<tr><td colspan="2"></td><td colspan="2">零件名称</td><td colspan="2"></td><td colspan="2">5-1-3</td></tr>
<tr><td rowspan="2">序号</td><td rowspan="2">刀具号</td><td rowspan="2">刀具名称</td><td colspan="2">刀具</td><td colspan="2">补偿值</td><td colspan="2">刀补号</td></tr>
<tr><td>直径</td><td>长度</td><td>直径</td><td>长度</td><td>直径</td><td>长度</td></tr>
<tr><td>1</td><td>T01</td><td>90°外圆车刀</td><td></td><td></td><td></td><td></td><td></td><td></td></tr>
<tr><td>2</td><td>T02</td><td>4 mm切槽刀</td><td></td><td></td><td></td><td></td><td></td><td></td></tr>
<tr><td>3</td><td>T03</td><td>60°外螺纹刀</td><td></td><td></td><td></td><td></td><td></td><td></td></tr>
<tr><td>4</td><td>T04</td><td>内孔镗刀</td><td></td><td>30</td><td></td><td></td><td></td><td></td></tr>
<tr><td>5</td><td>T05</td><td>ϕ3中心钻</td><td>ϕ3</td><td></td><td></td><td></td><td></td><td></td></tr>
<tr><td>6</td><td>T06</td><td>ϕ20麻花钻</td><td>ϕ20</td><td>80</td><td></td><td></td><td></td><td></td></tr>
</table>

表 5-1-6　数控加工工序卡片

单　位	数控加工工序卡片		产品名称	零件名称	材　料	零件图号
			综合练习		45#钢	5-1-3
工序	程序编号	夹具名称	夹具编号	设备名称	编制	审　核
		三爪卡盘		GSK360		
工步	工步内容	刀具号	刀具规格	主轴转速/（r/min）	进给速度/（mm/min）	背吃刀量/mm
1	夹左端，加工端面及毛坯外表面至 ϕ46	T01	90°外圆车刀	500	100	2
2	夹右端面，钻中心孔	T02	ϕ3 中心钻	1 000	100	3
3	钻通孔 ϕ20		ϕ20 麻花钻	500	100	20
4	粗车 ϕ24、ϕ30、ϕ40、ϕ45 及圆锥留 0.5 mm 余量	T01	90°圆车刀	500	100	2
5	精车外圆 ϕ24、ϕ30、ϕ40 及圆锥	T01	90°外圆车刀	800	80	0.5
6	退刀槽 4 mm×3 mm	T02	4 mm 切槽刀	400	50	3
7	外螺纹 M30×2	T03	60°外螺纹车刀	500	2	
8	调头夹 ϕ45，车端面至 70 长度要求	T01	90°外圆车刀	500	100	2
9	粗镗 ϕ26 孔留 0.3 mm 余量	T04	内孔镗刀	400	80	1
10	精镗 ϕ26 孔至尺寸	T04	内孔镗刀	600	60	0.3
11	粗车外圆 ϕ30、R5 留 0.5 mm 余量	T01	90°外圆车刀	500	100	2
12	精车外圆 ϕ30、R5	T01	90°外圆车刀	800	80	0.5

8. 设定编程坐标原点，填写加工程序清单

设零件右端面回转中心 O 点为工件坐标系原点，编写加工程序，如表 5-1-7 所示。

表 5-1-7　加工程序

程序内容		程序说明
O0001	/1 号右端加工程序/	程序名
N10	T0101;	换 1 号刀并执行 1 号刀补，T0101 为 90° 外圆车刀
N20	M03 S500;	主轴正转，转速为 500 r/min
N30	G00 X50 Z5;	快速定位到程序起点 X50 Z5
N40	G71 U1 R1;	轴向粗车循环，X 向背吃刀量为 2 mm，退刀 2 mm
N50	G71 P60 Q160 U0.5 F100;	轴向循环起段号 N60 开始，段号 N160 结束。X 向留 0.5 mm 精加工余量、Z 向余量 0 mm。进给速度为 100 mm/min
N60	G01 X24;	
N70	Z0;	
N80	Z-10;	

续表

O0001	/1 号右端加工程序/	程序名
N90	X26；	轴向循环起段号 N60 开始，段号 N160 结束。X 向留 0.5 mm 精加工余量、Z 向余量 0 mm。进给速度为 100 mm/min
N100	X30 W-2；	
N110	Z-22.5；	
N120	X30；	
N130	X40 W-6；	
N140	X32 Z-35；	
N150	X45；	
N160	Z-70；	
N170	G00 X50 Z5 S800；	确定 G70 循环起点，调整主轴转速 800 r/min
N180	G70 P60 Q160；	轴向精加工各外圆轮廓
N190	G00 X100 Z200；	刀具快速退回至换刀点
N200	M30；	程序结束
O0002	/2 号切槽、螺纹加工程序/	程序名
N10	T0202；	换 2 号刀并执行 2 号刀补，T0202 为 4 mm 切断刀
N20	M03 S400；	主轴正转，转速为 400 r/min
N30	G00 X50 Z-22.5；	快速定位到程序起点
N40	X32；	X 向快速定位到切槽起点
N50	G01 X24 F50；	切槽 4 mm×3 mm，进给速度 50 mm/min
N60	G00 X100；	X 向快速点定位退出车刀
N70	Z200；	Z 向快速点定位至换刀点
N80	M00；	程序暂停
N90	M05；	主轴停止，测量螺纹退刀槽
N100	T0303；	换 3 号刀并执行 3 号刀补，T0303 为 60° 螺纹车刀
N110	G00 X40 Z-5 M03；	快速定位到螺纹加工起点，并启动主轴
N120	G92 X29 Z-20 F2；	螺纹矩形循环加工，螺距为 2 mm
N130	X28.3；	螺纹切削第二刀
N140	X27.8；	螺纹切削第三刀
N150	X27.5；	螺纹切削第四刀
N160	X27.36；	螺纹切削第五刀
N170	G00 X100 Z200；	刀具快速退回至换刀点
N180	M30；	程序结束
O0003	/3 号左端内孔加工程序/	程序名
N10	T0404；	换 4 号刀并执行 4 号刀补，T0404 为内孔镗刀
N20	M03 S400；	主轴正转，转速为 400 r/min
N30	G00 X20 Z10；	快速定位到程序起点 X20 Z10

续表

O0003	/3 号左端内孔加工程序/	程序名
N40	G71 U0.5 R1;	轴向粗车循环，*X* 向背吃刀量为 1 mm，退刀 2 mm
N50	G71 P60 Q80 U-0.3 F80;	轴向循环起段号 60 开始，段号 80 结束。*X* 向留 0.3 mm 精加工余量、Z 向余量 0 mm。进给速度为 80 mm/min
N60	G00 X26;	
N70	G01 Z0　F60;	
N80	Z-15;	
N90	M00;	程序暂停
N100	M05;	主轴停止，测量内孔直径
N110	G00 X20 Z10 M03;	确定 G70 循环起点，启动主轴
N120	G70 P60 Q80 S600;	轴向精加工内孔轮廓，调整主轴转速 600 r/min
N130	G00 Z200;	刀具快速退回至换刀点
N140	M30;	程序结束
O0004	/4 号左端外轮廓程序/	程序名
N10	T0101;	换 1 号刀并执行 1 号刀补，T0101 为 90°外圆车刀
N20	M03 S500;	主轴正转，转速为 500 r/min
N30	G00 X50 Z5;	快速定位到程序起点 X50 Z5
N40	G71 U1 R1;	轴向粗车循环，*X* 向背吃刀量为 2 mm，退刀 2 mm
N50	G71 P60 Q100 U0.5 F100;	轴向循环起段号 60 开始，段号 100 结束。*X* 向留 0.5 mm 精加工余量、*Z* 向余量 0 mm。进给速度为 100 mm/min
N60	G01 X30 F80;	
N70	Z0;	
N80	Z-15;	
N90	G02 U10 W-5 R5;	
N100	X45;	
N110	M00;	程序暂停
N120	M05;	主轴停止，测量粗车外圆直径
N130	G00 X50 Z5 M03;	确定 G70 循环起点，启动主轴
N140	G70 P60 Q100 S800;	轴向精加工外圆轮廓，调整主轴转速 800 r/min
N150	G00 X100 Z200;	刀具快速退回至换刀点
N160	M30;	程序结束

9. 编程及加工注意事项

（1）在夹 ϕ45 mm 外圆柱面时，应采取相应措施，以避免夹伤已加工的圆柱表面。

（2）在镗削 ϕ26 mm×15 mm 内孔表面时，镗孔刀的伸出长度不宜太长，以增强其刚性。

（3）在车退刀槽和螺纹时，应注意其表面精度的控制。

（4）工件需调头加工，应注意其装夹部位和程序零点设置的位置。

（5）复合零件编程加工时，注意编程加工技巧。

任务二　铣削综合练习

知识目标

（1）掌握数控编程常用指令准备功能 G 代码；

（2）掌握辅助功能 M、S、F、T 代码的使用格式；

（3）熟悉各代码所表述的意义以及在编程过程中要注意的事项；

（4）掌握加工中心的特点、加工对象、换刀方法及程序编制。

能力目标

（1）掌握数控铣床的编程方法、刀具补偿与固定循环；

（2）掌握刀具补偿与固定循环、换刀方法；

（3）完成零件加工达到零件图所要求的尺寸精度和表面精度。

FANUC 加工中心
仿真软件对刀操作教程

相关知识

熟悉 FANUC Series 0i 系统相关编程指令与机床操作方法。按照机械零件数控加工工艺流程进行分析处理、程序编辑等。教学项目涉及盘套类、模具型腔等典型零件数控工艺设计、编程和加工等内容。

一、加工中心综合加工实例——圆弧图形加工

编写如图 5-2-1 所示零件的加工程序，毛坯尺寸为 100 mm×100 mm×50 mm，材料为铝料。

1. 分析零件图，确定工件的装夹方式及加工工艺路线

该工件毛坯尺寸为 100 mm×100 mm×50 mm，主要由圆弧和直线轮廓组成。加工内容为沟槽，6 mm×1 mm（宽×深）。该零件为铝材，切削加工性能较好。

由零件图可得，以零件下端面为定位基准，加工上表面沟槽。零件的装夹方式采用机用台虎钳，具体加工工序如下：

工序一：加工“S”形沟槽。

（1）由圆弧起点 *A*(20,10)作为起点逆时针加工到 *B* 点(*R*10 圆弧)，切入深度为 0.5 mm。

（2）由 *B* 点顺时针加工到 *A* 点（*R*10 圆弧），切入深度至 1 mm。

（3）由 *A* 点逆时针加工圆弧到 *B* 点。

（4）由 *B* 点直线加工至 *C* 点。

（5）由 C 点逆时针加工到 D 点（$R10$ 圆弧）。

（6）由 D 点直线加工至 E 点。

（7）由 E 点顺时针加工到 F 点（$R10$ 圆弧）。

（8）由 F 点直线加工至 G 点。

（9）由 G 点顺时针加工至 H 点（$R10$ 圆弧）。

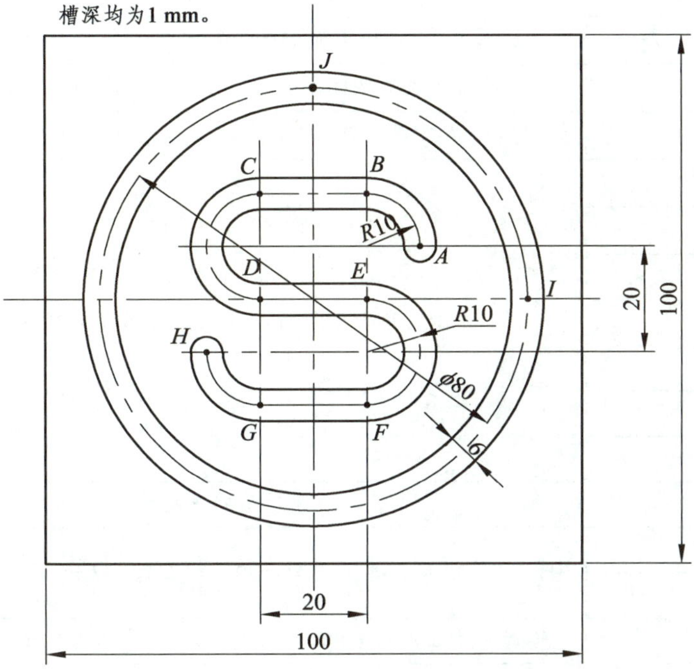

图 5-2-1　圆弧图形加工零件图

图 5-2-1 仿真加工

工序二：加工 ϕ80 沟槽。

（1）刀具移至 I 点（40, 0）逆时针加工圆弧至 J 点，切入深度 0.5 mm。

（2）由 J 点顺时针加工圆弧至 I 点，切入深度至 1 mm。

（3）最后以 I 点为起点，加工整圆 ϕ80。

2. 刀具选择

沟槽加工选用直径为 ϕ6 mm 高速钢立铣刀。

3. 切削用量的选择（见表 5-2-1）

表 5-2-1　切削用量的选择

刀具号	主轴转速 n/（r/min）	进给速度 F/（mm/min）	切削深度 a_p/mm
T01	3 000	600	0.5

4. 设定编程坐标原点，填写加工程序清单

设零件上表面中心 O 点为工件坐标系原点，编写加工程序，如表 5-2-2 所示。

表 5-2-2　加工程序

程序内容	程序说明
O0001；	圆弧加工程序
N10 G54 G01 X0. Y0. Z10. F1500；	初始化设置，建立工件坐标系并验刀
N20 M03 S3000；	主轴正转，转速为 3 000 r/min
N30 G01 X20. Y10. Z0. F600；	刀具到 *R*10 圆弧起点 *A*
N40 G03 X10. Y20. Z-0.5 R10；	逆时针加工圆弧 *R*10（*A* 点到 *B* 点），切入 0.5 mm 深
N50 G02 X20. Y10. Z-1. R10；	顺时针加工圆弧 *R*10（*B* 点到 *A* 点），切入 1 mm 深
N60 G03 X10. Y20. R10；	由 *A* 点到 *H* 点圆弧和直线加工 S 形沟槽
N70 G01 X-10. Y20. F600；	
N80 G03 X-10. Y0. R10；	
N90 G01 X10. Y0. F600；	
N100 G02 X10. Y-20. R10；	
N110 G01 X-10. Y-20. F600；	
N120 G02 X-20. Y-10. R10；	
N130 G01 X-20. Y-10. Z20. F600；	刀具快速退至安全高度
N140 X40. Y0；	移动刀具至整圆 ϕ80，加工起点 *I* 处
N150 Z0. F600；	
N160 G03 X0. Y40. Z-0.5 R40；	逆时针加工圆弧 ϕ80（*I* 点到 *J* 点），切入 0.5 mm 深
N170 G02 X40. Y0. Z-1. R40；	顺时针加工圆弧 ϕ80（*J* 点到 *I* 点），切入 1 mm 深
N180 G03 X40. Y0. I-40. J0；	由 *I* 点开始加工整圆 ϕ80
N200 G00 Z200；	刀具快速退至安全高度
N210 M30；	程序结束

二、加工中心综合加工实例——公交车凸模

编写如图 5-2-2 所示零件的加工程序，毛坯尺寸为 100 mm×100 mm×25 mm，材料为铝材。

1. 分析零件图，确定工件的装夹方式及加工工艺路线

该工件毛坯尺寸为 100 mm×100 mm×25 mm，主要由圆弧和直线轮廓组成。加工内容为沟槽和整圆。该零件为铝材，切削加工性能较好。

由零件图可得，以零件下端面为定位基准，加工上表面沟槽和圆。零件的装夹方式采用机用台虎钳，具体加工工序如下：

（1）主程序粗加工公交车外形，用 ϕ16 平底刀。

（2）调用子程序，粗加工 ϕ20 左右车轮。

（3）调用子程序粗、精加工公交车窗户、直槽加工。

（4）调用子程序精加工公交车轮子。

2. 刀具选择

（1）公交车轮廓、车窗加工选用直径为 ϕ16 平底刀高速钢立铣刀。

（2）8 mm 沟槽用 ϕ8 mm 平底刀高速钢立铣刀。

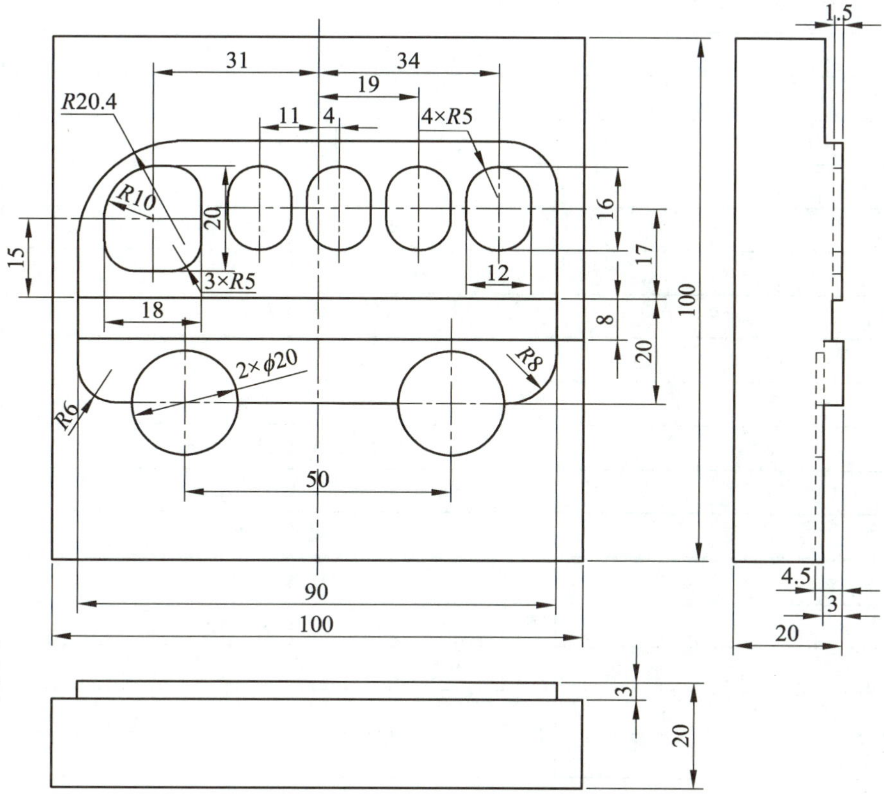

图 5-2-2　公交车凸模零件图

图 5-2-2 仿真加工

3. 切削用量的选择（见表 5-2-3）

表 5-2-3　切削用量的选择

刀具号	刀柄直径/mm	主轴转速 n/(r/min)	进给速度 F/(mm/min)	切削深度 a_p/mm
T01	ϕ16	3 000	300～1 000	0.5
T02	ϕ8	5 000	300～1 000	0.5

4. 设定编程坐标原点，填写加工程序清单

设零件上表面中心 O 点为工件坐标系原点，编写加工程序，如表 5-2-4～表 5-2-6 所示。

表 5-2-4　外轮廓与车轮加工程序

程序内容	程序说明
O0010;	粗加工外轮廓与车轮主程序，用 ϕ16 平底刀
G54 G40 G90;	程序初始设置并移动到加工起点； 验刀并启动主轴调整转速
G01 X0 Y0 Z10 F2000;	
M03 S3000;	

续表

程序内容	程序说明
G01 X60 Y51;	粗加工定位
G01 Z0 F300;	
M98 P0011 L6;	调用 6 次子程序 O0011
G90 G00 Z5;	
G01 X70 Y0;	精加工定位
G01 Z0 F300;	
M98 P0012 L1;	调用 1 次子程序 O0012
G90 G00 Z5;	
G01 X-25 Y-20 F1000;	铣左车轮
M98 P0013 L1;	调用 1 次子程序 O0013
G01 X25 Y-20 F1000;	铣右车轮
M98 P0013 L1;	调用 1 次子程序 O0013
G00 Z300;	退刀至安全位置
M30;	程序结束
子程序	程序说明
O0011;	粗加工子程序
G91 G01 Z-0.5 F300;	
G90 G01 X-60 Y51;	
G01 Y39;	
G01 X54;	
G01 Y-29;	
G01 X-60;	
G01 Y-41;	
G01 X60;	
G01 Y-53;	
G01 X-54;	
G01 Y67;	
G01 X60 F1500;	
G01 Y51;	
M99;	子程序结束
O0012;	轮廓精加工子程序
G91 G01 Z-3 F300;	
G90;	
G90 G01 G41 X55 Y10 D01;	
G03 X45 Y0 R10;	

续表

程序内容	程序说明
G01 X45 Y-12；	
G02 X37 Y-20 R8；	
G01 X-39 Y-20；	
G02 X-45 Y-14 R6；	
G01 X-45 Y10；	
G02 X-25 Y30 R24.4；	
G01 X35 Y30；	
G02 X45 Y20 R10；	
G01 X45 Y0；	
G03 X55 Y-10 R10；	
G01 G40 X70 Y0；	
M99；	子程序结束
O0013；	车轮子程序
G90 G01 Z0 F100；	
G91 G01 G41 X10 Y0 F150 D01；	
G03 X0 Y0 I-10 J0 Z-0.8；	
G03 X0 Y0 I-10 J0 Z-0.8；	
G03 X0 Y0 I-10 J0 Z-0.8；	
G03 X0 Y0 I-10 J0 Z-0.8；	
G03 X0 Y0 I-10 J0 Z-0.8；	
G03 X0 Y0 I-10 J0 Z-0.5；	
G03 X0 Y0 I-10 J0 Z0；	
G01 G40 X-10 Y0；	
G90 G00 Z5；	
M99；	子程序结束

表 5-2-5　公交车窗户直槽加工程序

程序内容	程序说明
O0020；	02 号公交车窗户直槽加工
G54 G90 G40；	
G01 X0 Y0 Z10 F1500；	验刀
M03 S2200；	
G01 X-11 Y17 F1000；	铣小窗户 1 主程序
G01 Z0 F200；	
M98 P0021 L3；	调用 3 次子程序 O0021
G90 Z5 F1000；	

续表

程序内容	程序说明
G01 X4 Y17 F1000；	铣小窗户 2
G01 Z0 F200；	
M98 P0021 L3；	调用 3 次子程序 O0021
G90 Z5 F1000；	
G01 X19 Y17 F1000；	铣小窗户 3
G01 Z0 F200；	
M98 P0021 L3；	调用 3 次子程序 O0021
G90 Z5 F1000	
G01 X34 Y17 F1000；	铣小窗户 4
G01 Z0 F200；	
M98 P0021 L3；	调用 3 次子程序 O0021
G90 Z5 F1000；	
G01 X0 Y0 F1000；	铣大窗户主程序
G01 X-31 Y15；	
G52 X-31 Y15；	
G01 X0 Y0；	
G01 Z0 F100；	
M98 P0022 L3；	调用 3 次子程序 O0022
G90 G01 Z5；	
G52 X0 Y0；	
G01 X0 Y0 F1000；	铣 8 mm 直槽主程序
M98 P0023；	调用 1 次子程序 O0022
G01 X0 Y0 F1000；	
G00 Z200；	加工完毕退刀
M30；	程序结束
子程序	程序说明
O0021；	铣小窗户子程序
G91；	
G01 Y3.5 X0 Z-0.5 F60 D1；	
G01 Y-3.5 X0 F150；	
G01 G41 X-1.5 Y4.5 D1；	
G03 X-4.5 Y-4.5 R4.5；	
G01 Y-3；	
G03 X5 Y-5 R5；	
G01 X2；	

续表

程序内容	程序说明
G03 X5 Y5 R5；	
G01 Y6；	
G03 X-5 Y5 R5；	
G01 X-2；	
G03 X-5 Y-5 R5；	
G01 Y-3；	
G03 X4.5 Y-4.5 R4.5；	
G01 G40 X1.5 Y4.5；	
M99；	子程序结束
O0022；	铣大窗户子程序
G91 G01 Y-4 X0 Z-0.5 F60；	
G90 G01 X0 Y0 F150；	
G01 G41 X-4 Y5 D1；	
G03 X-9 Y0 R5；	
G01 Y-5；	
G03 X-4 Y-10 R5；	
G01 X4；	
G03 X9 Y-5 R5；	
G01 Y5；	
G03 X4 Y10 R5；	
G01 X1；	
G03 X-9 Y0 R10；	
G03 X-4 Y-5 R5；	
G01 G40 X0 Y0；	
M99；	子程序结束
O0023；	铣直槽子程序
G01 X60 Y-4 F1000；	
G01 Z-0.5 F150；	
G01 X-60；	
G01 Z-1；	
G01 X60；	
G01 Z-1.5；	
G01 X-60；	
G01 Z5；	
M99；	子程序结束

表 5-2-6　公交车轮子加工程序

程序内容	程序说明
O0030；	03 公交车轮子加工
G54 G90 G40；	
G01 X0 Y0 Z20 F1500；	验刀
M03 S2000；	
G01 X-25 Y-20；	铣左车轮主程序
G52 X-25 Y-20；	
G01 X0 Y0；	
G01 Z0 F100；	
M98 P0031 L9；	调用 9 次子程序 O0031
G90 Z5；	
G01 X50 Y0；	
G52 X25 Y-20；	
G01 X0 Y0；	
G01 Z0 F100；	
M98 P0031 L9；	调用 9 次子程序 O0031
G90 Z5；	
G52 X0 Y0；	
G00 Z200；	加工完毕退刀
M30；	程序结束
子程序	程序说明
O0031；	铣车轮圆槽子程序
G91 G01 X3 Y0 Z-0.5 F100；	
G90 G03 X3 Y0 I-3 J0 F300；	
G01 X0 Y0；	
G01 G41 X-5 Y5 D1；	
G03 X-10 Y0 R5；	
G03 X-10 Y0 I10 J0；	
G03 X-5 Y-5 R5；	
G01 G40 X0 Y0；	
M99；	子程序结束

复习思考题

一、判断题

1. 链传动是由链条和具有特殊齿形的从动轮组成的传递运动和动力的传动。 (　　)
2. 按用途不同，螺旋传动可分为传动螺旋、调整螺旋两种类型。 (　　)
3. 轴承座在角铁上安装加工前要经过划线。 (　　)
4. 数控车床应保证刀柄具有足够的强度、刚性及耐磨性。 (　　)
5. PRGRM 键的功能是程序删除。 (　　)

二、选择题

1. 螺纹加工循环指令中 I 为锥螺纹始点与终点的半径 (　　)，*I* 值正负判断方法与 G90 指令中 *R* 值的判断方法相同。

A. 和　　B. 差　　C. 积　　D. 平方

2. 刀具补偿号可以是 00 ~ 32 中的任意一个数，刀具补偿号为 (　　) 时，表示取消刀具补偿。

A. 01　　B. 10　　C. 32　　D. 00

3. 建立补偿和撤销补偿不能是圆弧指令程序段，一定要用 G00 或 (　　) 指令进行建立或撤销。

A. G07　　B. G30　　C. G04　　D. G01

4. 若车床带有 (　　)、夹簧，应确认其调整是否合适。

A. 附件　　B. 导套　　C. 花盘　　D. 角铁

5. 操作者必须严格按操作 (　　) 操作车床，未经操作者同意，不许其他人员私自开动。

A. 方法　　B. 步骤　　C. 规则　　D. 纪律

三、简答题

1. 在安排加工顺序时，一般应遵循哪些工艺原则？
2. 刀具半径补偿的目的是什么？

项目六　1 + X 数控车铣加工实例

1 + X 证书制度是一项全新的制度设计，是深化复合技术技能人才培养模式和评价改革的重要举措，促进了产教融合，推动了校企双元育人，形成了数控车铣加工项目的课证融合模式。本课程是数控技术相关专业的一门核心专业课程，按照企业典型数控铣削零件加工要素设计教学项目。教学项目涉及盘套类、箱体类及模具型腔等典型零件数控工艺设计、编程和加工等内容，通过工学结合的方式将数控铣床及加工中心机床操作，数控加工刀具与量具选用、使用和安装，零件的手工或自动程序编制、加工方法选择和零件精度检测，CAXA、CAD、CAM 等软件应用、程序远程传送和数控加工工艺设计等有机整合起来，在项目训练中结合安全管理和企业 8S 管理要求全面培养复合型技术技能人才。

任务一　1 + X 中级技能综合练习

知识目标

（1）熟悉 HNC808D 华中数控车床和 HNC818D 华中加工中心操作系统；
（2）会选用合适的刀具、夹具和常用量具进行零件加工；
（3）独立进行机床操作、零件加工并填写相应的工艺卡片。

能力目标

（1）能编制一般机械零件的加工工艺；
（2）会使用 CAXA、CAD、CAM 软件绘制加工图形；
（3）具备使用数控仿真软件的能力，合理选择刀具和切削用量并对程序进行后置处理。
（4）具备安全意识、标准化意识等职业意识。

相关知识

“1 + X”是指学习者在学制系统内实施学历教育的学校或者其他教育机构中完成了学制系统内一定教育阶段学习任务后获得的文凭；“X”为若干职业技能等级证书。“1 + X 证书制度”，就是学生在获得学历证书的同时，取得多类职业技能等级证书。“1”是基础，“X”是“1”的补充、强化和拓展。学历证书和职业技能等级证书不是两个并行的证书体系，而是两种证书相互衔接、相互融通。

一、考核要求

（1）CAXA、CAD、CAM 软件由考点提供，考生不得使用自带软件；考生根据清单自带刀具、夹具、量具、工具等，禁止使用清单中所列规格之外的刀具，否则考核师有权决定终止其参加考核。

（2）考生考核场次和考核工位由考点统一安排抽取。

（3）考核时间分为两个环节，即机床连续加工 210 分钟和工艺编制与编程 60 分钟，共计 270 分钟。

（4）考生按规定时间到达指定地点，凭身份证和准考证进入考场。

（5）考生考核前 15 分钟进入考核工位，清点工具，确认现场条件无误；考核时间开始方可进行操作。考生迟到 15 分钟按自行放弃考核处理。

（6）考生不得携带通信工具和其他未经允许的资料、物品进入考核现场，不得中途退场。如出现较严重的违规、违纪、舞弊等现象，考核管理部门有权取消其考核成绩。

（7）考生自备劳保用品（工作服、安全鞋、安全帽、防护镜等），考核时应按照专业安全操作要求穿戴个人劳保防护用品，并严格遵照操作规程进行考核，符合安全、文明生产要求。

（8）考生的着装及所带用具不得出现标识。

（9）考核时间为连续进行，包括数控编程、零件加工、检测和清洁整理等时间；考生休息、饮食和入厕等时间都计算在考核时间内。

（10）考核过程中，考生须严格遵守相关操作规程，确保设备及人身安全，并接受考核师的监督和警示；如考生在考核中因违章操作出现安全事故，取消继续考核的资格，成绩记零分。

（11）机床在工作中发生故障或产生不正常现象时应立即停机，保持现场状态，同时应立即报告当值考核师。如因设备故障所造成的停机排除时间，考生应抓紧时间完成其他工作内容，现场考核师经请示核准后酌情补偿考核时间。

（12）考生完成考核项目后，提请考核师到工位处检查确认并登记相关内容，考核终止时间由考核师记录，考生签字确认；考生结束考核后不得再进行任何操作。

（13）考生不得擅自修改数控系统内的机床参数。

（14）考核师在考核结束前 15 分钟提醒考生剩余时间。当听到考核结束指令时，考生应立即停止操作，不得以任何理由拖延时间继续操作。考生离开考核场地时，不得将草稿纸等与考核有关的物品带离考核现场。

二、考核内容

通过考试现场操作的方式，完成以下考核任务。

（1）职业素养。（8 分）

（2）根据机械加工工艺过程卡，完成指定零件的机械加工工序卡、数控加工刀具卡、数控加工程序单。（12 分）

（3）零件编程及加工。（80 分）

① 按照任务书要求，完成零件的加工。（70 分）

② 根据自检表完成零件的部分尺寸自检。（5 分）

③ 按照任务书完成零件的装配。（5 分）

三、考核提供的考件及标准件（见表 6-1-1）

表 6-1-1　考件及标准件

序号	零件名称	材料	规格	数量	备注
1	零件 1	2A12 铝	80 mm×80 mm×25 mm	1	毛坯
2	零件 2	2A12 铝	ϕ 55 mm×65 mm	1	毛坯
3	深沟球轴承	轴承钢	型号：16004；外径：42 mm；内径：20 mm；厚度：8 mm	1	标准件

四、考核图纸

1. 传动轴（见图 6-1-1）

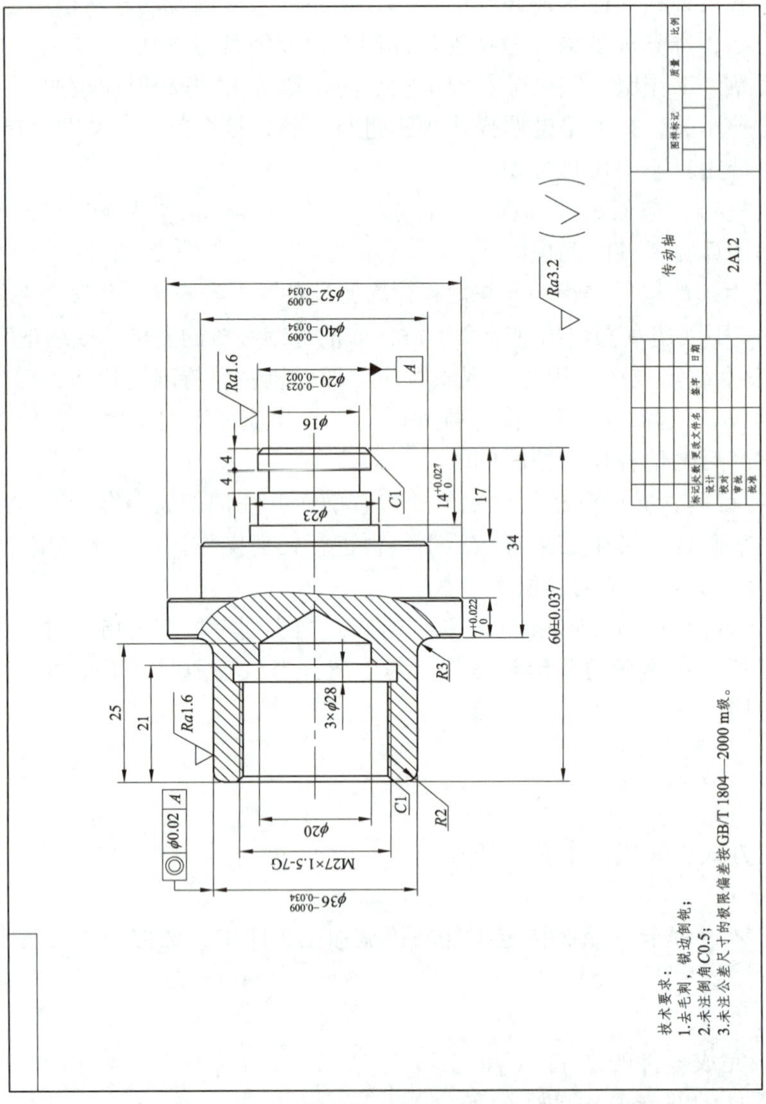

图 6-1-1　传动轴

图 6-1-1 车间实际加工视频

图 6-1-2 车间实际加工视频

图 6-1-2 仿真加工

2. 轴承座（见图 6-1-2）

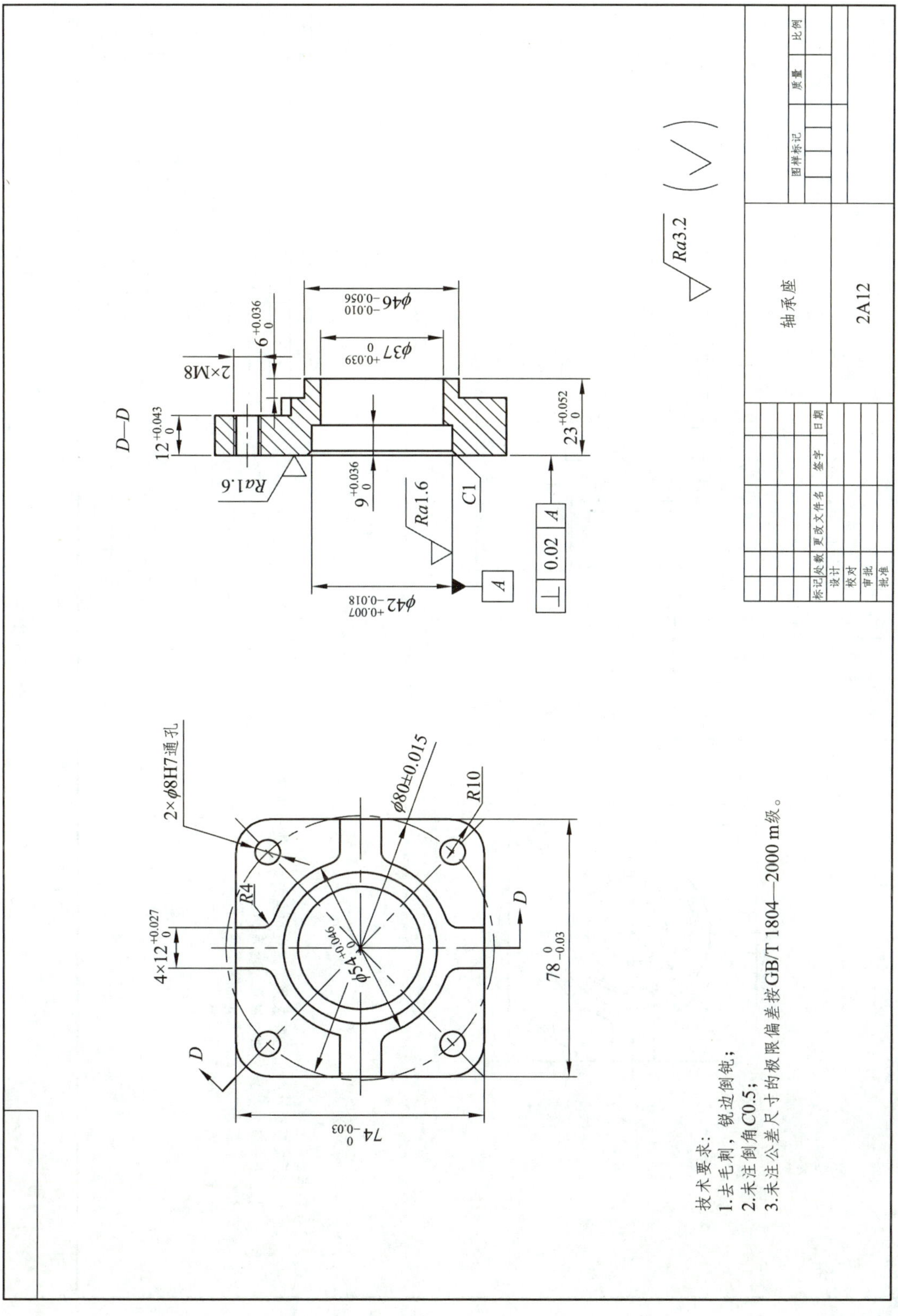

图 6-1-2　轴承座

3. 装配图（见图 6-1-3）

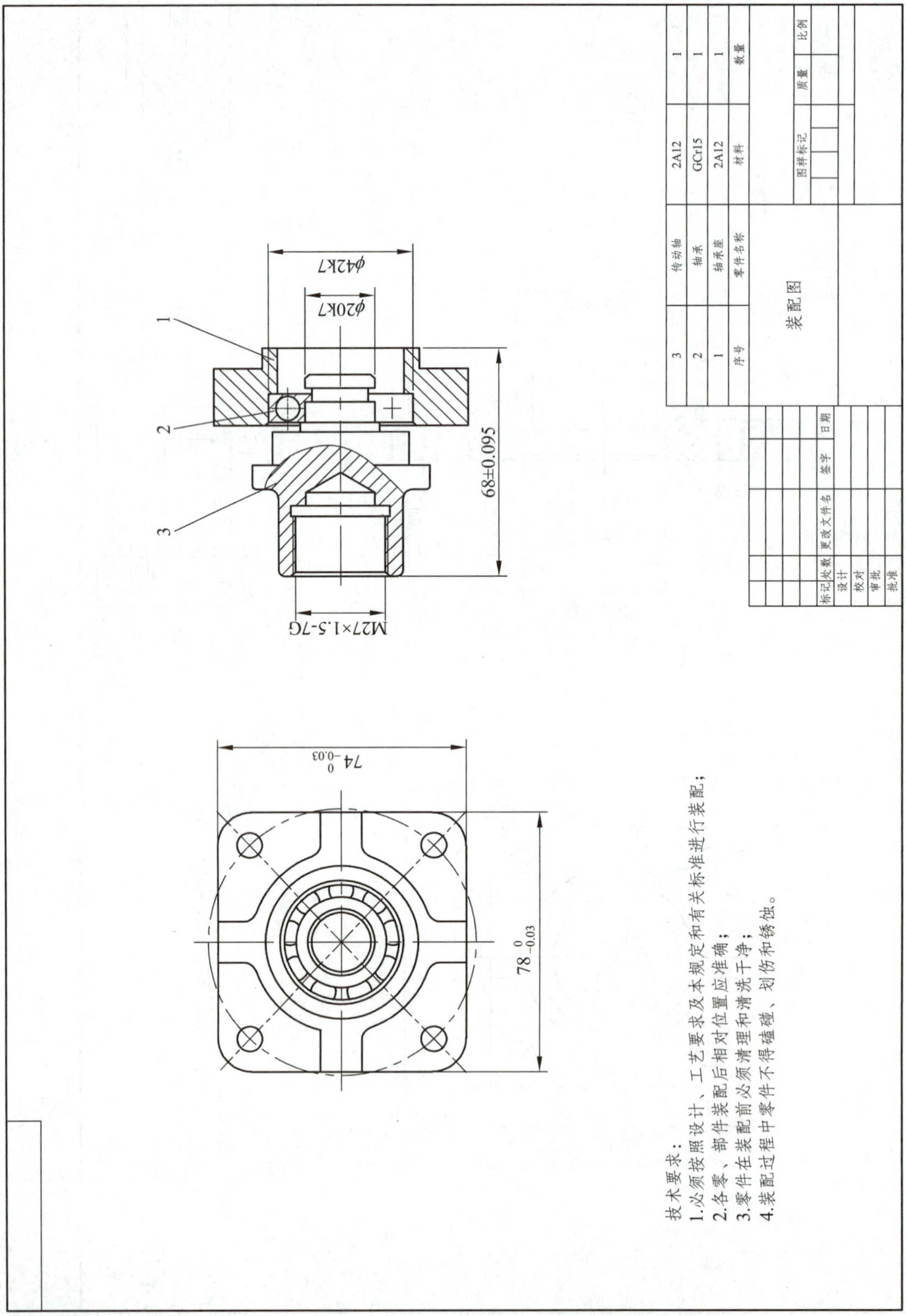

图 6-1-3 装配图

五、机械加工工艺过程卡（见表 6-1-2 和表 6-1-3）

表 6-1-2　机械加工工艺过程卡 1

零件名称		传动轴	机械加工工艺过程卡	毛坯种类	棒料	共 1 页
				材料	2A12 铝	第 1 页
工序号	工序名称	工序内容			设备	工艺装备
10	备料	备料 ϕ55 mm×65 mm，材料为 2A12 铝				
20	数车	车右端端面，粗、精车右端 ϕ20、ϕ23、ϕ40、ϕ52 外圆，车 4×ϕ16 外圆槽至图纸要求，倒角			Cak6140	三爪卡盘
30	数车	车左端端面保证总长 60±0.037，粗、精车左端 ϕ36 外圆、R3 圆角，钻 ϕ20 底孔，车 3×ϕ28 退刀槽，车 M27×1.5-7G 内螺纹至图纸要求，倒角			Cak6140	三爪卡盘
40	钳	锐边倒钝，去毛刺			钳台	台虎钳
50	清洗	用清洁剂清洗零件				
60	检验	按图样尺寸检测				
70						
编制		日期		审核		日期	

表 6-1-3　机械加工工艺过程卡 2

零件名称		轴承座	机械加工工艺过程卡	毛坯种类	方料	共 1 页
				材料	2A12 铝	第 1 页
工序号	工序名称	工序内容			设备	工艺装备
10	备料	备料 80 mm×80 mm×25 mm，材料为 45 钢或 2A12 铝				
20	数铣	粗、精铣反面平面，78 mm×74 mm×12 mm 的外形，ϕ42、ϕ37 内孔，钻 2×ϕ8、2×M8 螺纹底孔 ϕ6.8 至图纸要求，攻 M8 的螺纹孔，倒角			VMC850	机用虎钳
30	数铣	粗、精铣正面平面、ϕ46 圆台、12 mm 宽十字凸台至图纸要求，倒角			VMC850	机用虎钳
40	钳	锐边倒钝，去毛刺			钳台	台虎钳
50	清洗	用清洁剂清洗零件				
60	检验	按图样尺寸检测				
70						
编制		日期		审核		日期	

六、机械加工工序卡（传动轴 20 工序，见表 6-1-4）

表 6-1-4　机械加工工序卡

零件名称		机械加工工序卡		工序号			工序名称		共　页 第　页
材料		毛坯状态		机床设备			夹具		
工步号	工步内容		刀具规格	刀具材料	量具		背吃刀量/mm	进给量/（mm/min）	主轴转速/（r/min）
编制		日期		审核			日期		

七、数控加工刀具卡（轴承座 20 工序，见表 6-1-5）

表 6-1-5　数控加工刀具卡

零件名称			数控加工刀具卡			工序号		
工序名称			设备名称			设备型号		
工步号	刀具号	刀具名称	刀柄型号	刀具			补偿量/mm	备注
				直径/mm	刀长/mm	刀尖半径/mm		
编制		审核		批准		共　页	第　页	

八、数控加工程序单（轴承座 20 工序，见表 6-1-6）

表 6-1-6　数控加工程序单

数控加工程序单		产品名称		零件名称		共　页
		工序号		工序名称		第　页
序号	程序编号	工序内容	刀具	切削深度（相对最高点）	备注	

续表

装夹示意图：		装夹说明：	
编程/日期		审核/日期	

九、零件自检表（见表 6-1-7 和表 6-1-8）

表 6-1-7　零件自检表 1

零件名称	传动轴			允许读数误差		±0.007 mm			考评员评价
序号	项目	尺寸要求	使用的量具	测量结果				项目判定	
				No.1	No.2	No.3	平均值		
1	外径	$\phi20^{+0.015}_{+0.002}$						合　否	
2	外径	$\phi36^{-0.009}_{-0.034}$						合　否	
3	长度	60±0.037						合　否	
4								合　否	
结论（对上述 3 个测量尺寸进行评价）			合格品		次品		废品		
处理意见									

表 6-1-8　零件自检表 2

零件名称	端盖			允许读数误差		±0.007 mm			考评员评价
序号	项目	尺寸要求	使用的量具	测量结果				项目判定	
				No.1	No.2	No.3	平均值		
1	内孔	$\phi42^{+0.007}_{-0.018}$						合　否	
2	长度	$78^{0}_{-0.03}$						合　否	
3	深度	$23^{+0.06}_{0}$						合　否	
4								合　否	
结论（对上述 3 个测量尺寸进行评价）			合格品		次品		废品		
处理意见									

十、评分表（见表 6-1-9）

表 6-1-9　评分表

数控车铣加工职业技能等级标准（中级）评分表-轴承座零件										
试题编号				考生代码				配分	40	
场　次			工位编号			工件编号		成绩小计		
序号	配分	尺寸类型	公称尺寸	上偏差/mm	下偏差/mm	上极限尺寸/mm	下极限尺寸/mm	实际尺寸	得分	备注
A. 主要尺寸										
1	2	ϕ	54	−0.01	−0.056	53.99	53.944			
2	2.5	ϕ	37	0.039	0	37.039	37			
3	4	ϕ	42	0.007	−0.018	42.007	41.982			
4	2	L	78	0	−0.03	78	77.97			
5	2	L	76	0	−0.03	76	75.97			
6	2.5	L	23	0.052	0	23.052	23			
7	1	L	12	0.043	0	12.043	12			
8	1	L	8	0.036	0	8.036	8			
9	1	L	9	0.036	0	9.036	9			
10	1	L	12	0	−0.027	12	11.973			3 处
11	1	ϕ	80	0.015	−0.015	80.015	79.985			
12	3	M8	8	0	0	8	8			2 处
13	3	ϕ	8	0.015	0	8.015	8			2 处
14	0.5	C	1	0.1	-0.1	1.1	0.9			
15	0.5	C	0.5	0.1	-0.1	0.6	0.4			
16	1	R	4	0.2	-0.2	4.2	3.8			
17	0.5	R	10	0.5	-0.5	10.5	9.5			
B. 形位公差										
1	2.5	垂直度	0.02	0	0.00	0.02	0.00			
C. 表面粗糙度										
1	1.5	表面质量	$Ra1.6$	0	0	1.6	0			
2	1.5	表面质量	$Ra1.6$	0	0	1.6	0			
3	1	表面质量	$Ra3.2$	0	0	1.6	0			
D. 装配										
1	5	装配								
总计										
检测考评员签字										

十一、1 + X 数控车工技能实操练习题

1. 传动轴（见图 6-1-4）

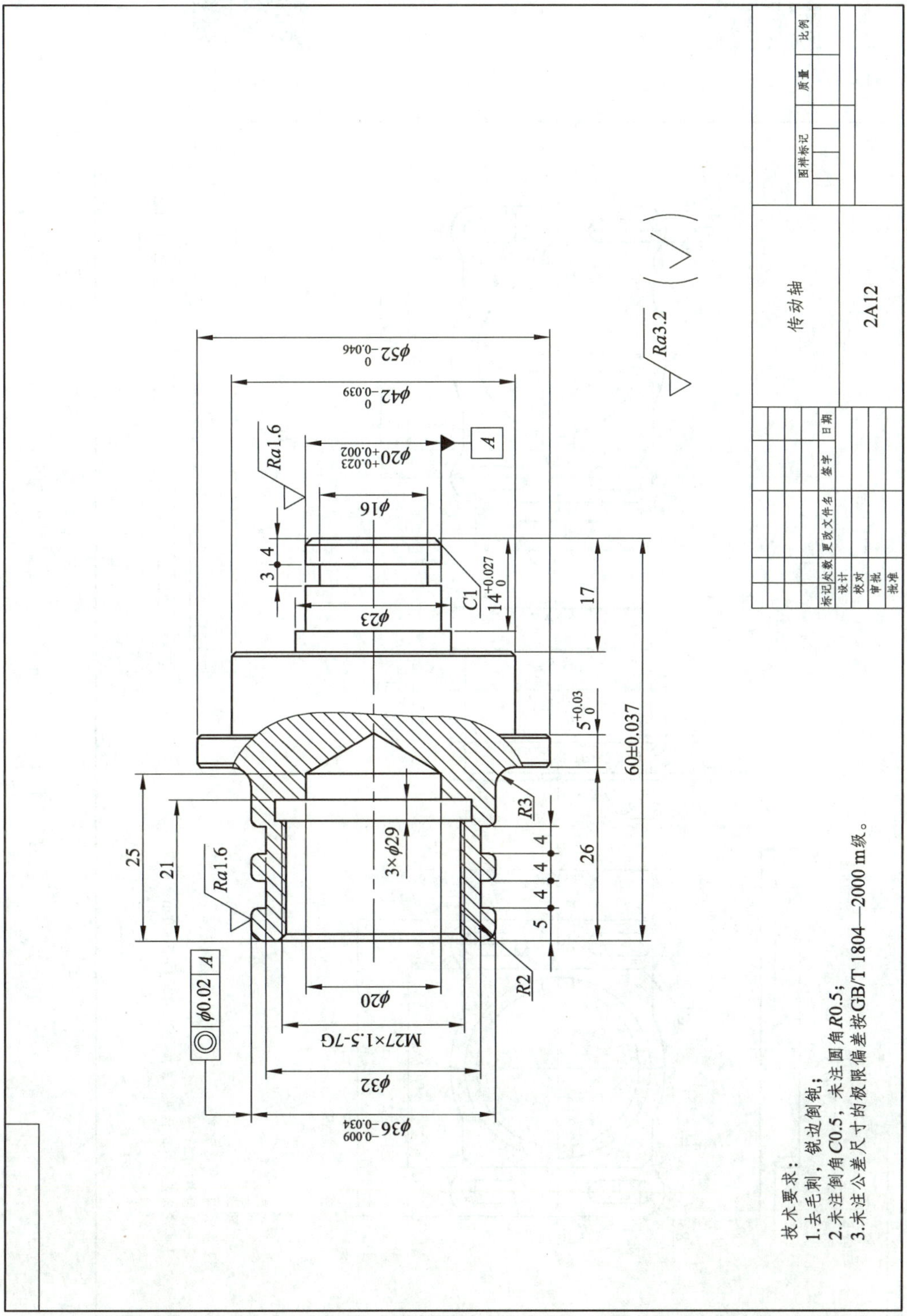

图 6-1-4　传动轴

2. 轴承座（见图 6-1-5）

图 6-1-5 车间实际加工视频

图 6-1-5 仿真加工

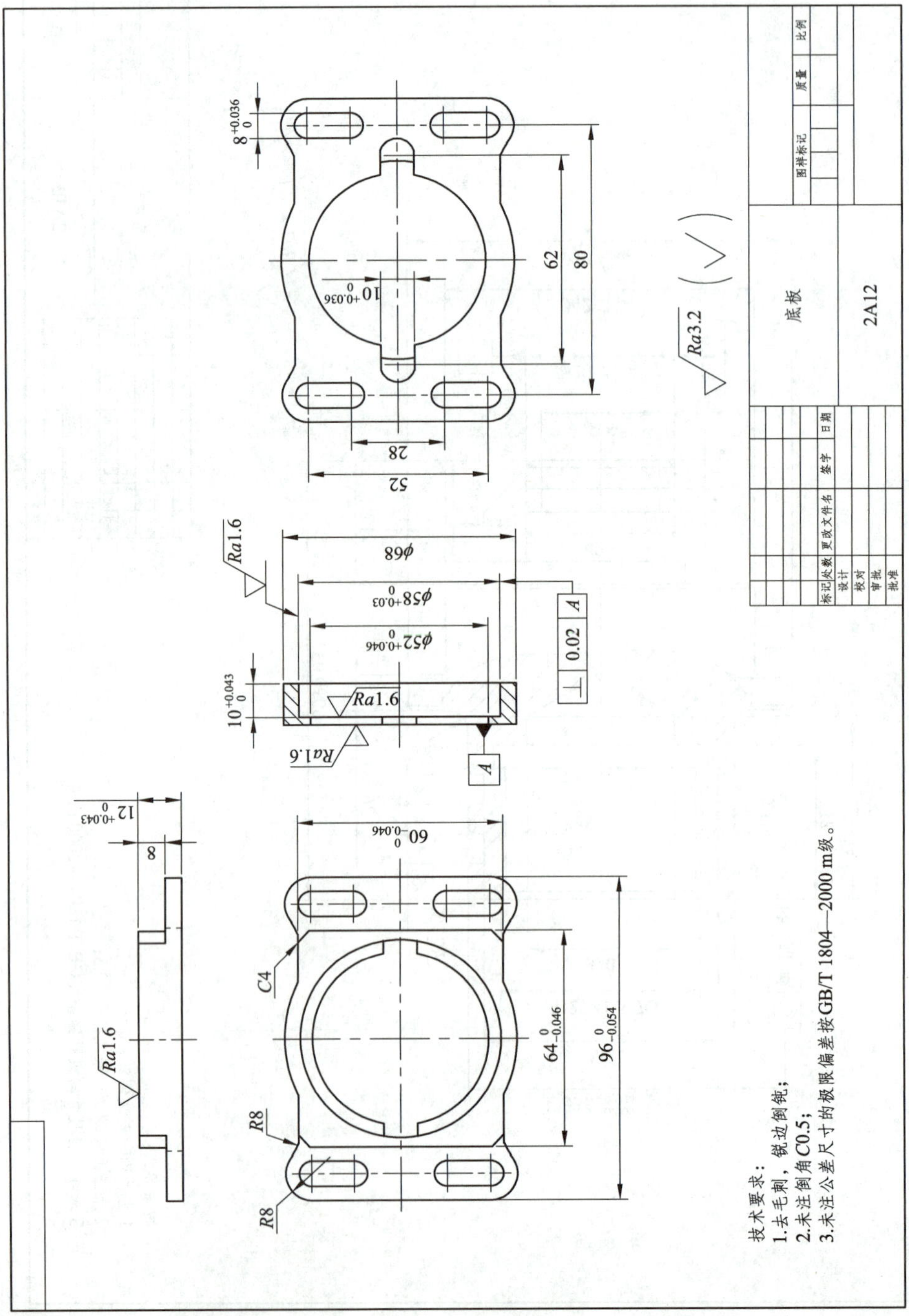

图 6-1-5 轴承座

任务二　数控铣中级工考核试题

知识目标

（1）掌握配合零件的加工工序及加工方法；
（2）掌握配合零件的测量方法。

能力目标

（1）掌握零件尺寸精度的控制；
（2）掌握零件表面精度的控制。

相关知识

一、任务工件一加工

（一）工作任务

图 6-2-1 所示为本次任务图纸，请对图纸中工件进行数控加工工艺分析，确定加工所需要的刀具、量具、工具，编制数控加工程序，并加工出本工件，对照质量检测单，完成零件的指令检测。

工件毛坯尺寸为 ϕ115 mm × 15 mm。加工时间为 240 min。

（二）任务分析

本次任务是对前面所学内容的总结，是数控铣工中级工的实操考试内容。外形面主要为圆形，形状规则，结构简单，尺寸精度要求不高。

只要能够读懂图纸，确立好工件坐标系，就可以根据零件图纸，确定使用的刀具等，编制数控加工程序。

通过本次任务，学生应该能够梳理前面所学理论知识，并完成工件的加工。

（三）任务实施

1. 填写工艺卡片

在认真读取零件图纸后，进行数控加工工艺分析，划分出零件加工的工序和工步，确定刀具、夹具、量具，编制数控加工工艺卡片，并填入表 6-2-1 中。

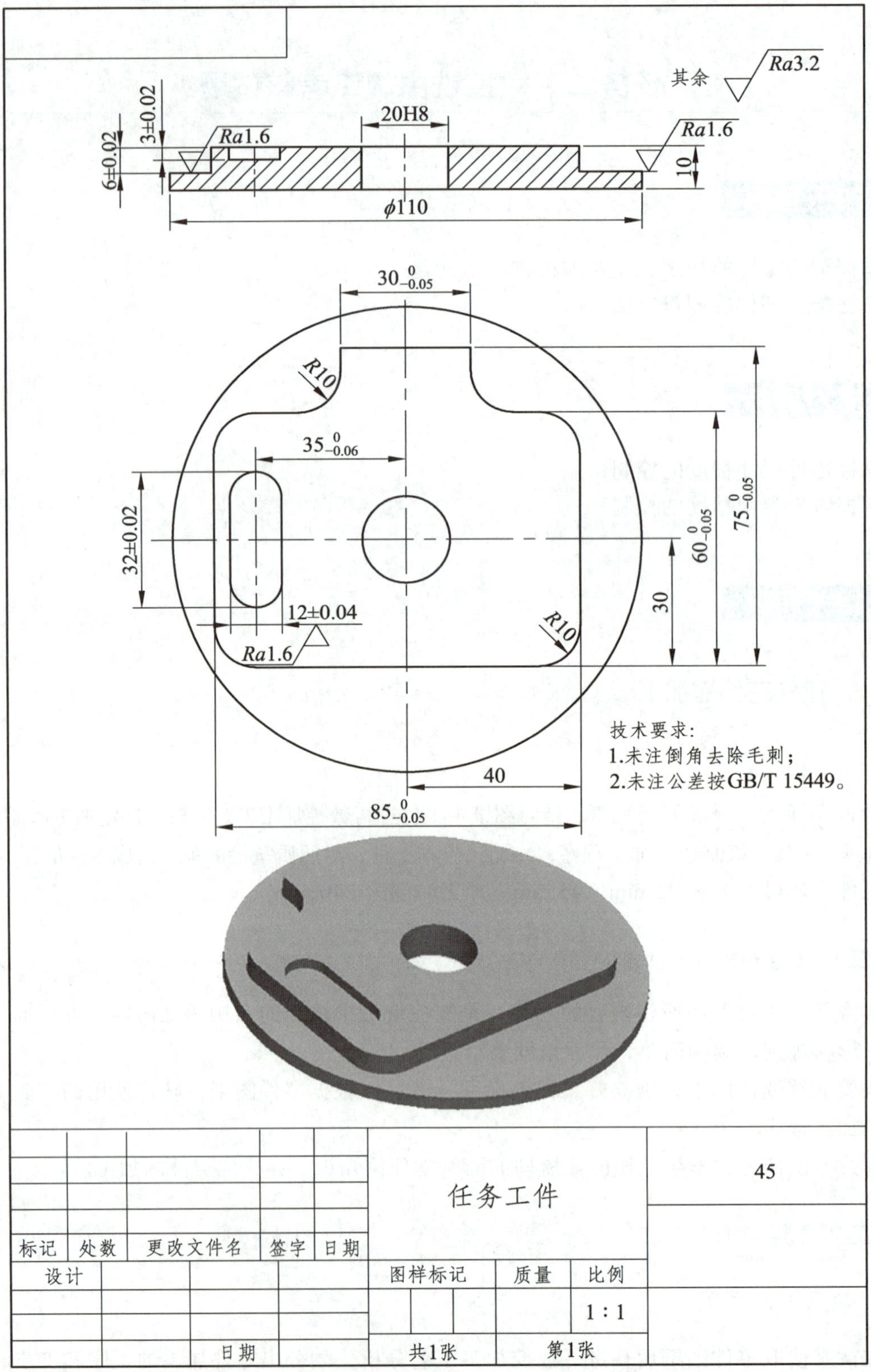
其余 Ra3.2
20H8
3±0.02
6±0.02
Ra1.6
Ra1.6
10
φ110
30 0 −0.05
R10
35 0 −0.06
32±0.02
60 0 −0.05
75 0 −0.05
30
12±0.04
Ra1.6
R10
技术要求：
1.未注倒角去除毛刺；
2.未注公差按GB/T 15449。
40
85 0 −0.05
45
任务工件
标记 处数 更改文件名 签字 日期
设计
日期
图样标记 质量 比例
1 : 1
共1张 第1张

图 6-2-1　任务图纸

表 6-2-1　数控加工工艺卡片

工作任务							毛坯尺寸：			
							切削用量			
工序	工步	程序号	工步内容	刀具号	刀具规格	量、辅具	切削速度/(mm/min)	进给速度/(mm/r)	背吃刀量/mm	备注
							v_c	n		

2. 编写加工程序

通过数控加工工艺分析，确定工件坐标系的原点，然后编写数控加工程序，并填入表 6-2-2 中。

表 6-2-2　程序单

程序号	程序段	注释

3. 加工工件

在编制完加工程序以后，输入数控机床，进行模拟加工，在确保程序无误之后，完成对刀操作，然后进行数控加工。工件加工完成后，对照表 6-2-3 对工件进行检测。

表 6-2-3　质量检测单

序号	项目	考核内容		配分	评分标准	检测结果	扣分	得分	备注
1	外形	$85_{-0.06}^{0}$	IT	4	超差 0.01 扣 2 分				
			Ra	4	降一级扣 2 分				
		$75_{-0.06}^{0}$	IT	4	超差 0.01 扣 2 分				
			Ra	4	降一级扣 2 分				
		$30_{-0.06}^{0}$	IT	4	超差 0.01 扣 2 分				
			Ra	4	降一级扣 2 分				
		6±0.08	IT	4	超差 0.01 扣 2 分				
			Ra	4	降一级扣 2 分				
		*R*10	IT	4	超差 0.01 扣 2 分				
			Ra	4	降一级扣 2 分				
2	槽	32±0.05	IT	4	超差 0.01 扣 2 分				
			Ra	4	降一级扣 2 分				
		12±0.04	IT	4	超差 0.01 扣 2 分				
			Ra	4	降一级扣 2 分				
		3±0.08	IT	4	超差 0.01 扣 2 分				
			Ra	2	降一级扣 2 分				
3	程序编制	建立工件坐标系		2	出现错误不得分				
		程序代码正确		4	出现错误不得分				
		刀具轨迹显示正确		3	出现错误不得分				
		程序完整		4	出现错误不得分				
4	机床操作	开机及系统复位		3	出现错误不得分				
		装夹工件		2	出现错误不得分				
		输入及修改程序		5	出现错误不得分				
		正确设定对刀点		3	出现错误不得分				
		建立刀补		4	出现错误不得分				
5	工、量、刀具的正确使用	执行操作规程		2	违反规程不得分				
		使用工具、量具		3	选择错误不得分				
6	加工时间	超过定额时间 5 min 扣 1 分，超过 10 min 扣 5 分，以后每超过 1 min 加扣 5 分，超过 30 min 则停止考试							
7	文明生产	按有关规定每违反一项从总分中扣 3 分，发生重大事故取消考试，扣分不超过 10 分							

（四）任务评价与总结

在小组内每个人先对任务完成情况进行评价总结，再由小组推荐代表向全班作小组总结。评价完成后，根据其他组成员对本组的评价意见进行归纳总结，完成自评总结的撰写。

教师对各小组任务完成情况分别作评价（见表 6-2-4），找出各组的优点进行点评，对任务完成过程中各组的缺点进行点评，提出改进方法，对整个任务完成中出现的亮点和不足进行点评。

表 6-2-4　任务评价表

班级：　　　　　　　　　　　　　　　　学生姓名：

项　目	自我评价（20%）			小组评价（20%）			教师评价（60%）		
	10 ~ 9	8 ~ 6	5 ~ 1	10 ~ 9	8 ~ 6	5 ~ 1	10 ~ 9	8 ~ 6	5 ~ 1
任务实施一、二									
任务实施三									
安全文明									
操作规范性									
协作精神									
纪律观念									
工作态度									
学习主动性									
总结质量									
小计									
总评									

任课教师：　　　　　　年　　月　　日

二、任务工件二加工

（一）工作任务

本次任务为数控铣床中级工的实操试题，是对前面所学内容的总结，请根据图 6-2-2 中尺寸，对零件进行数控加工工艺分析，选择需要的刀具、工具和量具，确定数控加工工序，编制数控加工程序，最后在数控机床上完成零件的加工，并对照质量检测单，对工件进行检测。

毛坯尺寸为 ϕ115 mm × 15 mm，加工时间为 240 min。

（二）任务分析

本次任务的毛坯尺寸为 ϕ110 mm × 25 mm，主要型面加工为圆弧的加工，在 *XY* 平面上，要实现圆弧加工，需区别 G02 和 G03 的圆弧加工。

在加工过程中，能够正确使用刀具的长度补偿和半径补偿，完成零件的加工。

在加工过程中，可以使用镜像编程，也可以使用旋转编程，简化零件的加工程序。

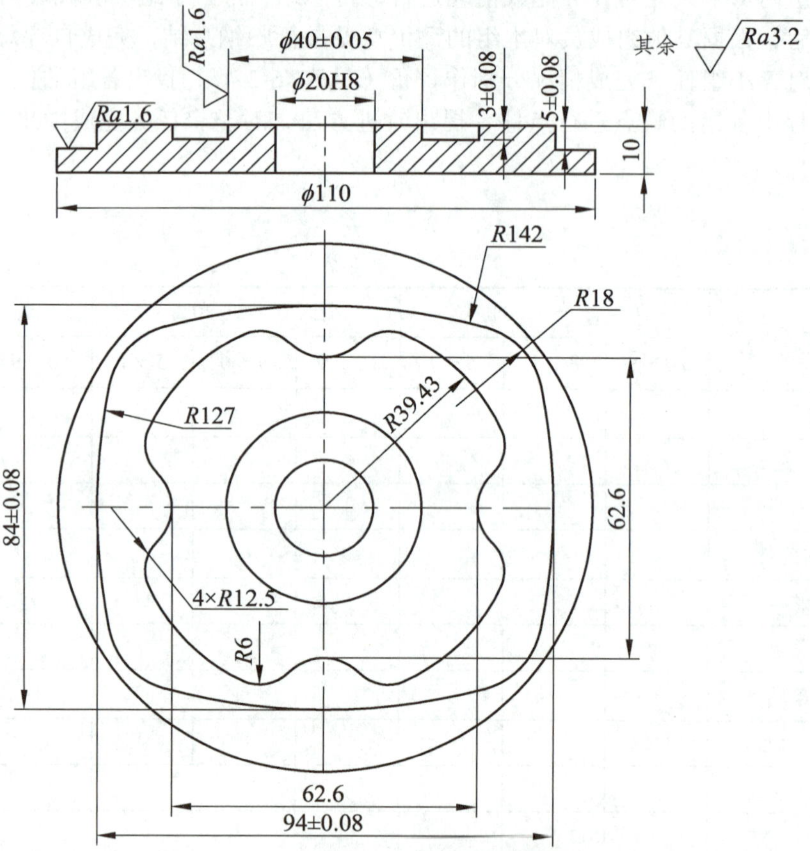

技术要求：
1.不准用砂布及锉刀等修饰表面；
2.未注倒角去毛刺。

					任务工件			45
标记	处数	更改文件名	签字	日期				
设计					图样标记	质量	比例	
							1∶1	
		日期			共1张		第1张	

图 6-2-2　任务图纸

（三）任务实施

1. 填写工艺卡片

在认真读取零件图纸后，进行数控加工工艺分析，划分出零件加工的工序和工步，确定刀具、夹具、量具，编制数控加工工艺卡片，并填入表 6-2-5。

表 6-2-5　数控加工工艺卡片

工作任务							毛坯尺寸：			
							切削用量			
工序	工步	程序号	工步内容	刀具号	刀具规格	量、辅具	切削速度/（mm/min）	进给速度/（mm/r）	背吃刀量/mm	备注
							v_c	n		

2. 编写加工程序

通过数控加工工艺分析，确定工件坐标系的原点，然后编写数控加工程序，并填入表 6-2-6 中。

表 6-2-6　程序单

程序号	程序段	注释

3. 加工工件

在编制完加工程序以后，输入数控机床，进行模拟加工，在确保程序无误之后，完成对刀操作，然后进行数控加工。工件加工完成后，对照表 6-2-7 对工件进行检测。

表 6-2-7　质量检测单

序号	项目	考核内容		配分	评分标准	检测结果	扣分	得分	备注
1	外形	94±0.08	IT	4	超差 0.01 扣 2 分				
			Ra	4	降一级扣 2 分				
		84±0.08	IT	4	超差 0.01 扣 2 分				
			Ra	4	降一级扣 2 分				
		ϕ 40±0.08	IT	4	超差 0.01 扣 2 分				
			Ra	4	降一级扣 2 分				
		5±0.08	IT	4	超差 0.01 扣 2 分				
			Ra	4	降一级扣 2 分				
		*R*18	IT	4	超差 0.01 扣 2 分				
			Ra	4	降一级扣 2 分				
2	槽	ϕ 78.86	IT	4	超差 0.01 扣 2 分				
			Ra	4	降一级扣 2 分				
		3±0.08	IT	4	超差 0.01 扣 2 分				
			Ra	4	降一级扣 2 分				
3	程序编制	建立工件坐标系		2	出现错误不得分				
		程序代码正确		4	出现错误不得分				
		刀具轨迹显示正确		3	出现错误不得分				
		程序完整		4	出现错误不得分				
4	机床操作	开机及系统复位		3	出现错误不得分				
		装夹工件		2	出现错误不得分				
		输入及修改程序		5	出现错误不得分				
		正确设定对刀点		3	出现错误不得分				
		建立刀补		4	出现错误不得分				
5	工、量、刀具的正确使用	执行操作规程		2	违反规程不得分				
		使用工具、量具		3	选择错误不得分				
6	加工时间	超过定额时间 5 min 扣 1 分，超过 10 min 扣 5 分，以后每超过 1 min 加扣 5 分，超过 30 min 则停止考试							
7	文明生产	按有关规定每违反一项从总分中扣 3 分，发生重大事故取消考试，扣分不超过 10 分							

（四）任务评价与总结

在小组内每个人先对任务完成情况进行评价总结，再由小组推荐代表向全班作小组总结。评价完成后，根据其他组成员对本组的评价意见进行归纳总结，完成自评总结的撰写。

教师对各小组任务完成情况分别作评价（见表 6-2-8），找出各组的优点进行点评，对任务完成过程中各组的缺点进行点评，提出改进方法，对整个任务完成中出现的亮点和不足进行点评。

表 6-2-8 任务评价表

班级： 学生姓名：

项 目	自我评价（20%）			小组评价（20%）			教师评价（60%）		
	10～9	8～6	5～1	10～9	8～6	5～1	10～9	8～6	5～1
任务实施一、二									
任务实施三									
安全文明									
操作规范性									
协作精神									
纪律观念									
工作态度									
学习主动性									
总结质量									
小计									
总评									

任课教师： 年 月 日

复习思考题

一、判断题

1. 快速倍率开关有两个位置：一个是 0%，另一个是 100%。（ ）
2. 图形交互式自动编程是近年来发展起来的系统，它需要编写源程序。（ ）
3. 尺寸链组成环中，由于该环增大而闭环随之减小的环称为减环。（ ）
4. 硬质合金是一种耐磨性好、耐热性高、抗弯强度和冲击韧性较高的一种刀具材料。（ ）
5. 高速切削是采用高转速、快进给、小背吃刀量来去除材料的一种加工方式。（ ）

二、选择题

1. 自动编程系统由计算机、外围设备（打印机、绘图机、穿孔）和自动编程（ ）组成。

A. 处理机　　B. 软件　　C. 硬件　　D. 单扳机

2. 进给倍率选择开关在点动进给操作时，可以选择点动进给量 0 ~ 1 260（　　）。

A. mm/r　　B. cm/min　　C. r/min　　D. mm/min

3. 主轴停止按钮对（　　）工作状态均起作用。

A. 进给　　B. 准备　　C. 所有　　D. 变更

4. 车床在自动循环工作中，按“进给保持按钮”，车床刀架运动暂停，循环启动灯灭，“进给（　　）”灯亮，“循环启动按钮”可以解除保持，使车床继续工作。

A. 准备　　B. 保持　　C. 复位　　D. 显示

5. 测量两平行非完整孔的中心距时，用内径百分表或杆式内径千分尺直接测出两孔间的（　　）距离，然后减去两孔实际半径之和，所得的差即为两孔的中心距。

A. 最大　　B. 最小　　C. 实际　　D. 长度

三、简答题

1. 加工零件走刀路线设计时，一般要考虑哪些问题？

2. 夹紧对夹紧力的方向、作用点和大小三要素的要求基本原则是什么？

参考文献

[1] 顾雪艳，缪德建，于磊磊．数控机床加工工艺与编程[M]．南京：东南大学出版社，2020.

[2] 何玉安，安双利，徐开元．数控机床与编程[M]．上海：上海交通大学出版社，2022.

[3] 韩军，常瑞丽．数控编程与加工技术[M]．北京：北京理工大学出版社，2022.

[4] 马金平，冯利．数控加工工艺项目化教程[M]. 4版．大连：大连理工大学出版社，2021.

[5] 陈乃峰，孙淑敏．数控编程技术基础[M]．北京：清华大学出版社，2022.

[6] 卓军，董成才，赵青．数控车床编程与操作[M]．北京：机械工业出版社，2022.

[7] 王兵．数控车床加工工艺与编程操作[M]. 2版．北京：机械工业出版社，2021.

[8] 蒙斌．数控机床编程及加工技术[M]．北京：机械工业出版社，2018.

[9] 蒋兆宏．典型零件的数控加工工艺编制[M]. 2版．北京：高等教育出版社，2015.

[10] 刘宏军．数控加工工艺与编程[M]．上海：上海科学技术出版社，2011.

[11] 张英伟．数控铣削编程与加工技术[M]. 2版．北京：电子工业出版社，2012.

[12] 陈洪涛．数控加工工艺与编程[M]. 3版．北京：高等教育出版社，2015.

[13] 何晶昌，赵万军，钱利霞．数控机床编程与操作[M]．成都：西南交通大学出版社，2021.

[14] 郑堤．数控机床与编程[M]. 3版．北京：机械工业出版社，2021.

[15] 李善术．数控机床及其应用[M]. 2版．北京：机械工业出版社，2012.

[16] 陈为国，陈昊．数控车削刀具结构分析与应用[M]．北京：机械工业出版社，2022.

[17] 崔兆华．数控机床编程与操作（广数系统）从入门到精通[M]．北京：化学工业出版社，2019.

[18] 金璐玫．数控铣削（加工中心）编程与加工[M]．北京：化学工业出版社，2020.